产品设计手绘
从入门到精通

线条 / 平面 / 形体 / 光影 / 材质 / 排版 / 造型

滕依林 编著

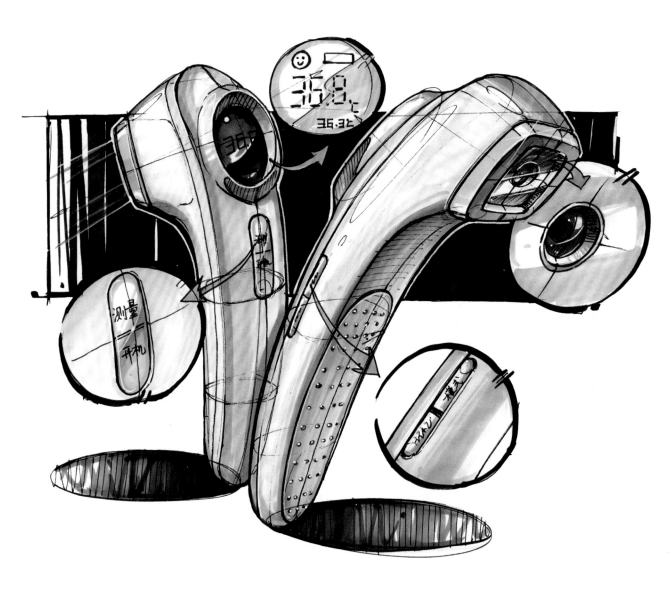

人民邮电出版社
北京

图书在版编目（CIP）数据

产品设计手绘从入门到精通 ：线条/平面/形体/光影/
材质/排版/造型 / 滕依林编著. -- 北京 ：人民邮电出
版社，2022.5（2024.6重印）
ISBN 978-7-115-57847-1

Ⅰ. ①产… Ⅱ. ①滕… Ⅲ. ①产品设计－绘画技法－
教材 Ⅳ. ①TB472

中国版本图书馆CIP数据核字(2021)第227795号

内 容 提 要

这是一本关于产品设计手绘的教程。全书从产品设计的实际流程出发，结合设计思维，对产品设计手绘的表现技法进行了全面的讲解。

本书共 12 章，第 1 章讲解产品设计手绘的基础知识，第 2～8 章分别讲解透视与视角的表现、线条的表现、面的表现、体与倒角的表现、马克笔的上色技法、光影的表现、材质与色彩的表现等，第 9 章讲解排版布局技巧，第 10 章和第 11 章分别讲解平面造型和立体造型技巧，第 12 章讲解产品设计手绘的综合实战应用。本书从不同角度切入教学，一步一步为读者分析、归纳和总结产品设计手绘表现技法。

随书附赠全部案例的教学视频，供读者在线观看，可使读者提高学习效率。

本书适合工业设计手绘初学者、工业产品设计师和相关专业学生临摹和学习，也可作为手绘培训机构和工业设计院校的教学用书。

◆ 编　　著　滕依林
　　责任编辑　张丹阳
　　责任印制　马振武
◆ 人民邮电出版社出版发行　　北京市丰台区成寿寺路 11 号
　　邮编　100164　电子邮件　315@ptpress.com.cn
　　网址　https://www.ptpress.com.cn
　　北京九天鸿程印刷有限责任公司印刷
◆ 开本：889×1194　1/16
　　印张：21.25　　　　　　　2022 年 5 月第 1 版
　　字数：659 千字　　　　　2024 年 6 月北京第 4 次印刷

定价：199.00 元
读者服务热线：(010)81055410　印装质量热线：(010)81055316
反盗版热线：(010)81055315
广告经营许可证：京东市监广登字 20170147 号

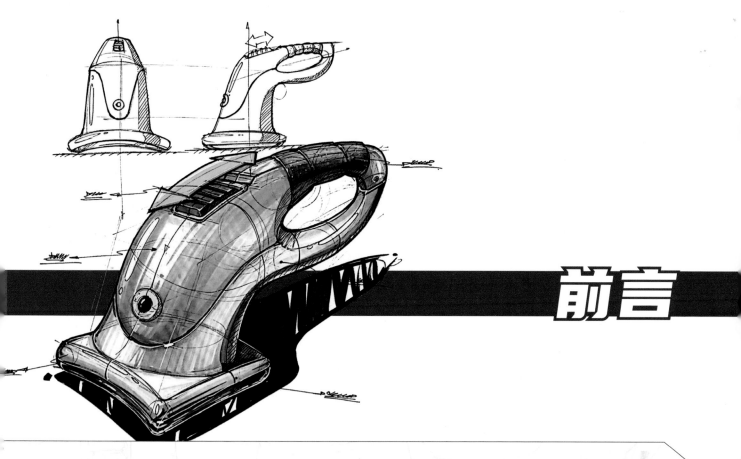

前言

在实际的产品设计手绘教学过程中，我发现有很多学员是跨专业或想转行从事工业产品设计的，这部分人往往没有美术基础，属于完全的零基础学员；也有一些学员是相关专业的学生，但都存在手绘基础薄弱的问题；还有一些学员虽然学习过手绘，但由于各种原因走了不少弯路，未能建立起完善的手绘知识体系，更不能将这项技能灵活地化为己用，并服务于设计实践。

针对上述问题，我结合自身经验和教学过程中学员遇到的实际问题，对产品设计手绘表达的知识点进行了系统的梳理，编撰成了本书。由于产品设计学科自身的综合性与复杂性，内容上无法面面俱到，因此经过反复修改和提炼，本书保留了核心知识点，重点突出，并兼顾系统、完整。同时，为了让读者更高效地学习，书中案例都配有教学视频。希望本书能成为我与读者沟通的媒介，也希望本书能够对读者有所帮助。

这是一本适合零基础读者学习产品设计手绘的书。本书架构清晰，内容丰富，图文并茂，并辅以案例教学视频进行教学，能够让读者高效地掌握产品设计手绘的原理和造型方法。

在本书的编写过程中，许江老师、姚丹老师及追梦设计考研培训中心提供了大力支持，人民邮电出版社编辑给予了指导和帮助，在此表示由衷的感谢！

滕依林

2021年8月

资源与支持

本书由"数艺设"出品，"数艺设"社区平台（www.shuyishe.com）为您提供后续服务。

配套资源

视频教程：全部案例的完整绘制思路和绘制细节讲解。

 ◀ 扫码获取更多设计资讯及教程

 ◀ 微信扫描二维码，点击页面下方的"兑"→"在线视频"，输入51页左下角的5位数字，即可观看视频。

> **"数艺设"社区平台，**为艺术设计从业者提供专业的教育产品。

与我们联系

我们的联系邮箱是szys@ptpress.com.cn。如果您对本书有任何疑问或建议，请您发邮件给我们，并请在邮件标题中注明本书书名及ISBN，以便我们更高效地做出反馈。

如果您有兴趣出版图书、录制教学课程，或者参与技术审校等工作，可以发邮件给我们。如果学校、培训机构或企业想批量购买本书或"数艺设"出版的其他图书，也可以发邮件联系我们。

如果您在网上发现针对"数艺设"出品图书的各种形式的盗版行为，包括对图书全部或部分内容的非授权传播，请您将怀疑有侵权行为的链接通过邮件发送给我们。您的这一举动是对作者权益的保护，也是我们持续为您提供有价值内容的动力之源。

关于"数艺设"

人民邮电出版社有限公司旗下品牌"数艺设"，专注于专业艺术设计类图书出版，为艺术设计从业者提供专业的图书、视频电子书、课程等教育产品。出版领域涉及平面、三维、影视、摄影与后期等数字艺术门类，字体设计、品牌设计、色彩设计等设计理论与应用门类，UI设计、电商设计、新媒体设计、游戏设计、交互设计、原型设计等互联网设计门类，环艺设计手绘、插画设计手绘、工业设计手绘等设计手绘门类。更多服务请访问"数艺设"社区平台www.shuyishe.com。我们将提供及时、准确、专业的学习服务。

认识滕依林多年，从他读本科到成为我的研究生参与许多设计项目，一直到毕业后从事设计相关教育培训。这些年他一直都在研究设计手绘表达，所以才能有今天的成果，并得以结集成书。

无论现今设计工具和技术如何飞速发展，设计手绘在工业产品领域依然具有不可替代的地位，也仍是设计师的一项必备技能。学习设计手绘表达是一个逐步修炼的过程，起步时为不被炫目的技法效果所迷惑，需要从最简单的线条面块开始扎实练习，不怕拙才能越来越巧。

本书从绘画基础讲起，依次讲解线面体的表达、不同形体的表达及不同材质的表达，最后讲解完整产品的表达，可以说是一本非常实用的产品设计手绘教材。

江南大学设计学院副教授/硕士生导师 沈杰

表达能力是评判一个设计师综合素质的重要指标之一，这种表达涵盖语言、文字、肢体动作、手绘与模型制作等能力。其中手绘能力被誉为设计师的独门语言，是设计师之间、设计师与用户之间沟通的桥梁。对于工业设计和产品设计专业学生而言，掌握好手绘表现技法，便是掌握了一门交流语言，它不仅能让沟通变得容易，还能为我们进一步的深造增添砝码。

在本书中，你不仅可以学习到各种材质的表现技法，还能了解到不同的造型技巧。更重要的是本书最后的综合实战应用，将设计表达推向实际应用层面，充分体现学以致用的教学理念。此外，本书还配有教学视频，绘画过程清晰可见，还能反复播放，对于手绘初学者而言，学习体验更佳，学习效果更好。

作为作者曾经的老师，亦是现在的创业合作伙伴，一路走来，滕依林的成长与进步历历在目。本书是他付出多年心血的劳动成果，衷心推荐给大家。

宁波大学潘天寿建筑与艺术设计学院讲师/设计学博士 许江

在计算机辅助工业设计软件高度发达的今日，工业产品设计手绘依旧保持着特殊魅力和重要地位，在相关专业学生和从业设计师进行设计灵感发散、造型推敲和项目落地等阶段发挥着重要的作用。快速高效的手绘表达，可捕捉刹那间迸发的灵感火花，将脑海中的设计构思跃然纸上，为设计交流搭建起高效的信息可视化桥梁，真正做到"一图胜千言"。工业产品设计手绘作为本专业学生和从业设计师必备的基础技能，不会也不应该完全被软件呈现所替代，手绘和软件表现就好似人的左右手，两手抓、两手都要硬。

我与本书作者滕依林熟识多年，他也是我的得意门生之一。这是一本适合零基础读者学习产品设计手绘表达的书，融合了作者多年的工业产品设计实践和手绘教学经验。本书系统架构清晰，内容丰富翔实、图文并茂，并辅以教学视频，将原理知识掰开揉碎地讲解，可以使读者的学习更加清晰直观。书中还提供了高效的训练方法和实际应用案例，帮助初学者少走弯路。此外，也可以为高校学生的专业学习、出国留学、升学考试及从业设计师实际设计工作提供有力的帮助。将本书推荐给大家，希望能对大家未来的专业发展起到良好的启发和促进作用。

广东工业大学艺术与设计学院博士/副教授/硕士生导师 姚丹

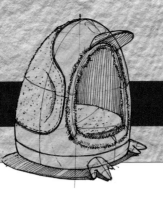
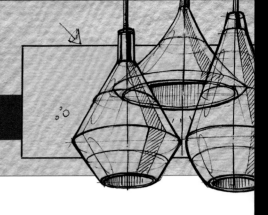

目录

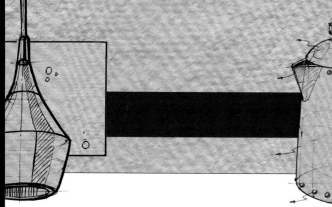

目录

目录

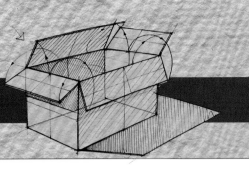
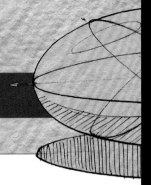

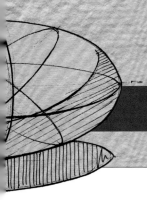
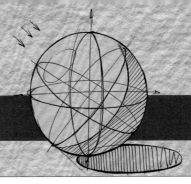

目录

目录

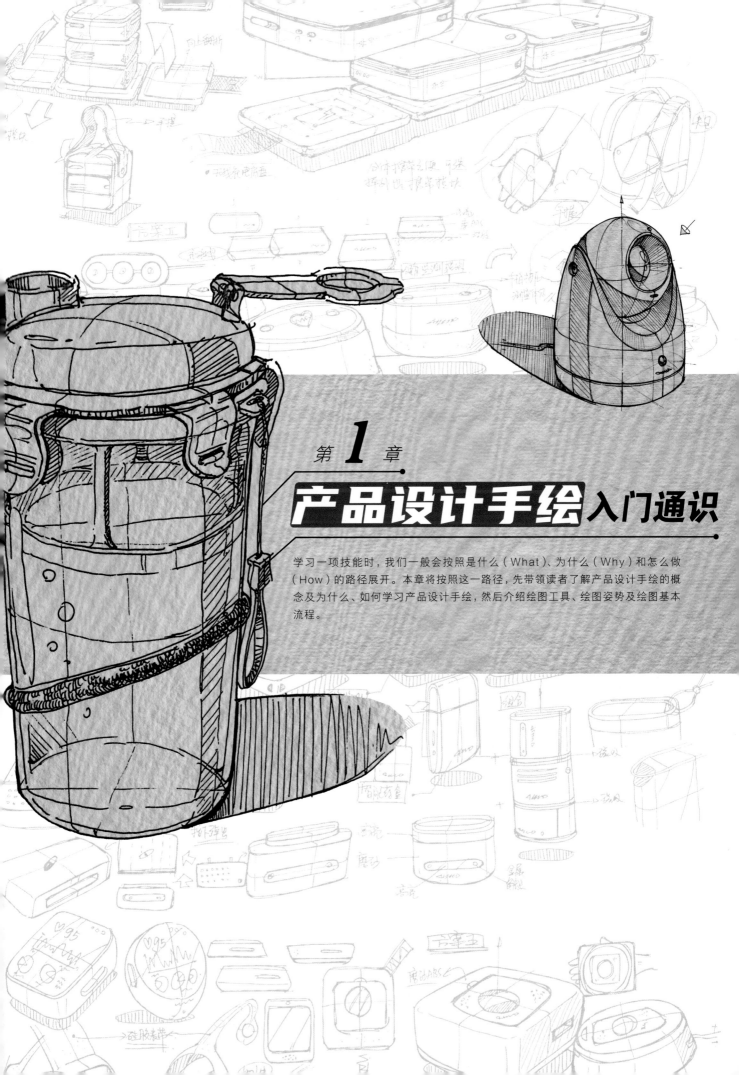

第 1 章

产品设计手绘入门通识

学习一项技能时，我们一般会按照是什么（What）、为什么（Why）和怎么做（How）的路径展开。本章将按照这一路径，先带领读者了解产品设计手绘的概念及为什么、如何学习产品设计手绘，然后介绍绘图工具、绘图姿势及绘图基本流程。

1.1 认识产品设计手绘

本节将从产品设计手绘的基本概念和分类两个方面讲解产品设计手绘。

1.1.1 基本概念

产品设计手绘是服务于产品设计、工业设计学科及行业的一项专业技能，是工业产品设计师的专用语言。对工业产品设计师来说，手绘是一项基本的技能，对手绘的学习贯穿职业生涯的始终。产品设计手绘是对工业产品进行构思设计、研究推敲和效果展示的一种技术手段，以徒手画的形式，快速高效地进行产品形、色、质、使用方式与人机关系等设计要素的表达。

产品设计手绘草图

产品设计手绘与传统艺术绘画存在着区别和联系。产品设计手绘以传统绘画的原理和表现技法为基础，从绘画中的素描、色彩和速写三大基础美术训练中汲取养分，升华成专为设计工作服务的一项手绘技能。设计手绘草图实际上是从速写演化而来的，故又称为设计速写，而产品手绘结构表达又来自结构素描。

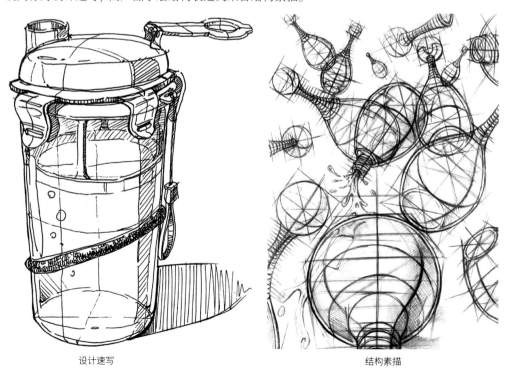

设计速写   结构素描

产品设计手绘有别于其他艺术手绘。传统手绘更加注重艺术创作者的情感抒发，而产品设计手绘是技术与艺术的结合，是感性与理性的融合。这要求设计师除了应用素描、色彩和速写等美术基础知识满足审美需求，还需注重对产品功能、结构、原理和人机关系等理性因素的把握，使设计的产品既美观又实用，能够满足审美、情感与功能性等多重需求。

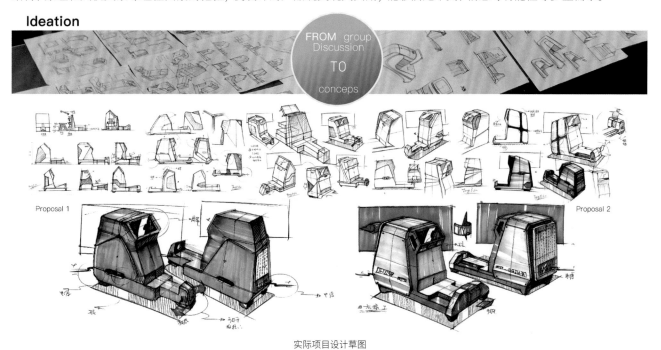

实际项目设计草图

手绘是一种传统的表现形式，在产品设计工作中发挥着至关重要的作用。对于设计师来说，手绘是一种将想法变为现实的手段，使之从无形变为有形，是设计师必备的一项技能。对于团队来说，手绘可以展示产品的最终效果，方便团队成员之间进行更高效的沟通，是设计师在团队合作中展现设计思维的重要载体。

产品设计手绘作为一种比较原始的创作方式，具有自由、快速、便捷和成本低的特点，即便在高科技手段引领设计创作潮流的现在，也不能忽视传统手绘基本功的训练。

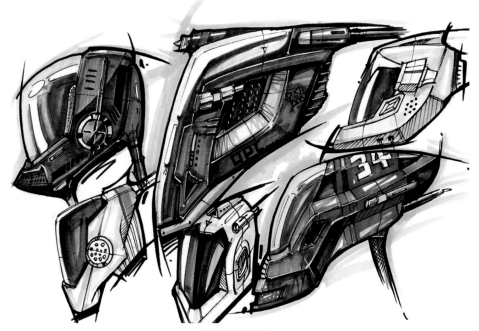

概念头盔设计草图

1.1.2 类别划分

前面讲解了产品设计手绘的概念，下面来看一下产品设计手绘的基本分类。

• 从表现工具上划分

产品设计手绘从表现工具上可分为传统纸笔手绘和现代数字手绘。前者常用的是纸和笔等工具，常用的线稿绘制工具有彩色铅笔、针管笔、圆珠笔和钢笔等，常用的上色工具有马克笔、色粉笔和水彩笔等，常用的纸张有打印纸、马克笔专用纸和水彩纸等。

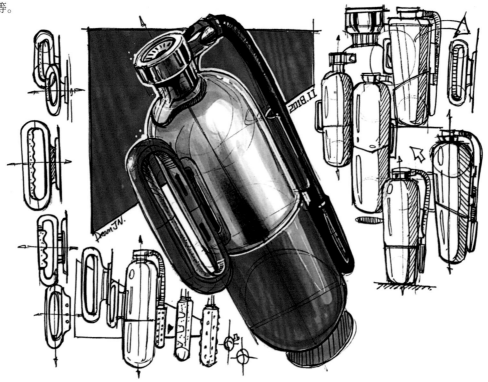

传统纸笔手绘

后者使用数位板或平板电脑结合专业软件（Photoshop、CorelDRAW、Procreate等）进行绘制，其优势有易于存储、可反复修改和画面效果丰富等。另外，还可以使用三维软件对数字手绘作品进行渲染，以展示最终产品效果，从而极大地提高工作效率。

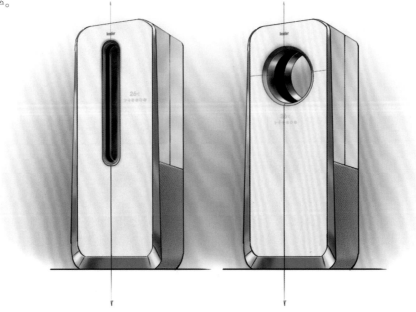

数位板结合 Photoshop 绘制

• 从应用场景上划分

产品设计手绘从应用场景上可分为灵感性草图、说明性草图、最终效果草图和工程性草图。灵感性草图用于记录灵感，说明性草图用于说明结构功能，最终效果草图用于展示最终效果，工程性草图用来标注尺寸，以便说明具体生产加工的结构。

灵感性草图

灵感性草图又称概念设计草图，设计师经过前期调研分析后，将头脑中的想法反映到纸面上形成草图。此时的设计方案还较为模糊，需要多进行头脑风暴。设计师通过简单快速的勾勒和上色，探讨更多的可能性，不断激发和记录灵感，为下一步工作做好准备。初期的灵感性草图是设计师自己与自己沟通的工具，所以在这一阶段，设计师不必在意绘画风格和刻画的细致程度。

西班牙毕尔巴鄂古根海姆博物馆手稿　　　　　　　　　　　扎哈·哈迪德手稿

运动鞋设计灵感性草图

说明性草图

说明性草图也称为结构性草图，是设计师与同行进行沟通的工具，可方便其他设计参与者把握设计要点，减少理解误差。从灵感性草图转换为说明性草图时，会用到一些专业的表达，如结构线、箭头指示、结构说明和爆炸图等。说明性草图效果要求更精致，能够进一步完善产品的造型结构，表达必要的材质、工艺和配色等。

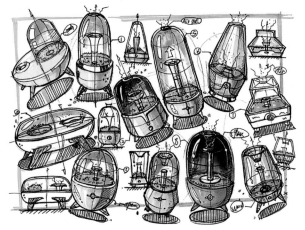

加湿器设计说明性草图

运动鞋设计说明性草图

最终效果草图

最终效果草图要让非设计学科的人看得懂，很多时候用来向公司决策者或客户做汇报。最终效果图需要真实地展现产品最终的外观形态、内部结构、应用材料、色彩搭配、加工工艺、使用或操作方式和人机比例关系等。最终效果图不局限于使用传统纸笔工具来表现，也可以通过计算机制图或建模渲染等方式表现。设计师应根据具体项目灵活选择使用工具或表现方式，对最终效果草图进行精细的刻画。

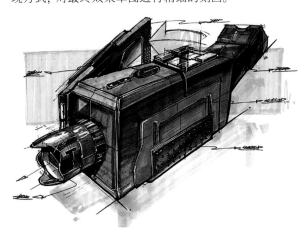

摄像机设计最终效果草图

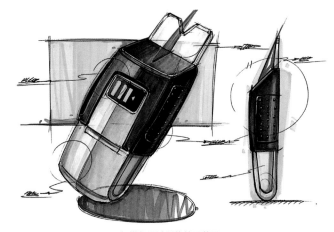

扫描仪设计最终效果草图

工程性草图

工程性草图属于工程制图的范畴，一般需要用专业软件来制作，也会用手绘的方式来表现。其主要作用是方便与结构工程师或后端开发人员沟通，共同探讨产品落地实际生产的可实现性。工程性草图常见形式有三视图、六视图、拆解图、剖面图和爆炸图等，要求选择合适的视角对尺寸进行详细标注，对装配方式、生产加工工艺和材料选择进行详细说明。工程性草图对设计师实际生产加工的熟悉程度和实践能力要求较高。

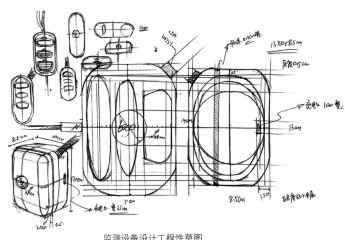

监测设备设计工程性草图

1.2 为什么要学习产品设计手绘

为什么要学习产品设计手绘？首先，手绘是设计师的必备技能，也是成为设计师必须满足的条件；其次，手绘能力是从事设计行业的基本要求；最后，手绘能力已成为设计师的加分项。

• 设计师的必备技能

对设计师而言，产品设计手绘是设计师将大脑中的创意通过纸笔等媒介反映到纸面上，进而变成实际产品的一种技能。它是设计师展现独立思考、进行创造性思维工作的一项基本能力，就好比摄影师需要掌握相机的使用技巧，厨师需要掌握烹饪的技巧。在构思产品的过程中，设计师通过手绘的形式不断激发创意灵感，修正设计方案。不同设计师的手绘风格和表现形式各异，但都倾注了设计师的心血，寄托着设计师对更加完美产品的向往与追求，是设计师职业精神和自我价值的一种体现。

• 从事设计行业的基本要求

随着时代的发展，设计行业对从业者的要求越来越高。设计师需具备的能力包括逻辑思维、归纳总结、手绘表现、建模渲染和排版设计等，而后的发展又让设计师具备结构设计、生产加工、实现落地、CMF应用、编程和商业运营等能力。设计师在从事本行业工作时，手绘是承载设计师创造性思维的载体，是与同事进行交流协作的纽带，也是设计师与客户之间沟通的桥梁。因此要成为一名合格的工业产品设计师，手绘能力尤为重要。

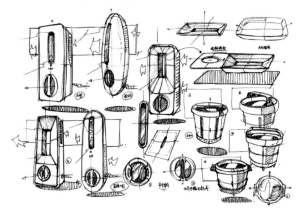

空调项目前期草图（手绘表现）

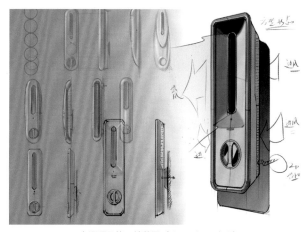

空调项目第二轮草图（Photoshop 表现）

• 设计师的加分项

手绘能力在考研、出国留学、求职和升职加薪等自我提升路径中显示出独特的优势。拥有较强的手绘功底，会成为设计师的加分项。很多院校的招生考试都十分看重学生的手绘表达能力，因此将专业课手绘快题的分值定为150分。在出国留学的录取通知申请中，有些学校不仅要求准备相关专业的作品集，还要求准备一本手绘本，主要目的是考查学生的手绘基本能力和独立思考能力，从手绘本中发现学生的创造性和可塑性。公司的招聘要求中，会单独强调"手绘能力强者优先考虑"，这也反映出公司对手绘能力的重视。

空调项目最终排版（建模渲染图）

1.3 零基础如何学习产品设计手绘

对于零基础的读者来说，没有美术基础是进行产品设计手绘最大的困扰。因此，拥有一定的美术基础对于学习设计手绘有很大的帮助。但是美术与设计手绘之间存在着区别，设计手绘必须进行一系列的训练，才能满足创意造型表达的需要。即使具有良好的美术基础，也不一定能很好地进行产品设计手绘。

- **树立正确的手绘观**

在学习设计手绘前，我们要认识和了解产品设计手绘的作用和目的。产品设计手绘的一个重要因素就是：不需要设计师阐述，观者就能看明白画面要表达的内容。设计手绘作为服务设计的一种工具，通过手绘来表达设计创意和构思，用图形来进行高效的沟通。产品设计是技术与艺术的融合，是理性思维和感性思维的碰撞，需要眼、手、脑的协调配合，从而进行协同工作。设计手绘亦是如此，要做到眼到、手到、脑到。

家具设计草图

- **兴趣和坚持是最好的老师**

读者要清除对产品设计手绘惧怕和抗拒的心理，逐步建立起对设计手绘的兴趣，并将其演化为自己的一项技能。要想学习并掌握一项技能，首先要心甘情愿地付出时间和精力。当我们能够全身心投入学习时，坚持便不再是一件难事。俗话说"功夫不负有心人"，只要掌握正确的方法，经过专业系统的训练，加上持之以恒的练习，就一定能获得很大的进步。

水壶设计草图

- 重视美术基础的作用

如果没有系统地学习过美术知识，就需在平时加强美术基础的训练，提高自身的艺术修养和审美能力。当然，也不需要花费太多时间和精力去进行这方面的系统训练，而应多练习速写，提高造型能力，多学习配色等知识并欣赏好的艺术作品，找到艺术的共通性，不断提高自身的艺术素养。

美术基础三大项与产品设计手绘的关系

- 设计思维与表现技法并重

下层基础决定上层建筑，设计思维是我们进行手绘的核心和基础。进行设计手绘的前提是研究，也就是在画一个产品之前，首先要弄清楚自己要画的是什么、为什么要如此设计、产品应用的技术原理是什么、产品的功能是什么。这些都属于设计本源的问题。在不知道所画为何物的情况下乱画一通，即使最后的效果很炫酷，也没有太大意义（单纯训练笔法、技法的情况除外）。设计思维和表现技法都很重要，思维是核心，技法是手段。

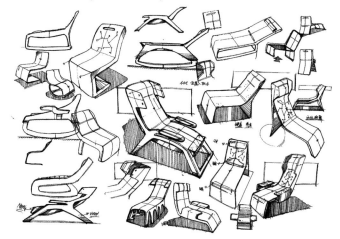

家具设计研究性草图

- 循序渐进，熟能生巧

在学习产品设计手绘时，可以按照"研究—临摹—写生—默画—创作"的路径，先易后难，逐步深入。在临摹阶段，需要找到符合自己绘画水平的作品，分析设计师的思维逻辑和设计目的，提炼其表现技法。后期通过写生掌握不同产品的形态、结构、功能和技术原理等，再通过默画加深记忆。在创作阶段，将积累的素材加以提炼和转化，形成自己的新方案，不断提高自身化素材为己用的能力，这也是我们学习产品设计手绘的终极目的。

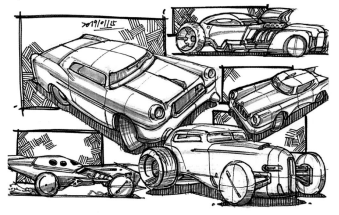

汽车造型积累

1.4 绘图工具介绍

选择合适的绘图工具对设计手绘的训练有一定的帮助。以下介绍一些绘图工具,读者可以选择性购买。

1.4.1 线稿绘制工具

在绘制线稿时,常用的工具有彩色铅笔和针管笔等。其要求绘制的线条流畅,不断墨,以不对纸面造成损坏为佳。

- 彩色铅笔

彩色铅笔分为水溶性彩色铅笔与不溶性彩色铅笔两种。水溶性彩色铅笔可以溶于水,类似于水彩颜料。不溶性彩色铅笔则不能溶于水,类似于蜡笔,更适用于绘制线稿。在品牌的选择上,笔者常用的是辉柏嘉(FABER-CASTELL),得韵(DERWENT)、施德楼(STAEDTLER)和马可(MARCO)等也不错。在颜色的选择上,笔者常用黑色,彩色可在调节画面效果时使用。彩色铅笔的优点在于笔触粗细变化丰富,轻重可自由控制,可用橡皮擦擦除,以进行一定的修改;缺点在于需要不断削笔以保持笔尖尖锐,从而进行细节刻画,否则容易弄脏画面。在具体绘图时,建议读者注重基本功的训练,少用橡皮擦,避免反复修改。

辉柏嘉(FABER-CASTELL)黑色彩色铅笔 399 号

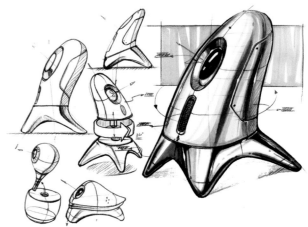

黑色彩色铅笔结合马克笔表现效果

- 针管笔

针管笔是一种专业的绘图笔,常用来绘制线条。针管笔的品牌众多,如三菱(UNI)、樱花(SAKURA)、美辉(MARVY)、施德楼(STAEDTLER)和尊爵(POTENTATE)等。尽量选择笔尖偏硬、耐磨损的针管笔。针管笔的优点在于绘制的线条清晰流畅,颜色较深,便于细致刻画;缺点在于落笔后不能修改,需要一笔到位。

针管笔

针管笔线稿表现效果

- **其他种类的笔**

在日常进行设计手绘训练时，可以尝试将多种工具结合使用，如圆珠笔、中性笔、纤维笔和钢笔等。这样不仅能避免绘画过程枯燥，同时还能让画面效果更丰富。圆珠笔画出的线条流畅，轻重可自由控制，表现细腻，但容易漏墨，影响画面效果。中性笔无法画出流畅的线条，可以在试用后再决定是否购买。纤维笔类似于针管笔，有很多颜色可选，可作为上色的主要工具。钢笔画出的线条细腻流畅，但在对笔的控制力和熟练度方面要求较高，不建议初学者使用。

其他种类的笔

圆珠笔表现效果

红色纤维笔结合马克笔表现效果　　　　　　　　　　　　　　　　　中性笔表现效果

1.4.2　上色工具

在进行产品设计手绘时，常用的上色工具是马克笔。马克笔使用起来方便快捷，同时还可以结合彩色铅笔等丰富画面效果。

• 马克笔

马克笔一般分为两类，即水性马克笔和油性马克笔。其笔头分为单头和双头，在具体绘制时一般会选用一边为尖头，另一边为方头的双头马克笔。油性马克笔的刺激性气味较大，推荐使用酒精性马克笔，它具有速干、防水和可叠加的特点，但在使用完毕后需及时盖好笔帽，以延长其使用寿命。在品牌的选择上，推荐使用法卡勒（FINECOLOUR）。在色号的选择上，推荐使用法卡勒（FINECOLOUR）30色或60色；如果条件允许，还可使用COPIC的灰色系，其绘画效果更佳。

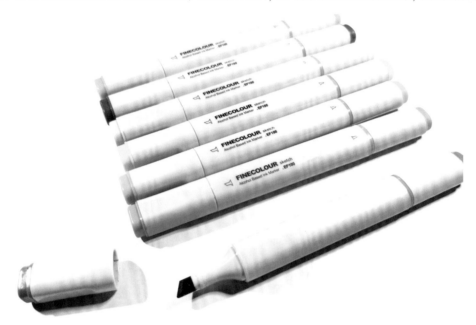

法卡勒（FINECOLOUR）马克笔

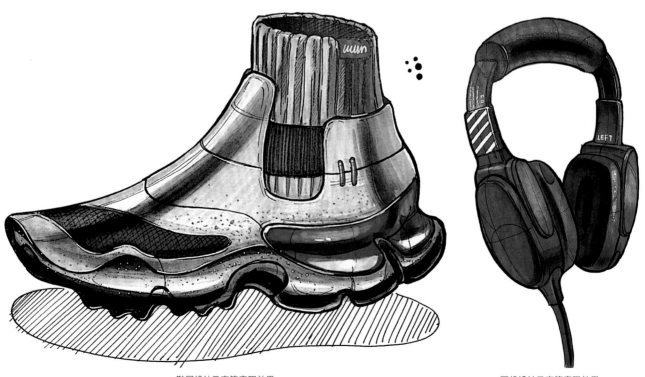

鞋履设计马克笔表现效果　　　　　　　　　　　　　　　　　　　　耳机设计马克笔表现效果

- **彩色铅笔**

彩色铅笔既可以作为线稿绘制工具，又可以作为上色工具。注意在上色时要选择水溶性彩色铅笔，这样颜色的过渡才更自然，细节和材质的表现才更好。笔者推荐使用辉柏嘉（FABER-CASTELL）36色或72色。

辉柏嘉（FABER-CASTELL）彩色铅笔

沙发设计彩色铅笔结合马克笔表现效果

蝴蝶凳设计彩色铅笔结合马克笔表现效果

- **高光笔**

高光笔类似于涂改液，其覆盖力强，常用于提亮局部，表现产品的光影质感，丰富画面效果。笔者推荐使用樱花（SAKURA）和三菱（UNI POSCA）0.7号或1.0号。注意使用前需先摇匀，稍微用力按压笔尖即可顺畅出水。另外，白色彩色铅笔也可作为高光笔使用，推荐使用辉柏嘉（FABER-CASTELL）和三福霹雳马（Prismacolor）白色彩色铅笔。

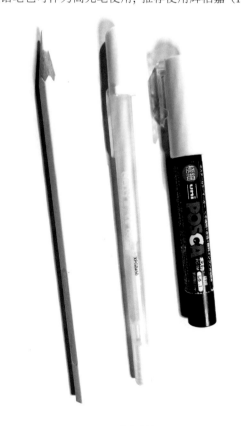

不同的高光笔

高光笔提亮局部的表现效果

1.4.3 纸张

在纸张上, 应选择纸面较为光滑的, 否则会对笔尖造成损坏。同时还要注意纸张的厚度, 如果太薄会被墨水浸透, 不易叠加多层颜色; 如果太厚则比较费墨水, 画面效果也不好。这里建议选择80~100g的纸张。

- ## 打印纸

在进行设计手绘训练时, 最常用的纸张莫过于打印纸, 因为其价格便宜, 便于携带, 还可自由选择大小。注意避免选择表面过于光滑或粗糙的打印机, 还要注意纸张的渗水性, 否则易破损和起皱。

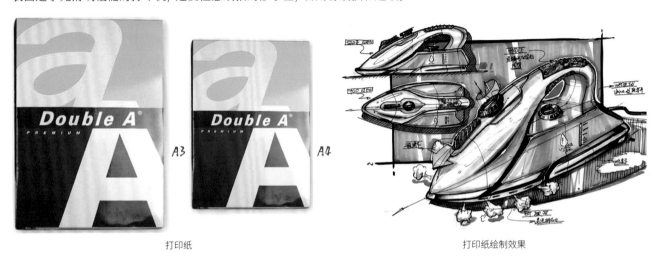

打印纸　　　　　　　　　　　　　　　　　　打印纸绘制效果

- ## 马克笔专用纸

马克笔专用纸不易渗水、破损和起皱, 且显色效果好, 但价格较贵, 初学者可根据自身情况进行选择。

马克笔专用本

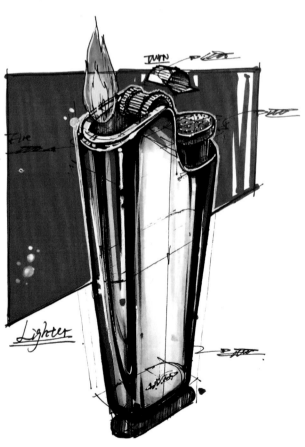

马克笔专用纸绘制效果

- 牛皮纸

牛皮纸作为一种自带底色的特种纸，适用于表现透明的物体。由于自带底色，因此使用牛皮纸绘制时需要提亮和加重画面的颜色。

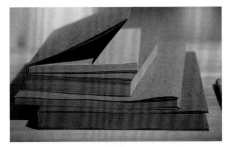

牛皮纸本

牛皮纸透明沙发设计效果

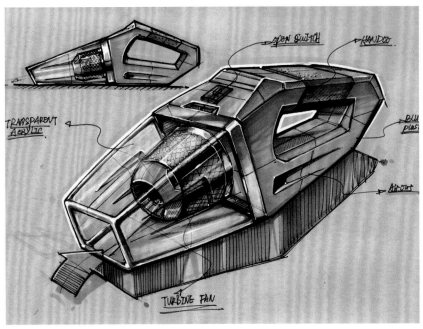

牛皮纸吸尘器设计效果

1.4.4 其他工具

在绘制要求严谨的效果图时，可以借助尺规等工具。常用的尺规工具有直尺、圆尺、椭圆尺、曲线尺和蛇形曲线尺等。但绘图达到一定数量时，就不建议再借助尺规等工具了，而应加强基本功的训练，养成徒手绘图的习惯。

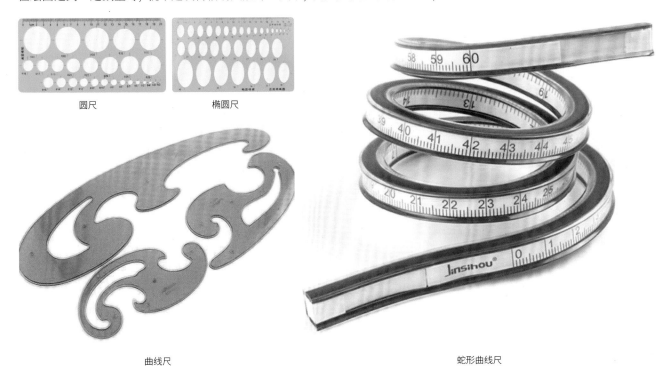

圆尺

椭圆尺

曲线尺

蛇形曲线尺

1.5 正确的绘图姿势

关于正确的绘图姿势，下面从身体姿势和握笔姿势两个方面来讲解，希望读者能予以重视。

在绘图时，要保持腰背挺直，头不要太低，大臂垂直地面，小臂呈水平状，手腕和手指灵活放松。可以选择具有调整倾斜度功能的桌子，也可以准备一张画板，将画板的前端垫高，让画板与桌面成30°角。这样眼睛与纸面就是垂直的，能保证拥有宽阔的视野，也能有效保护眼睛和颈椎，同时还能保证正确的透视，避免将物体画变形。在绘图前，可做一些热身运动，活动下关节。

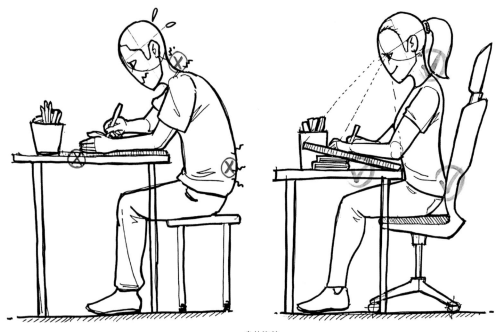

身体姿势

在运笔时，要注意食指和拇指所在的位置，不要太靠下，也不要太靠上。抓握力度要适中，不宜太紧，否则画出的线条会很生硬；也不宜太松，否则画出的线条会很飘。尤其是在使用针管笔时，要注意画一会转动一下笔，以免长时间使用同一侧而造成笔尖磨损严重。

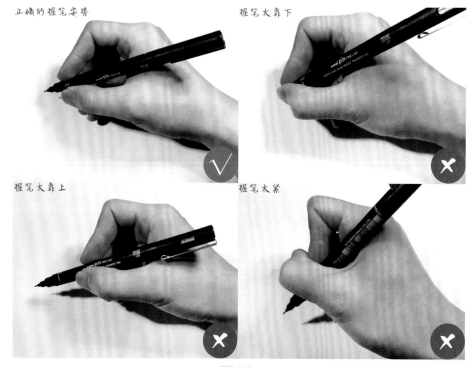

握笔姿势

1.6 绘图的基本流程

手绘是一种思考形式，同时也是一种表现形式，它基本贯穿于设计阶段的始终，需经过多轮绘制，不断进行方案的评估和筛选，最终确定能够满足设计需求的方案。以一款监测设备设计为例，按照时间顺序将绘图的基本流程分为以下6个阶段并进行讲解。

- **阶段1：前期准备阶段**

在前期准备阶段，需先进行调研，然后将工具准备好，接着确保环境安静舒适、光源充足，最后调整身体姿势和心理状态，尽快进入绘图中。这里要强调一下，在做准备工作时，需先进行详细的研究，再根据要求展开设计，这样才能为设计手绘工作奠定坚实的基础。

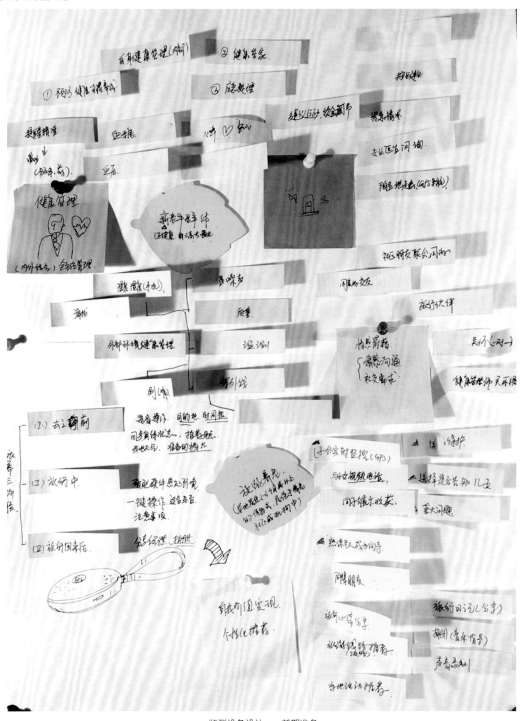

监测设备设计——前期准备

- 阶段2：灵感性草图绘制阶段

　　在灵感性草图绘制阶段，需通过手绘表达设计要素，并利用发散性思维进行绘制。在此阶段，需将大脑中模糊的想法快速呈现到纸面上，记录转瞬即逝的灵感。可以将灵感收集整理后，再绘制到纸上；也可以将现成的素材打印出来，构建自己的灵感库。灵感素材越多越好，这样才能更好地为下一步工作做准备。

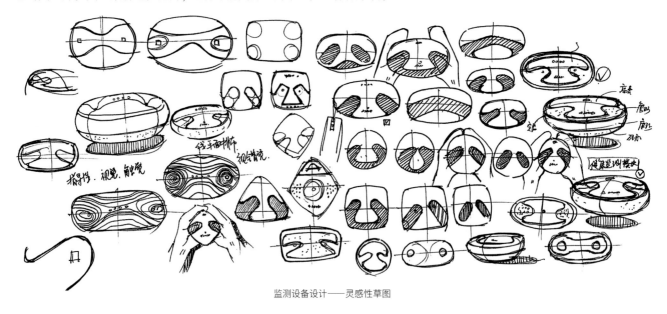

监测设备设计——灵感性草图

- 阶段3：平面草图绘制阶段

　　有了初步的设计方向，就可以进入平面草图绘制阶段。从平面图入手，不仅可以减少透视的干扰，还能将自身注意力集中在平面视角下产品的特征上，从而对其形态比例和结构进行仔细推敲。注意，此阶段的草图一般多为产品的侧视图。

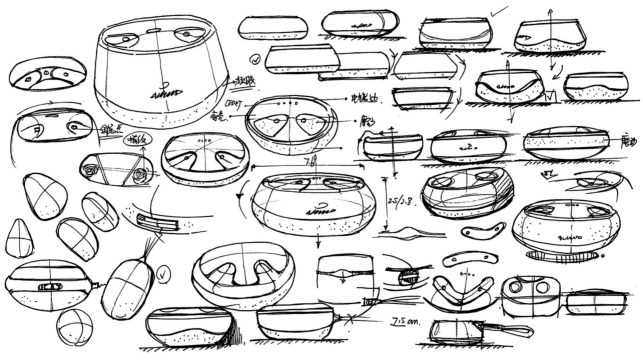

监测设备设计——平面草图

- 阶段4：立体草图绘制阶段

　　在立体草图绘制阶段，需在大脑中建立较为清晰的产品三维模型，可对一个产品进行多角度、多视角的全方位表现，最大化地交代产品设计信息。在此阶段，要求透视准确，形态比例正确，结构清晰，表达严谨，说明性强。

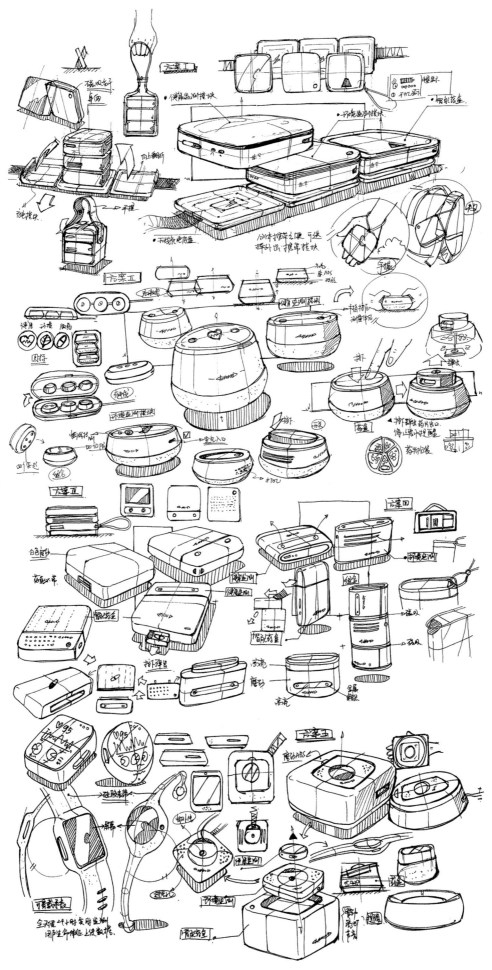

监测设备设计——立体草图

- **阶段5：上色渲染阶段**

  在上色渲染阶段，需使用马克笔对选定的方案进行快速上色。此阶段要突出展示选定方案，表现出产品的光影和材质。

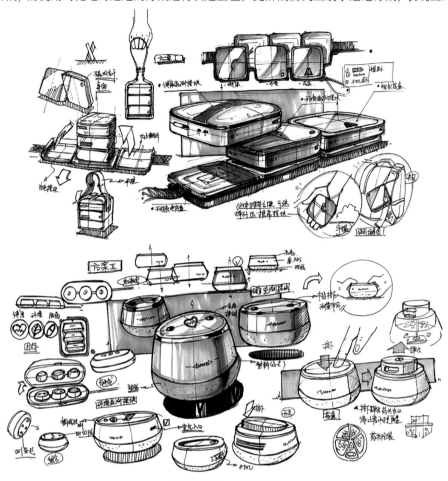

监测设备设计——上色渲染

- **阶段6：最终效果图阶段**

  在最终效果图阶段，需对最终选定的方案进行精细刻画。具体要求刻画方案的形态结构、光影、材质质感等要素，以充分展示产品的最终效果和交代产品设计的详细信息。

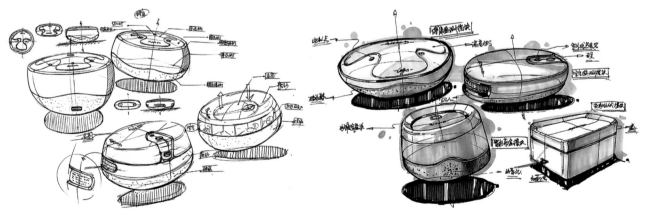

监测设备设计——最终效果图

考虑到前期设计方案的探索性和不确定性，在以上各阶段都需进行多轮绘制，不断进行方案的评估、筛选和优化。在画面上应体现思维逻辑和推导过程，可以添加必要的指示箭头和说明性文字，并辅以细节放大图、人机关系图、使用场景图、尺寸三视图和结构爆炸图等进行说明。我们可以将产品手绘理解成图文并茂的产品说明书，最终目的是使观者高效地获取产品的设计信息，读懂设计师的创意构想。在本书后面，笔者会通过实际案例为读者展示产品手绘的具体流程。

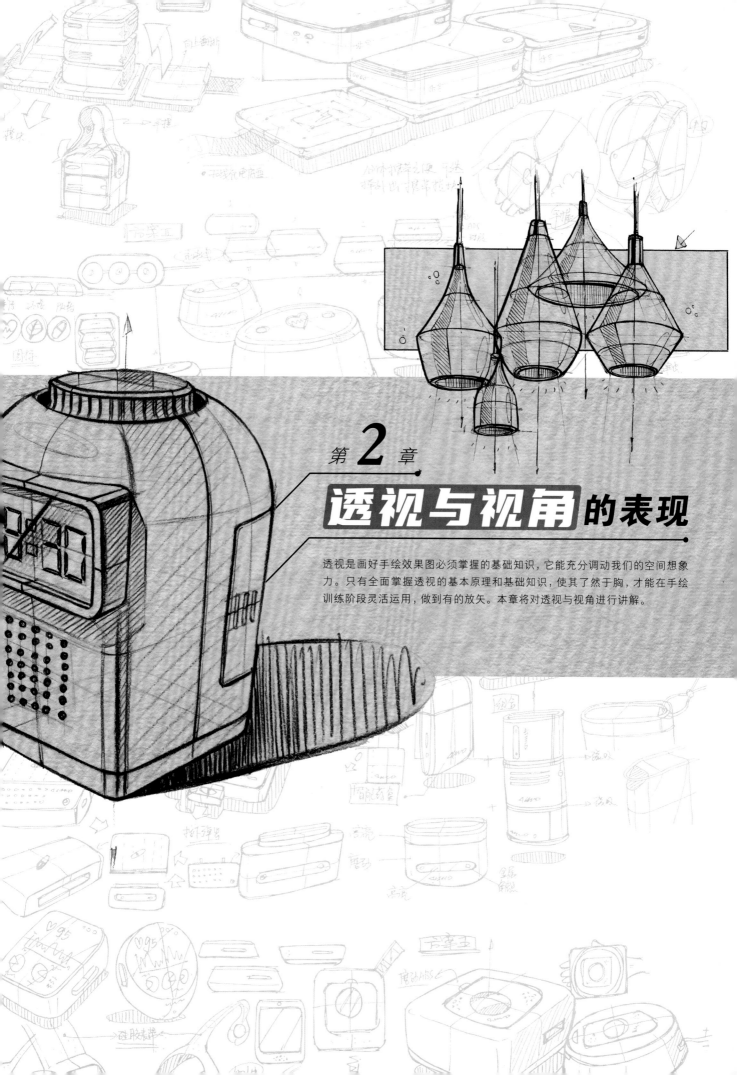

第 2 章

透视与视角的表现

透视是画好手绘效果图必须掌握的基础知识，它能充分调动我们的空间想象力。只有全面掌握透视的基本原理和基础知识，使其了然于胸，才能在手绘训练阶段灵活运用，做到有的放矢。本章将对透视与视角进行讲解。

2.1 透视的形成原理

透视是一种视觉现象，是人的视觉器官对立体性质的物体产生的一种视觉反应。也就是说，人眼在观察物体时所能看到的形态都存在透视规律。透视也是自然界中的一种普遍现象，其产生的先决条件是有足够的光。有了光源照明，人眼才能看清一切物体。人眼在观察物体时会产生立体感，将这种立体感反映在纸面上就是立体透视图。通过掌握透视的基本原理，我们可以在二维的纸面上表现三维的物体，即绘制出具有立体感、纵深感和空间感的画面。

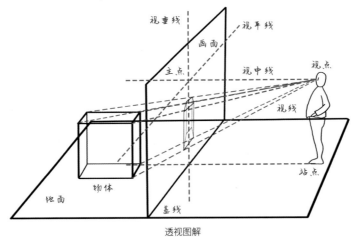

透视图解

透视的基本规律有近大远小、近高远低、近宽远窄和近实远虚。

近大远小是一种比较容易察觉的视觉自然现象。它是指同样大小的两个物体，离眼睛近的物体相对要大一些，离眼睛远的物体相对要小一些。这种现象反映在画面中也是同样的道理，大的物体空间位置靠前，小的物体空间位置靠后。

近高远低是指同样大小的两个物体，近处的物体比远处的物体看起来更加高大。例如，观察远处的高山时，它看起来没有近处的楼高，实际上它要比楼高得多。观察马路两边的路灯时，近处的路灯会显得比远处的路灯高，实际上它们都是一样的高度。这就是透视变化所产生的近高远低的现象。

近宽远窄是指站在两条平行线之间，近处显得宽，远处显得窄。

近实远虚是指同样大小的物体，离眼睛近的物体更清晰一些，细节较多；离眼睛远的物体更模糊一些，细节较少。其原因在于人的视力是有限的。例如，观察马路两边的行道树时，距离我们近的能看清树干上的纹路、树叶的形状和颜色，距离我们远的则只能看到树木的大致轮廓。在具体绘画时，要表现出虚实的变化，这样才能让画面具有空间感和立体感。

铁路的透视规律讲解

圆的透视规律在产品设计手绘中较为常用，读者需要重点掌握。当一个圆不发生透视变化时，保持圆形不变；当一个圆发生透视变化时，则变为椭圆。其规律是距离我们越近的圆越扁，曲率越小；距离我们越远的圆越鼓，曲率越大，即越接近于圆。我们可以将其理解为"近扁远鼓"。这里要注意区分圆的近大远小和近扁远鼓的规律，前者强调的是面积的大小变化，后者强调的是曲率的大小变化。在现实生活中，我们可以观察像水杯和水桶等由圆柱体构成的物体，来加深对圆的透视规律的理解。

　　观察下图中的水杯，当我们从上方平视时，杯口不发生透视变化为圆形。当改变视角，将杯子竖直放置和侧躺放置时，都会发生近大远小、近扁远鼓、近实远虚的透视变化，此时杯口则变为椭圆形。

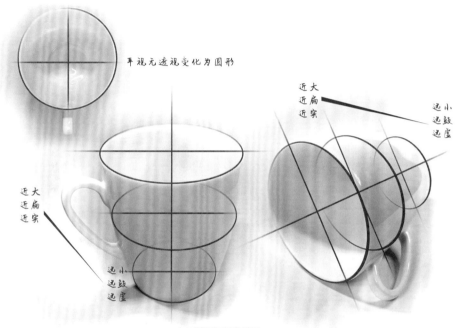

圆的透视规律讲解

　　总结以上从现实生活中得出的透视规律，当圆与视平线相交时，圆变为一条直线；圆离视平线越近时，圆的曲率越小，即圆越扁；圆离视平线越远时，圆的曲率越大，即圆越鼓。

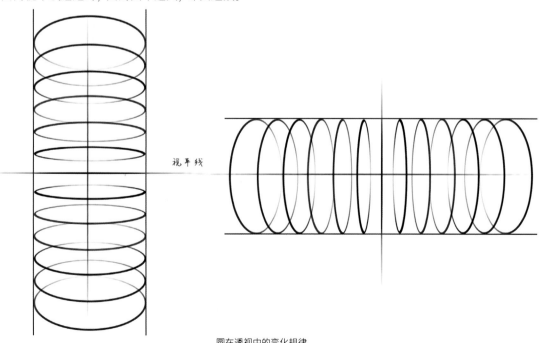

圆在透视中的变化规律

2.2 透视的类别

在产品设计手绘中，常用的透视有一点透视、两点透视和三点透视。不同的透视，适用的产品设计手绘图也不同。接下来详细介绍每种透视的特点。

2.2.1 一点透视

一点透视又称平行透视，观者面对物体的竖直面，只有一个灭点，即视线汇聚消失的点。在现实生活中，有很多一点透视的场景。在下面的场景图中，所有竖直和水平的线条都向后汇聚，我们的视线也随之聚焦于远处的一点（灭点）上。在场景分析图中，黄色线条代表水平和竖直不变的线条，红色线条代表向后延伸汇聚的透视线，透视线由于近大远小而发生了变化，绿色线条代表视平线，红点代表灭点。

一点透视场景图　　　　　　　　　　　一点透视场景分析图

我们都知道，立方体由6个面和12条边组成。12条边可分为三组，透视线沿着边线分别向长、宽、高3个方向延伸。由此我们可以将物体概括为立方体，进而说明一点透视的变化规律。一点透视的透视线（立方体的边线）的变化特点为水平和竖直的线保持不变，向后延伸的线进行汇聚。将立方体水平放置，其正面与纸面平行，这也是一点透视又称为平行透视的原因。

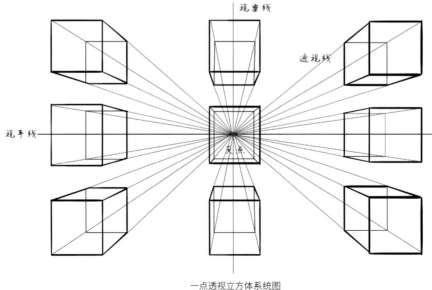

一点透视立方体系统图

在产品设计手绘中，一点透视常用来表现产品与观者有一定距离，并且产品的某个面正对观者时的情况，一般以正等测图的形式出现。当产品的一个面正对观者时，所有的透视线都会向后方的一个灭点汇聚。此时，产品上横竖两个方向的透视线都保持水平和垂直不变，只有向后汇聚的透视线角度会发生改变。

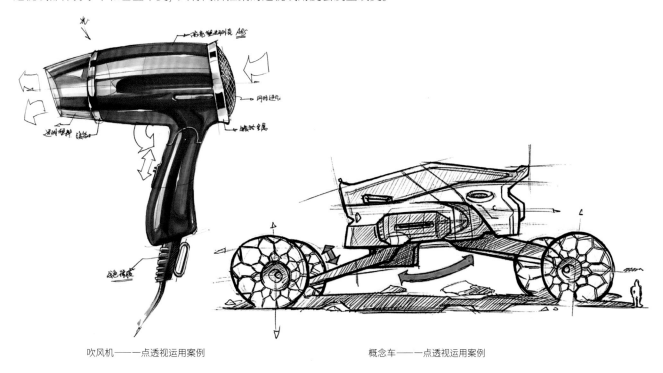

吹风机——一点透视运用案例   概念车——一点透视运用案例

2.2.2 两点透视

两点透视又称成角透视，观者面对物体的转角处，有两个灭点，即视线汇聚消失的点。在下面的场景图中，汽车垂直于地面的线保持不变，从汽车车灯的转角处开始，两侧的线条向后方汇聚，我们的视线也向左右两个方向聚焦于远处的两个灭点上。在场景分析图中，红色线条代表向左右两个方向汇聚的透视线，透视线由于近大远小而发生变化，黄色线条代表垂直于地面的不变的透视线，绿色线条代表视平线，灭点则由于在远处超出了画面范围。

两点透视场景图   两点透视场景分析图

用立方体来表示两点透视的规律，透视线（立方体的边线）的变化特点为竖直方向的线保持不变，垂直于地面，向左右两个方向的透视线汇聚，视平线穿过两个灭点。

在产品设计手绘中，两点透视具有客观、真实的特点，常用来绘制汽车和电子产品等。两点透视是工业产品设计手绘中最常用的表现形式，运用两点透视绘制的画面立体感、空间感更强，容易被观者理解、记忆，从而洞察产品的外观和结构。

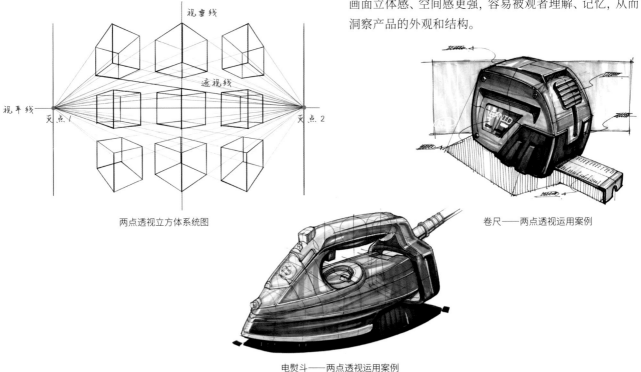

两点透视立方体系统图

卷尺——两点透视运用案例

电熨斗——两点透视运用案例

2.2.3 三点透视

三点透视又称倾斜透视，是3种透视中视觉冲击力最强的一种，观者面对物体，有3个灭点，透视线朝3个方向汇聚。在现实生活中，一般视角下的垂直线都是平行的，但如果采用仰视和俯视的视角，垂直的平行线就会因透视而发生变化，从而相交于第三个灭点。在下面的场景图中，观者仰视高大的建筑物时，建筑物上的3组不同方向的线条都向各自的灭点汇聚。在场景分析图中，红色线条均代表向3个方向汇聚的透视线，我们的视线聚焦于画面之外的灭点上，绿色线条代表视平线。

三点透视场景图

三点透视场景分析图

用立方体来表示三点透视的规律，透视线（立方体的边线）的变化特点为3组边线沿透视线的3个方向汇聚，相交于灭点，并且3个灭点的连线构成一个三角形。视平线位于物体上方穿过上面两个灭点时，为俯视视角；视平线位于物体下方穿过下面两个灭点时，为仰视视角。

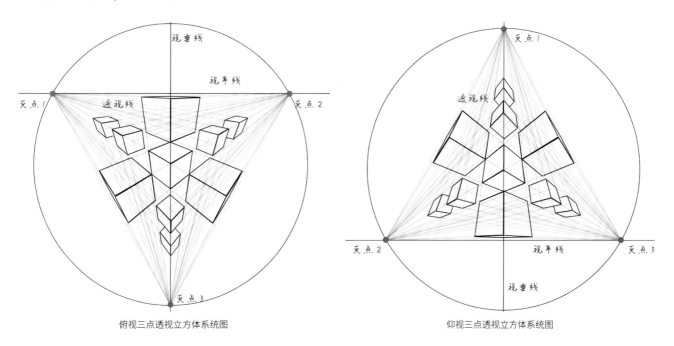

俯视三点透视立方体系统图　　　　　　　　　　　仰视三点透视立方体系统图

提示 通过观察上面的立方体可以发现，离眼睛越远，立方体底部呈现的角度越小。在具体绘图时，应注意避免使用角度过小的视角，否则会影响产品的固有形态。

三点透视常用于表现体量大、立体感强、纵深感强的产品，以及采用微距观察的产品，能有效增强产品的空间感和立体感，使产品具有十足的视觉冲击力，最终的画面效果十分夺人眼球。三点透视应用于产品设计手绘中时，表现出来的产品的立体感、空间感和视觉冲击力较其他两种透视更强。

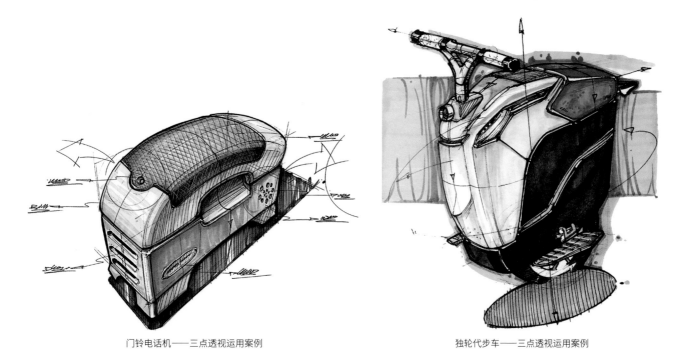

门铃电话机——三点透视运用案例　　　　　　　　独轮代步车——三点透视运用案例

2.3 视角的形成原理

透视与视角联系紧密，不能割裂开。将透视和视角融会贯通，是学好产品设计手绘的前提。接下来笔者详细介绍视角的形成原理。

视角是指由物体两端射出的两条光线在眼球内交叉而成的角。由于眼睛在人体上所处的位置是固定的，所以视线高度也是固定的。因此人的视角有一定的限度，只能通过抬头、低头、转头来扩大视角或改变观察姿势、改变物体的位置来全方位地观察事物。

一览众山小

在透视系统中，根据视线的方向不同，可将视角分为仰视、平视和俯视。仰视即抬头看，物体位于视平线上方，可以看到物体的底部。平视即水平向前看，物体位于视平线上，只能看到物体的侧面。俯视即低头看，物体在视平线下方，可以看到物体的顶部。

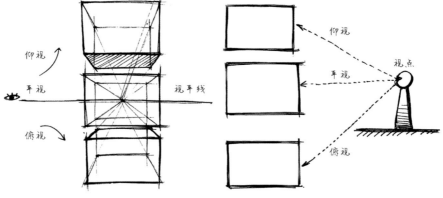

3 种视角示意图

生活中的仰视、平视、俯视场景

2.4 视角的类别

人们常说采用的视角不同，对事物的看法也就不同。视角就是人们观察产品的角度。对于产品设计手绘来说，选择合适的视角和角度，能够充分展示要表现的内容，并且更容易让人理解，因此需十分重视视角的作用。

2.4.1 平面视角

在产品设计手绘中，平面视角是指单独观察物体的一个面，它不受透视的影响。在平面视角下，物体的比例、尺寸和形态等均不会发生改变，因此常用三视图或六视图进行标注。三视图包括正视图、侧视图和俯视图，六视图包括前视图、后视图、左视图、右视图、顶视图和底视图。当产品呈现出对称形态，即前后、左右、上下相对的两个面一样，设计信息一致时，选择使用三视图进行标注即可。当产品6个面的形态都不同，需要进行详细标注和说明展示时，则应选择使用六视图。

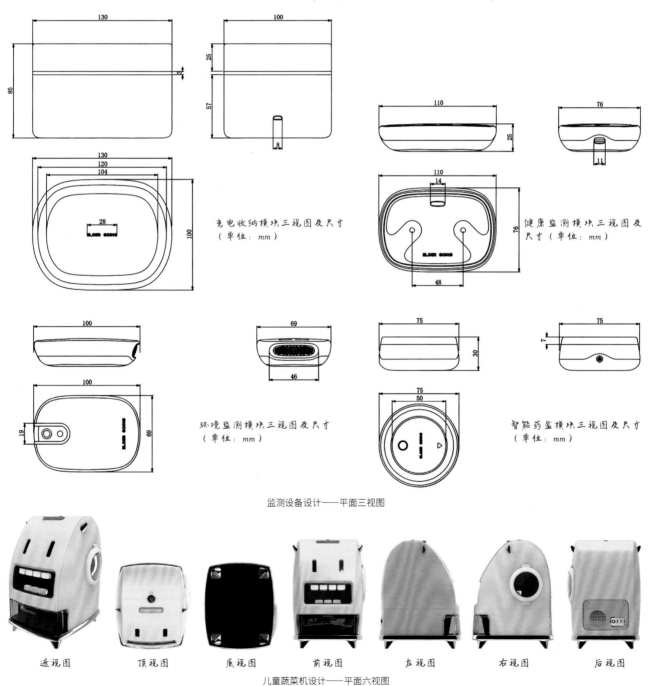

充电收纳模块三视图及尺寸（单位：mm）

健康监测模块三视图及尺寸（单位：mm）

环境监测模块三视图及尺寸（单位：mm）

智能药盒模块三视图及尺寸（单位：mm）

监测设备设计——平面三视图

透视图　顶视图　底视图　前视图　左视图　右视图　后视图

儿童蔬菜机设计——平面六视图

平面视角也常用于产品设计造型的推敲，采用此视角绘制的图称为平面正等测图。在产品设计手绘方案构思阶段，一般会产生多种方案以供筛选和优化。

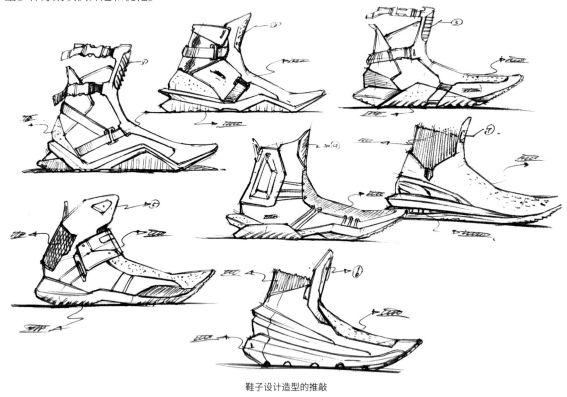

鞋子设计造型的推敲

提示　平面正等测图是设计师进行产品设计造型推敲及发散时的重要依据，在后面章节会对此进行详细讲解。

2.4.2　透视视角

　　透视视角下的物体会因透视的影响而发生变形，但这更符合人眼观察到的实际效果。采用此视角可以展现物体的多个面，展示更多设计信息，而且绘制的物体更有立体感和真实感。平面视角下的平面正等测图与透视视角下的立体效果图搭配使用，不仅能够丰富画面，还能展示产品设计造型推敲的正确流程，展现设计师的思维逻辑。

鞋子效果图牛皮纸表现（平面＋立体）

扫地机器人效果图表现（平面＋立体）

　　在一点透视、两点透视、三点透视系统中选择合适的视角，能够更好地提升画面效果。在不同的透视系统中，都存在着仰视、平视和俯视这3种视角。下面笔者依然以立方体为例进行讲解。

在一点透视中，向上看为仰视，可以看到立方体的正面和底面，分别向左右两个方向看，又可以看到左右两个平面；向前看为平视，视线垂直于纸面，只能看到中心立方体的一个面，分别向左右两个方向看，又可以看到左右两个平面，采用平视视角最多只能看到立方体的两个面；向下看为俯视，可以看到立方体的正面和顶面，分别向左右两个方向看，又可以看到左右两个平面。

在两点透视中，除了采用平视视角只能看到立方体的两个侧面以外，采用其他视角均能看到立方体的3个面。向上看为仰视，可以看到立方体的两个侧面和底面；向前看为平视，视线垂直于纸面，只能看到立方体的两个侧面；向下看为俯视，可以看到立方体的两个侧面和顶面。

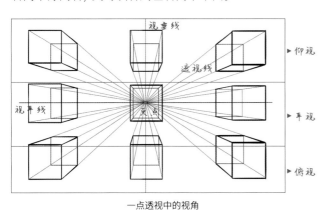

一点透视中的视角

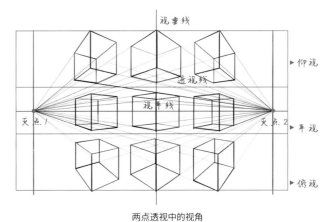

两点透视中的视角

在三点透视中，仰视和俯视视角均能看到立方体的3个面。向上看为仰视，可以看到立方体的两个侧面和底面；向前看为平视，视线垂直于纸面，视线落于水平方向的视平线上，会自动转化为两点透视，只能看到立方体的两个侧面；向下看为俯视，可以看到立方体的两个侧面和顶面。

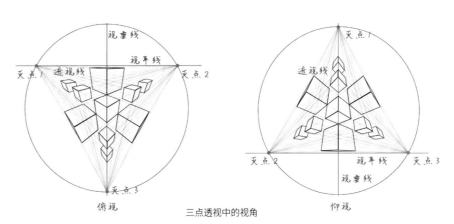

三点透视中的视角

2.4.3 多角度展示

在展示立体的产品时，会通过切换角度来转变观察视角。通常用45°图（3/4侧立体图）来展示，这样可以看到物体的3个面，也容易体现出物体的立体感和空间感。根据展示目的的不同，可以选择前45°（前3/4侧）和后45°（后3/4侧）两个角度进行产品设计手绘。将需要展示的设计信息相应的面画出来，同时要灵活运用透视和视角，以满足不同的绘图需求。

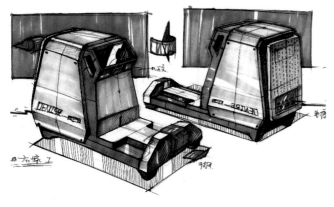

数片机前后45°展示图

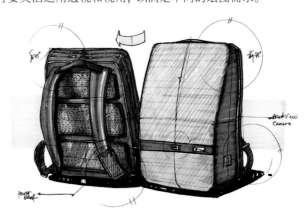

背包前后45°展示图

2.5 透视与视角的训练方法

学习透视与视角的训练方法，我们可先从最简单、最基础的立方体入手。立方体是由6个相同的正方形平面组成的，也可以看作是由3组不同方向（x轴、y轴、z轴）的线条构成的。但在不同的透视系统中，立方体所呈现的视觉效果会有所差异，3组线条也会发生相应的变化。

2.5.1 一点透视下的立方体阵列

在一点透视中，立方体阵列呈现的效果如下图所示。该图包括了3种视角，即仰视、平视和俯视。在一点透视中，棱线的变化规律为横向第一组线条全部保持水平，纵向第二组线条全部保持垂直，即"横平竖直"，只有向后汇聚的第三组线条发生变化，聚焦于中心灭点（V）上。

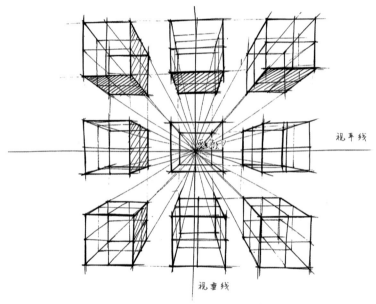

一点透视立方体阵列效果图示

01 绘制辅助线。 确定好视平线和视垂线两条线，保证视平线平行于纸面的横边、视垂线平行于纸面的竖边，两条线相交得到灭点（V）。此时，我们设定视平线方向为x轴、视中线方向为y轴。

02 绘制正方形。 先绘制出位于中心的立方体的正方形，然后绘制出其他方向的正方形，让正方形的边保持对齐，组成正方形阵列。

03 绘制透视线。 从每个正方形的顶点开始绘制向灭点汇聚的透视线。绘制时注意下笔轻一些，以单线为主。此时，我们设定绘制出的向纸面内汇聚的透视线为z轴。

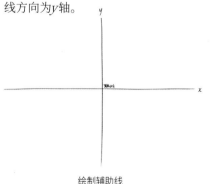

绘制辅助线

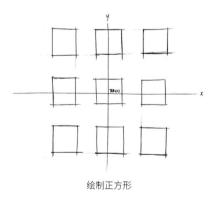

绘制正方形

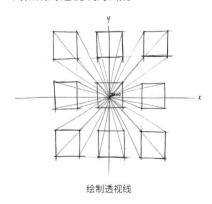

绘制透视线

提示 在绘制线条时，笔触要保持两头轻、中间重，并使线条两端超出。

04 补充完整立方体。继续使用单线绘制出其他组棱线。先确定出中间一个立方体被挡住的平面，然后根据对齐原则作水平线，找到与透视线相交的点，接着绘制出其他x轴和y轴上的棱线，组成后方的正方形平面，最后使用单线强调各个立方体向后汇聚的z轴上的棱线，即可得到完整的立方体。

05 明确线性关系及绘制光影关系。先通过复描强调线性关系，然后使用排线的方法交代光影关系，接着对每个面进行剖面线分析表达。调整线条的空间虚实关系以丰富画面，直至完成绘制。

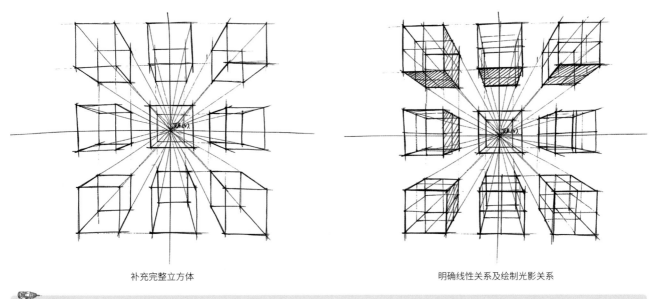

补充完整立方体

明确线性关系及绘制光影关系

提示 由于受到透视的影响，我们只能看到位于中心的立方体的一个面。因此，需要绘制出棱线，把被挡住的面补充完整。

2.5.2 两点透视下的立方体阵列

在两点透视中，立方体阵列呈现的效果如下图所示。该图同样包括了3种视角，即仰视、平视和俯视。在两点透视中，棱线的变化规律为所有垂直的线保持垂直，向左右两边汇聚的两组线条发生变化，聚焦于两端灭点上。

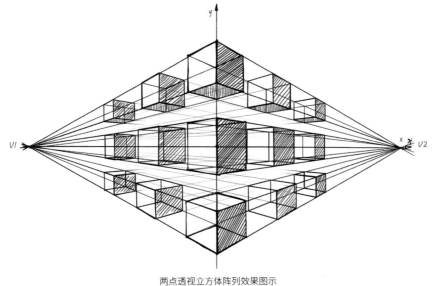

两点透视立方体阵列效果图示

01 绘制辅助线。 确定好视平线和视垂线两条线，保证视平线平行于纸面的横边、视垂线平行于纸面的竖边。此时，我们设定视平线方向为x轴，视垂线方向为y轴，在x轴的两端确定两个灭点（$V1$和$V2$）。

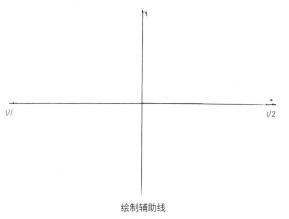

绘制辅助线

02 确定立方体高度。 在y轴上确定出最中间平视视角下立方体的一条棱线的长度并设为a，再通过向上和向下定点截取线段的方式确定上下两个立方体（仰视和俯视视角下）最前侧的棱线。

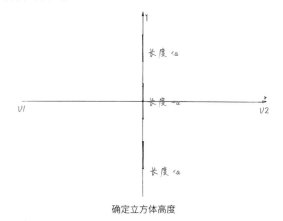

确定立方体高度

提示 这里截取的线段略短于中间立方体的棱线长度a，原因是受到近大远小的透视规律的影响。

03 绘制透视线。 从确定好的3条棱线的端点开始，向左右两边连接灭点。

04 绘制前方的立方体。 先在左右两侧的透视线上截取长度为2/3 a的线段，然后经过截取的点向下作垂线，得到立方体的边框，接着从新得到的端点向左右两边连接透视线，与形体产生交点，交点应位于中间的垂直棱线上。采用复描线绘制出后侧被遮挡的棱线，完成立方体的绘制。同理，绘制出上下两个立方体。

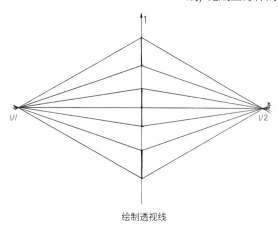

绘制透视线

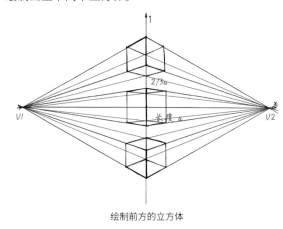

绘制前方的立方体

05 绘制后方的立方体。 根据近大远小的透视规律，越往后立方体会变得越小，因此后方立方体的棱线长度要比最前侧的短一些。

06 绘制光影效果。 假设光源位于左上方，立方体朝上朝左的面为受光面，保持不变；朝下朝右的面为背光面，即立方体的暗部，使用排线的方法概括表达暗部的光影，使立方体具有一定的立体感。

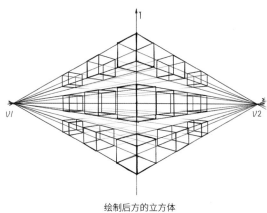

绘制后方的立方体

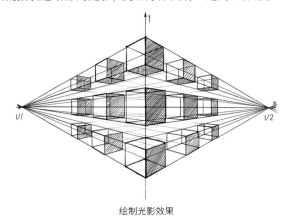

绘制光影效果

2.5.3 三点透视下的立方体阵列

在三点透视中，立方体阵列呈现的效果如下图所示。在三点透视中，立方体棱线的变化规律为3组透视线分别向3个方向汇聚聚焦于灭点上，3个灭点构成一个正三角形。下图展示了三点透视中俯视视角的效果，并且图中的立方体大小发生了变化。读者在平时的训练中，可以画等大的立方体阵列，也可以画大小不一的立方体阵列。

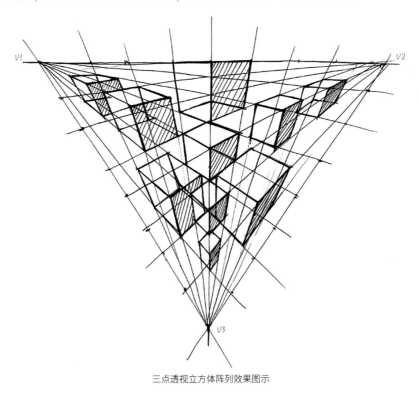

三点透视立方体阵列效果图示

01 **绘制初步的辅助线。** 首先画出一个大的正三角形，正三角形的边连接着两个灭点（V1和V2），这条线也是视平线，然后画一条视垂线（中垂线）与视平线垂直，且穿过底部正三角形的顶点（V3），接着从上部两个灭点（V1和V2）向相对的边作垂线。

02 **绘制透视线。** 从3个灭点向相对的边作发射的透视线，在每条边上寻找到7个中分点，再将灭点与这些中分点连线。当然也可以再细分，细分的规律就是不断地寻找中点并连线，由此组成较为密集的透视线网络。

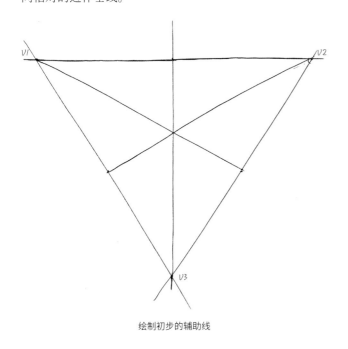

绘制初步的辅助线

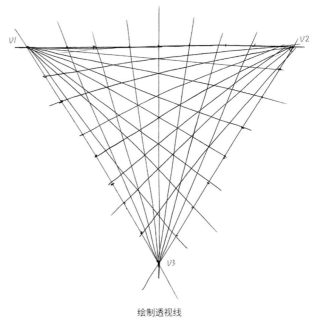

绘制透视线

03 绘制立方体。 此时,透视线网络呈现出立方体的形态。紧接着通过复描线条肯定地明确出这些形体,由此就可以得到很多大大小小的立方体。进一步通过复描强调线性关系,加重空间位置靠前的线条、轮廓线和转折线。

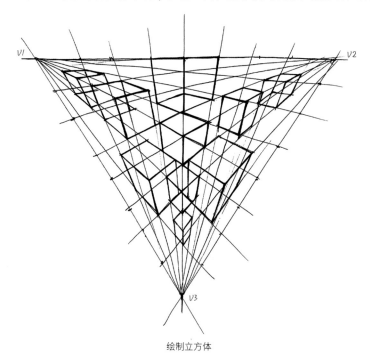

绘制立方体

04 绘制光影关系。 假设光源位于左上方,立方体朝下朝右的面为背面。在俯视视角中看不到底面,所以我们对朝右的面进行排线处理,将光影概括表达,使立方体更有立体感。

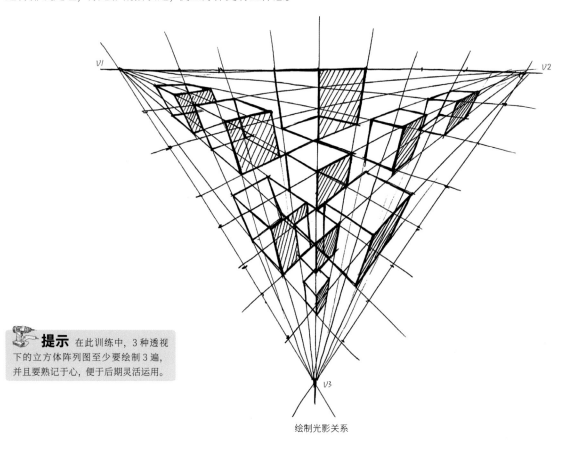

提示 在此训练中,3种透视下的立方体阵列图至少要绘制3遍,并且要熟记于心,便于后期灵活运用。

绘制光影关系

2.6 不同透视的实际应用

前面我们学习了透视的类别,了解了它们之间的区别及各自的应用场景。接下来笔者通过一个U盘的绘制案例,向读者展示3种透视的应用效果。U盘的外形比较方正,结构较为简单,有利于我们观察和学习物体在不同透视下形态的变化。

2.6.1 一点透视的应用

一点透视多用于表现物体的一个面正对观者时的情况,物体的正面与纸面平行。下面以水平放置的U盘为例,讲解在一点透视中物体的表现技法。由于物体在一点透视中横平竖直,各线条均保持不变,朝向纸张内部的所有透视线均向后汇聚于中心灭点,因此U盘形体上向后的轮廓线和结构线均需符合向灭点汇聚的规律。

扫码看视频

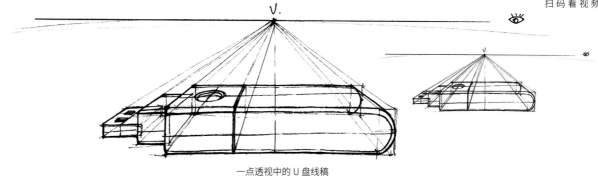

一点透视中的 U 盘线稿

01 起稿。 绘制透视线和辅助线,确定物体在画面中的位置。绘制U盘的侧面轮廓,注意U盘各部分的比例关系。确定中心灭点和视平线,根据形体上的关键节点绘制向后汇聚的透视线。

02 确定形体。 在透视线上截取U盘的宽度,采用定点连线法确定形体的轮廓,并使用较轻的单线绘制后侧被遮挡住的轮廓线和内部结构线,完成初步的形体结构表达。

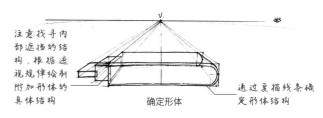

提示 在绘制形体时,不能漏掉被遮挡部分的结构,将物体的内部结构绘制出来有利于清晰表达物体结构。

03 增加细节。 增加插头缺口、状态指示灯、分型线和剖面线等细节,对关键线条进行复描,调整线性关系。

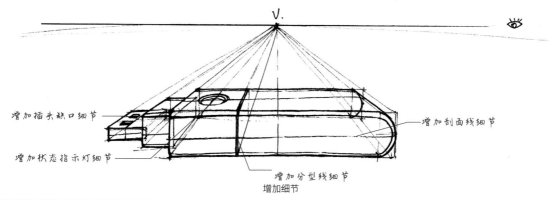

增加细节

提示 在增加细节时也需遵循透视的规律,可通过定点确定细节的具体位置,然后向灭点连线。

2.6.2 两点透视的应用

两点透视多用于表现物体的一个转角正对观者时的情况，物体与纸面有一定角度。下面以展示3/4侧面的U盘为例，讲解在两点透视中物体的表现技法。由于在两点透视中垂直线条均保持不变，朝左右两个方向的所有透视线均分别向左右两侧汇聚于两个灭点上，因此U盘形体上向左和向右的轮廓线和结构线均需符合向灭点汇聚的规律。

扫码看视频

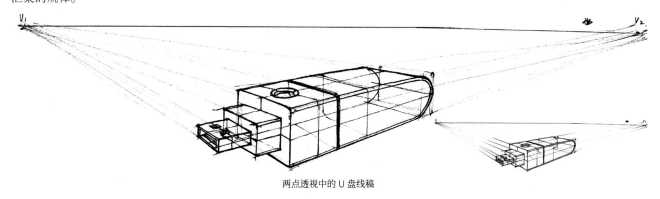

两点透视中的 U 盘线稿

01 起稿。 绘制视平线和两个灭点，确定物体在画面中的位置。先绘制U盘最前侧的垂直结构线，然后由顶点向两个灭点连线，接着在透视线上截取U盘的长度和宽度，根据新确定的顶点进行垂线连线，并根据U盘形体的关键节点绘制向左右汇聚的透视线，相交后得到基本的长方体。

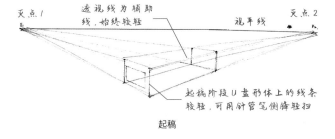

起稿

提示 在确定U盘长度时，需注意由透视产生的近大远小变化，U盘长度应较一点透视中的略短一些，使其符合客观观察规律，进而更加严谨准确。

02 确定形体。 完成U盘前端的结构附加，所有结构线均需符合透视线的汇聚规律。使用较实的单线描绘，并注意由遮挡产生的线条的虚实变化，完成初步的形体结构表达。

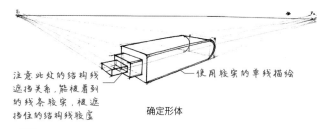

确定形体

提示 在绘制形体确定后的线条时，需注意结构线的虚实表达，能被看到的结构线较实，被遮挡住的结构线较虚。

03 增加细节。 增加插头缺口、状态指示灯、分型线和剖面线等细节，对关键线条进行复描，调整线性关系。

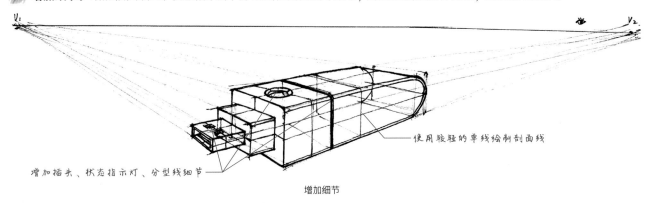

增加细节

提示 在确定最终的形体时，可对重要的轮廓线、结构线和分型线进行加重强调，明确形体结构及线性关系，使线稿更加完整，增强形体的立体感。

2.6.3 三点透视的应用

三点透视多用于表现物体以一定角度对着观者，并具有一定纵深感时的情况。下面以竖直放置的U盘为例，讲解在三点透视中物体的表现技法。由于在三点透视中3个方向的透视线均汇聚于3个灭点上，因此U盘形体上所有的轮廓线和结构线均需符合向3个灭点汇聚的规律。

扫码看视频

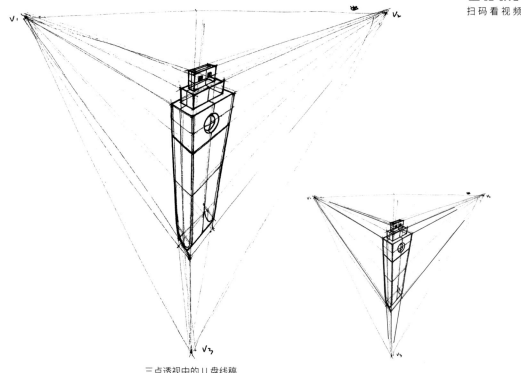

三点透视中的 U 盘线稿

01 起稿。 先绘制U盘正对观者的一条垂直的棱线并注意U盘各部分的比例关系，然后确定中心灭点和视平线，接着根据形体的关键节点绘制向后汇聚的透视线。

02 确定形体。 在透视线上截取U盘的宽度，通过采用连线法确定形体的轮廓，并使用较轻的单线绘制后侧被遮挡住的轮廓线和内部结构线，完成初步的形体结构表达。

03 增加细节。 增加插头缺口、状态指示灯、分型线和剖面线等细节，对关键线条进行复描，调整线性关系。

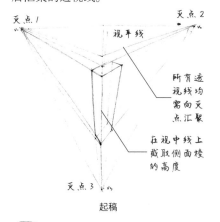

起稿

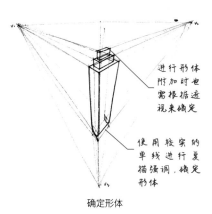

确定形体

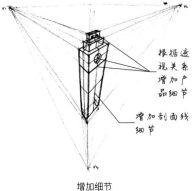

增加细节

🔧 **提示** 在本案例中，为了让读者清楚地知道灭点的位置，将灭点均定于纸张以内。在实际产品设计手绘中，灭点一般位于纸张以外，需要通过脑补的方式来确定视平线与灭点的位置。若灭点位置过近或整个透视系统过小，则容易产生图稿过小和透视过于夸张的问题。

🔧 **提示** 在进行形体附加时，需注意由透视产生的近大远小变化，距离眼睛越远的部件，其长度会越短。

🔧 **提示** 三点透视中的形体被进行了一定的夸张变形，具有较强的视觉冲击力。对于体量较小的产品来说，可理解为微距观察物体时呈现的效果。在实际应用中，读者应根据需求选择合适的视角。

2.7 不同视角的实际应用

前面我们学习了视角的类别，其中仰视、平视和俯视的应用较为广泛，读者需要重点掌握。下面笔者讲解不同视角的具体应用。

下图为同一形态的物体在不同视角下呈现的效果。我们可以看到，仰视视角画面的视平线位于物体下方，与地平线重合，物体犹如建筑物显得十分高大，此时人与物体的比例悬殊，即人很小、物体很大。平视视角画面的视平线位于物体中间，物体与人的体量感差不多，此时人与物体的比例相差很小。俯视视角画面的视平线位于物体上方，物体显得很小，小猫的剪影用来与物体进行大小的对比。

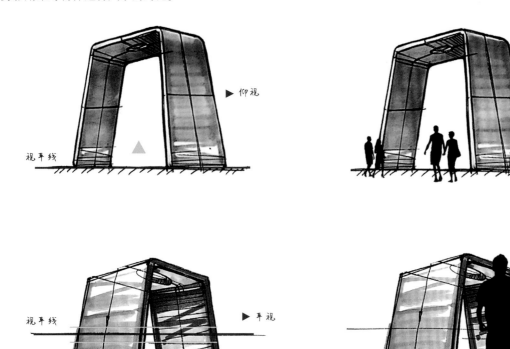

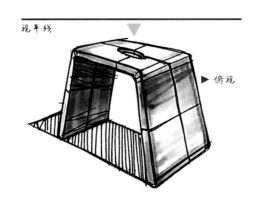

不同视角示意图

不同视角直接影响着人们对物体体量感的判断，物体的大小实际上是以人作为标准的，人们会结合自身的经验对物体的大小进行判断。因此要想正确表现物体的实际大小和体量感，使其符合实际效果，不仅需要选择合适的视角，在有些情况下还需要借助参照物。总之，我们在日常生活中采用什么样的视角观察物体，就采用同样的视角进行产品设计手绘。

2.7.1 仰视视角

在产品设计手绘中,我们选择仰视视角进行表现的情况有两种:一种是物体的体量感本身就比人大,我们需要抬头观察,如建筑、大型雕塑和大型机械设备等;另一种是物体虽然本身体量感不大,但位于人视线的上方,如吊灯、摄像头和手持设备等,我们也需要抬头以便观察物体底部的设计细节。

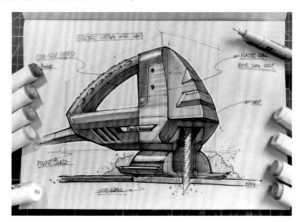

电动线锯仰视视角效果图

案例:吊灯

接下来笔者以吊灯为例,讲解仰视视角的应用,以加深读者的理解。吊灯悬挂于天花板上,人在观察时往往需要抬头,因此采用仰视视角进行表现更加符合人的观察习惯,有利于观者理解物体。下图为一组吊灯的设计草图线稿,每盏吊灯具有不同的外观形态,视角为一点透视下的仰视,视平线位于物体下方,观者可看到吊灯的底面和正面。

扫码看视频

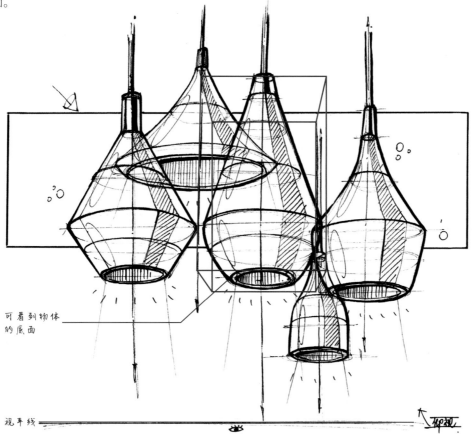

吊灯的设计草图线稿

01 起稿。 首先绘制底部的视平线，然后绘制5条垂线作为吊灯的中垂线，确定物体在画面中的位置。使用针管笔轻轻绘制吊灯的轮廓形，确定5盏吊灯不同的形态特征。

02 确定形体。 使用针管笔对已确定的形体轮廓线和结构线进行复描，明确产品形态。注意虚实关系的表达，位于前侧可被看到的线条较实，需要复描强调；被遮挡住的结构线较虚，保持起稿时线条的轻重不变。

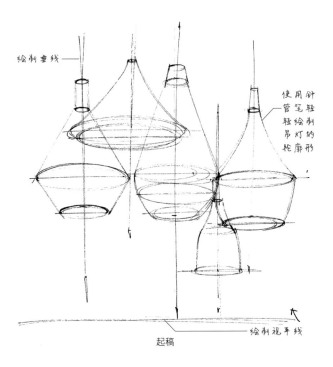

绘制垂线

使用针管笔轻轻绘制吊灯的轮廓形

绘制视平线

起稿

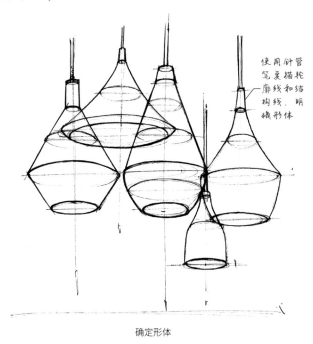

使用针管笔复描轮廓线和结构线，明确形体

确定形体

03 增加细节。 增加吊灯底部口沿处的小厚度、高光区域、明暗交界线区域和剖面线等细节，假设光源在左上方，对关键线条进行复描，调整线性关系。

04 表现光影。 先使用排线的方法填充物体的暗部，概括表现光影关系，建立初步的立体感，然后使用较粗的勾线笔对外轮廓线和关键结构线进行强调，最后绘制背景并添加装饰性元素。

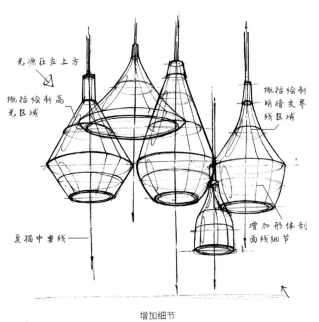

光源在左上方

概括绘制高光区域

概括绘制明暗交界线区域

复描中垂线

增加形体剖面线细节

增加细节

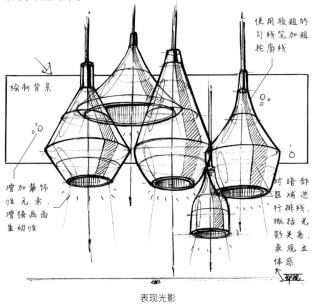

使用较粗的勾线笔加粗轮廓线

绘制背景

增加装饰性元素，增强画面生动性

对暗部区域进行排线，概括光影关系，表现立体感

表现光影

提示 对高光和暗部区域进行概括表现有利于建立初步的光影关系，并指导后期上色，进一步深入塑造立体感。

提示 在使用较粗的勾线笔进行强调时，一般选择0.8号或1.0号笔，对形体的暗部线条进行加重。亮部线条相对较细较轻，这样既能突出画面的光感和立体感，又能增强线条的层次感。

2.7.2 平视视角

在产品设计手绘中,我们通常选择平视视角绘制高度与人高度大致相同的物体。此时人的视线落在物体的中间部分,看不到物体的顶面和底面,只能看到前面和侧面。平视视角可以表现一些体量感比较大的产品,如立式空调、冰箱和汽车等,也可以表现体量感较小的物体,如显示器和咖啡机等。另外,商场的鞋子一般会被放置在展架上供顾客挑选,因此在进行鞋履设计手绘时,通常使用平视视角来表现。

汽车平视视角效果图

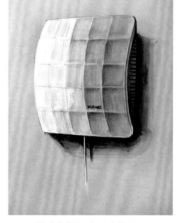

挂式路由器平视视角效果图

咖啡机平视视角效果图

案例:冰箱

接下来笔者以一台冰箱为例,讲解平视视角的应用,以加深读者的理解。冰箱的体量与人相近,人在观察时往往是平视,因此在进行设计手绘时习惯应用平视视角来表现,这样有利于突出冰箱的体量感、挺拔感及稳重感,给人以较强的视觉冲击力。右图为一款冰箱的设计草图线稿,视角为两点透视下的平视,视平线位于物体中部,观者可看到冰箱的侧面和正面。

扫码看视频

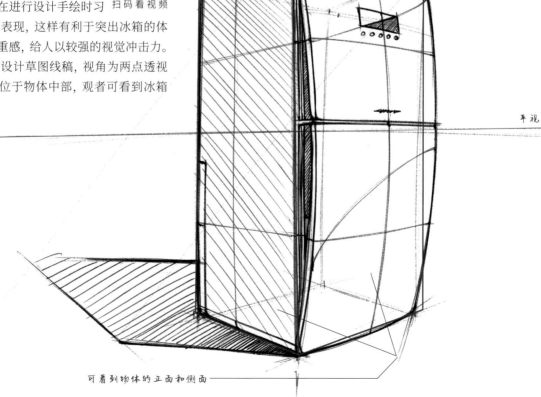

冰箱的设计草图线稿

01 起稿。 首先绘制中间的视平线，然后于画面中间绘制一条垂线作为物体的中垂线，接着将冰箱的基础形态概括为一个长方体，应用两点透视规律，使用针管笔轻轻绘制一个长方体，确定产品的长、宽、高。

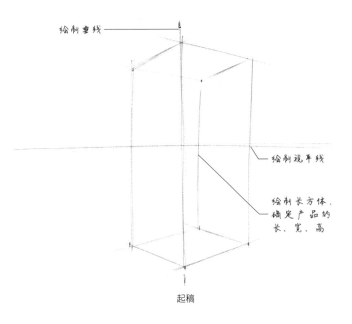

起稿

02 确定形体。 先在正面绘制两条曲线，确定冰箱正面的曲面造型特征，然后对形体进行倒角和分型处理，交代必要的结构线和分型线，此时前部面板被分割为保鲜区和冷冻区两个部分。对已确定的形体轮廓线和结构线进行复描，明确产品形态，内部未明确造型部分使用较轻线条。

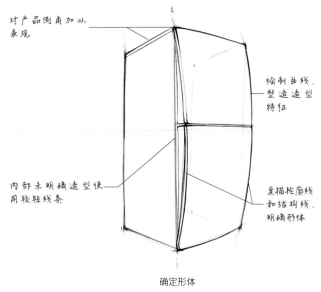

确定形体

03 增加细节。 增加把手、显示屏、按键、背部面板和局部光影等细节。对可见面进行剖面线分析，假设光源在右上方，对关键线条进行复描，调整线性关系。

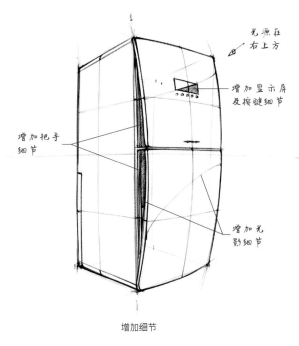

增加细节

04 表现光影。 根据光的来向，确定左侧面为暗部，绘制向左的投影，使用排线的方法填充物体的暗部，概括表现光影关系，建立初步的立体感。

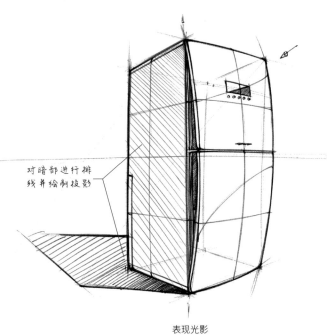

表现光影

提示 在排线时一般使用倾斜的单线条进行填充，通过疏密排布来表现前实后虚的关系。

2.7.3 俯视视角

在产品设计手绘中，我们通常选择俯视视角绘制体量感较小或位于人的视线下方的产品，如手机、座椅、扫地机器人和垃圾桶等。此时人的视线落在物体的上方，能看到产品的正面、侧面和顶面，看不到底面。此视角下产品的面展示得较多，设计信息也交代得详细充分，画面表现极具立体感。

椅子俯视视角效果图

多士炉俯视视角效果图

案例：闹钟

接下来笔者以一个闹钟为案例，讲解俯视视角的应用，以加深读者理解。闹钟一般摆放于床头柜或桌面上，其体量较小，人在观察时往往会低头俯视，因此在进行设计手绘时习惯应用俯视视角来表现，这样有利于突出闹钟的小体量和轻巧感、立体感。下图为一款闹钟的设计草图线稿，视角为三点透视下的俯视，视平线位于物体上方，观者可看到闹钟的顶面、正面和侧面。

扫码看视频

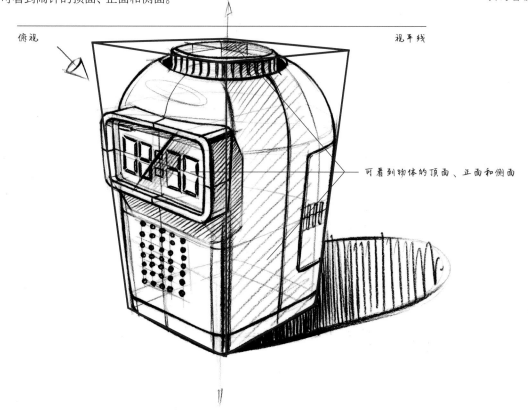

闹钟的设计草图线稿

01 起稿。 首先使用黑色彩色铅笔轻轻绘制位于上方的视平线和透视线底稿，然后于画面中间绘制一条垂线作为物体的中垂线，接着将闹钟的基础形态概括为上圆下方的组合形体（半球体＋长方体），应用三点透视规律，轻轻勾勒出产品的大致形态。

02 确定形体。 使用彩色铅笔稍稍用力强调出形体的轮廓线和结构线，在顶部分割出按钮、正面附加显示屏、底部附加底座，明确产品的形体和功能部件。对形体进行倒角和分型处理，交代必要的结构线和分型线，进而对已确定的形体轮廓线和结构线进行复描，明确产品形态。假设光源在左上方，轻轻绘制向右的投影轮廓线。

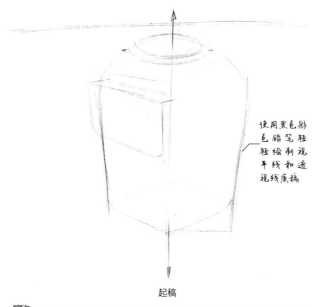

使用黑色影色铅笔轻轻绘制视平线和透视线底稿

起稿

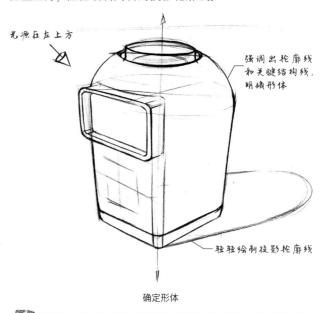

光源在左上方

强调出轮廓线和关键结构线，明确形体

轻轻绘制投影轮廓线

确定形体

提示 该案例应用了三点透视规律，灭点均位于画面以外，注意两侧轮廓线应稍稍向下汇聚。

提示 彩色铅笔绘制出的线条具有天然的虚实关系，线条的轻重和粗细的变化丰富，可根据压力大小来进行调节，使画面更加灵动。

03 增加细节。 增加正面音孔、顶部按钮条形肌理和背部盖板分型线等细节，添加剖面线，对可见面进行剖面线分析。进一步强调线条，注意线条的虚实表达，调整线性关系。

04 表现光影。 根据光的来向，绘制形体的暗部和投影，注意投影前实后虚的表达。增加屏幕上的电子数字显示细节，对产品外壳进行前后分型，加重分型线，刻画小厚度细节，最后对整体画面进行调整。

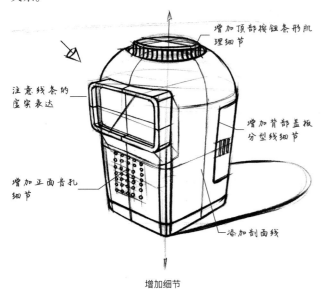

增加顶部按钮条形肌理细节

注意线条的虚实表达

增加背部盖板分型线细节

增加正面音孔细节

添加剖面线

增加细节

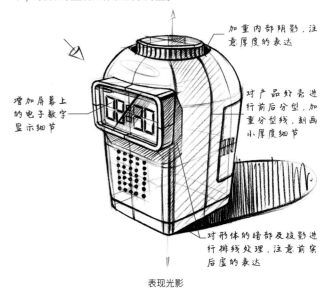

加重内部阴影，注意厚度的表达

增加屏幕上的电子数字显示细节

对产品外壳进行前后分型，加重分型线，刻画小厚度细节

对形体的暗部及投影进行排线处理，注意前实后虚的表达

表现光影

在进行产品设计手绘时，以上3种视角往往需根据产品体量与人的关系选择使用。但是我们也要学会灵活运用其他角度，对产品重要的功能面或局部进行展示，以充分交代设计信息。使用一些不常用的角度，往往能够增加画面的张力和新鲜感。

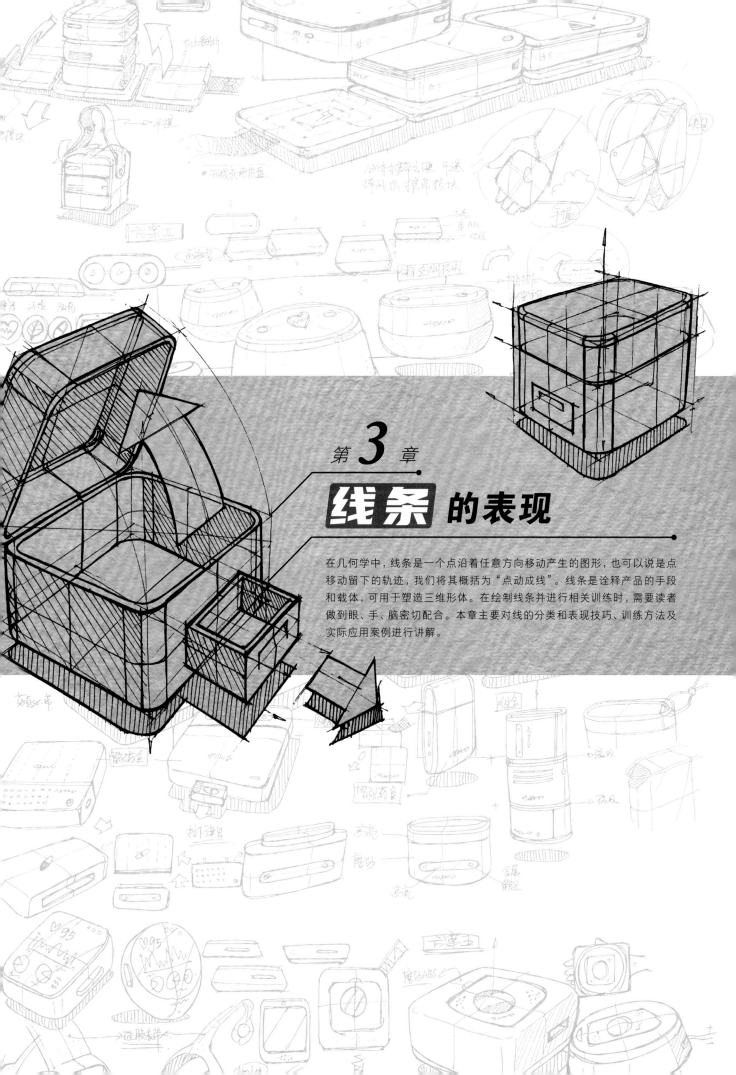

第 **3** 章

线条 的表现

在几何学中，线条是一个点沿着任意方向移动产生的图形，也可以说是点移动留下的轨迹，我们将其概括为"点动成线"。线条是诠释产品的手段和载体，可用于塑造三维形体。在绘制线条并进行相关训练时，需要读者做到眼、手、脑密切配合。本章主要对线的分类和表现技巧、训练方法及实际应用案例进行讲解。

3.1 如何绘制好线条

绘制线条的工具有很多，但笔者更喜欢用针管笔，因为用它绘制的线条清晰流畅，不易断墨、漏墨，便于刻画细节。本章案例均使用针管笔绘制而成。

心态

在绘制线条时，我们要摆正心态，因为很多人存在着怕画错的心理。首先，要想从根本上解决这一问题只能通过大量的练习。其次，即使画错了也没关系，不要紧盯着画错的线条不放，更不要在画错的线条上重复或尝试修改，只要在画错的线条旁绘制一条正确的线条即可。

转动纸张

在进行手绘训练时，我们还可以适当转动纸张，找到自己最舒服的绘制角度，保证绘制出的线条准确且美观。笔者平时无论是写字还是绘图，都会转动纸张。但在前期训练中，需要绘制各个方向的线条，建议尽量不转动纸张或少转动纸张，具备扎实的基本功才是后期进行自由创作的前提和基础。

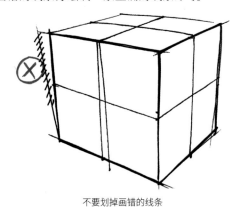

不要划掉画错的线条

画图纸张转动角度

 提示 在起稿确定透视阶段，尽量不要转动纸张，否则会出现透视紊乱、不准确的情况。

运笔

首先，我们要注意运笔姿势对绘制的线条长度的影响。由于人的关节活动范围有限，因此在绘制线条时需要灵活切换。绘制短线条时，需要靠手指发力，一般用于刻画细节；绘制中等长度的线条时，需要活动手腕关节；绘制长线条时，需要把小臂抬起，活动肘关节；绘制更长的线条时，需要活动肩关节，使整个手臂悬空，把大臂抡起来。因此，我们要学会调用不同的肌肉和关节进行运笔。其次，需要注意运笔速度。速度越快，绘制的线条越直；速度越慢，绘制的线条越抖。最后，在运笔时，我们也可以暂时屏住呼吸，以此减少手的抖动，即常说的"屏气凝神"。这些都可以在前期训练中加强。

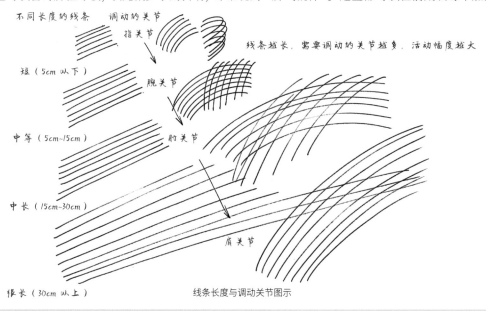

线条长度与调动关节图示

提示 在绘制线条的过程中，不必追求完美，速度可适当慢一些，以绘制准确为主。

3.2 线条的分类及表现技巧

如果把进行产品设计手绘比作建房子，那么线条就相当于地基，后期房子建得怎么样，要看前期地基打得如何。线条根据固有属性的不同可分为直线、开放曲线和闭合曲线，接下来笔者进行详细讲解。

3.2.1 直线

两点可以确定一条直线。根据穿过两点的不同情况，直线又可以细分为两头轻、中间重的线条，一头重、一头轻的线条，以及两头重、中间均匀的线条。下面以水平方向的直线为例具体讲解这3种线条的绘制技巧。

- ### 两头轻、中间重的线条（直线）

  两头轻、中间重的线条具有向两端无限延伸的趋势。这类线条多用于起稿阶段绘制辅助线和寻找透视的方向。

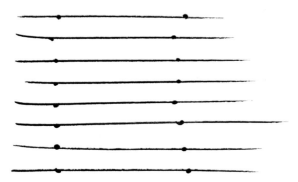

两头轻、中间重的线条（直线）

🛠 **提示** 在绘制直线时，先定出两个点，然后轻轻连接，接着用肯定的线条画出。找到规律后，可在下方多绘制几条。其发力技巧在于整个手臂要悬空，大臂或小臂发力，根据线条的长度来确定关节的运动。此时自己的手就像钟摆一样来回荡，轻落笔，快抬笔，中间稍用力。

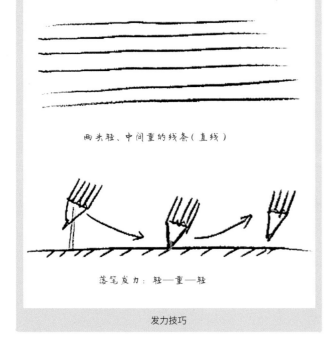

两头轻、中间重的线条（直线）

落笔发力：轻—重—轻

发力技巧

- ### 一头重、一头轻的线条（射线）

  一头重、一头轻的线条是指一点位于确定的第一个点上，另一点穿过确定的第二个点形成的线条，具有向一端无限延伸的趋势。这类线条多用于完善画面，表现前实后虚的效果。

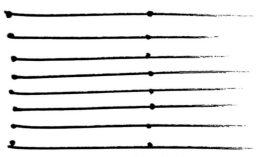

一头重、一头轻的线条（射线）

🛠 **提示** 在绘制直线时，先定出两个点，然后从前端的一个点下笔，向后扫出线条，连接位于后面的点，此时速度可以稍快一些。其发力技巧在于以肘关节为支点，小臂向后挥动，根据线条的长度来确定关节的运动。落笔较重，抬笔较轻。

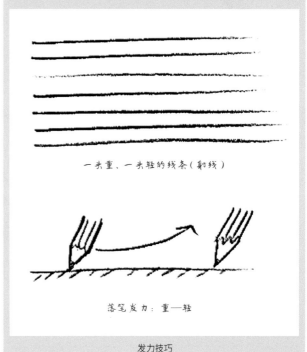

一头重、一头轻的线条（射线）

落笔发力：重—轻

发力技巧

- **两头重、中间均匀的线条（线段）**

两头重、中间均匀的线条是指两端均在确定的点上，重量均匀的线条，不具有延伸的趋势。这类线条多用于强调画面的线性关系，营造线条的层次感和节奏感。

两头重、中间均匀的线条（线段）

提示 在绘制线段时，先定出两个点，然后从前端的一个点下笔，向后匀速运笔，连接位于后面的点，此时速度可以稍慢一些。其发力技巧在于以手或肘关节在桌子上作为支点，手腕发力进行匀速运动，根据线条的长度来确定关节的运动。抬笔和落笔都较重。

两头重、中间均匀的线条（线段）

落笔发力：重—重

发力技巧

3.2.2 开放曲线

开放曲线具有流动性特征，根据其穿过点的属性不同，可分为三点曲线（抛物线）、四点曲线（S形曲线）和自由曲线3种。这3种线条同样具有多方向性，可以是水平的、垂直的和斜向的，读者在进行训练时需兼顾。

- **三点曲线（抛物线）**

三点曲线是指通过3个点确定的曲线，类似抛物线，形似字母C。在绘制时，从起点出发，向上攀升，到达顶点后下落，形成两头低、中间高的曲线。三点曲线存在对称和不对称两种情况，多用于单曲面形体、圆形和椭圆形的绘制。

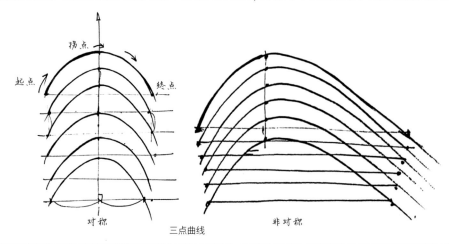

三点曲线

提示 在绘制三点曲线时，先定出水平的两个点，然后连线找到中点，做垂线确定第三个点。从左下方第一个点开始起笔，向上攀升平滑运笔，连接顶点后，向下下落平滑运笔，穿过右下方的点，形成一条平滑的抛物线。其发力技巧在于手和小臂悬空，大臂发力，实现匀速匀力挥动。

• 四点曲线（S形曲线）

四点曲线是指通过4个点确定的曲线，形似字母S，也可理解为两条三点曲线首尾相接产生的效果。四点曲线多用于流动曲面形体的绘制。

• 自由曲线

自由曲线是指穿过4个以上的点的平滑曲线，形态自由多变。自由曲线亦多用于流动曲面形体的绘制。

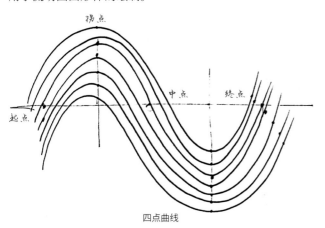

四点曲线

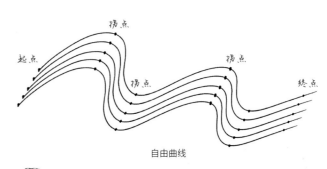

自由曲线

提示 在绘制四点曲线时，先定出3个点，然后确定一个与第一个点水平的点。注意，这里点的距离和相对关系可以灵活变化。前面3个点的连线与三点曲线的方法一致，连接第三个点后再用平滑曲线连接第4个点即可。

提示 在绘制自由曲线时，先在纸面上随机确定4个以上的点，然后进行平滑连线。其发力技巧与三点曲线的发力技巧一致，但需练习线条平顺穿过所有点的能力，增强手的控制力。

3.2.3 闭合曲线

当一条曲线首尾相接时，就会形成闭合曲线。闭合曲线又可细分为椭圆形和圆形。椭圆形的横轴与竖轴长度不相等，圆形的各个轴（即半径）均相等。关于椭圆形和圆形，可以理解为一个点围绕一点进行有规律的圆周运动，也可以理解为一个方形（长方形和正方形）被无限切割细分形成的图形。

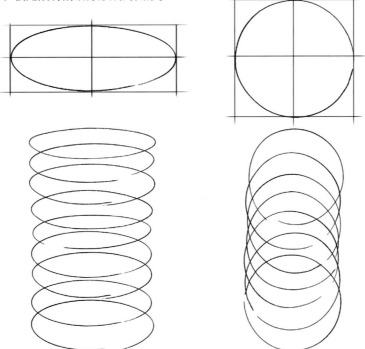

椭圆形和圆形

提示 在绘制闭合曲线时，先在纸面上确定圆心点，然后确定两条轴（水平和垂直），接着确定四分点。也可以先绘制长方形或正方形，然后找到各条边的中点，也就是圆形的四分点，接着穿过4个点进行连线。其发力技巧为手臂悬空，大臂发力，进行围绕圆心的圆周运动。抬笔要快，落笔要轻，首尾相接。

3.3 线条的属性关系

线条是画面最基本的构成元素，有着不同的属性和作用。线条因不同的属性和作用而形成不同的属性关系，我们概括为线性关系。根据线性关系的不同，线条可划分为轮廓线、转折线、结构线、分型线、明暗交界线、辅助线、透视线、剖面线和排线等。下面笔者以盒子的一张打开图为例来进行详细讲解。

在3种基本类型线条的基础上，线性关系根据绘制顺序依次为辅助线、透视线、轮廓线、转折线、结构线、分型线、剖面线、明暗交界线、排线和投影线。但顺序不是一成不变的，可根据实际需要进行调整。线性关系根据轻重粗细程度排序为轮廓线（投影轮廓线）、转折线、结构线、分型线、明暗交界线、剖面线、排线、透视线和辅助线，其中前4种多用复描线表现，后5种多用单线表现。但根据空间关系和明暗影响，又可以有细微灵活的变化。

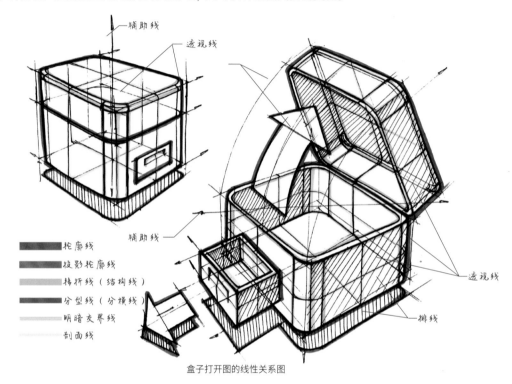

轮廓线
投影轮廓线
转折线（结构线）
分型线（分模线）
明暗交界线
剖面线

盒子打开图的线性关系图

辅助线

辅助线是在起稿阶段辅助找准形体的线条，用于确定形体在纸面上的位置。另外，在寻找形体内对称关系或延长附加形体时也可绘制辅助线。

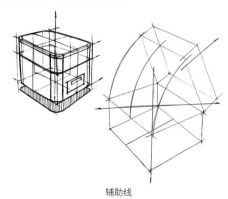

辅助线

提示　辅助线有利于更准确清晰地表达形体结构，在训练前期可保留较多的辅助线，后期熟练后则可省略。辅助线一般以最轻、最细的单线为主，避免过于引人注目。

透视线

透视线是在起稿阶段辅助找准形体透视的线条，因而本质上也属于辅助线。但在产品设计手绘中一般会保留透视线。

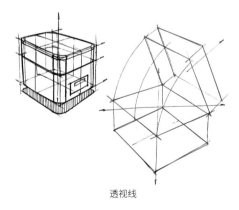

透视线

提示　在绘制透视线时，需要将露出和被遮挡住的线条都表现出来，一般采用直线绘制，有时也采用射线绘制，在末端朝向汇聚方向的位置可加上小箭头，表明透视的汇聚趋势。

轮廓线

轮廓线由物体边缘与空间相交产生，是物体与周围空间（背景）的分界线，将空间割裂为物体内空间和物体外空间，应进行复描加重处理。轮廓线又可细分为整体轮廓线和局部轮廓线，前者是物体整体与空间的边界，后者是物体局部与其自身产生的分界。

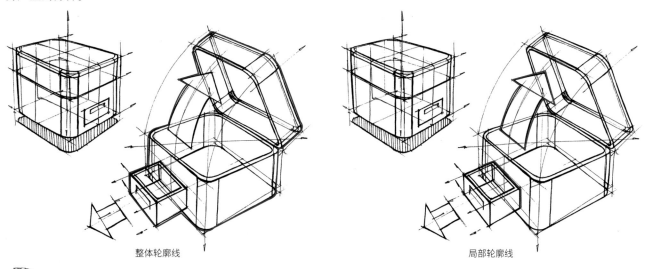

整体轮廓线　　　　　　　　　　　　　　　　　　局部轮廓线

提示 轮廓线是最肯定的线条，需要进行复描加重处理。但又需要根据空间和明暗关系进行细微区分，一般亮部较细、较轻，暗部较粗、较重。

转折线

转折线是形体的面与面发生转折时产生的线条，也是可以被肉眼看到的，较实、较重的线条。转折线对于交代物体形变具有至关重要的作用。转折线往往需要进行复描加重处理，但也需要根据空间和明暗关系进行细微区分。

结构线

结构线是用于交代物体形态结构的线条，通常情况下会与一些透视线、转折线重合。转折线在一定意义上也属于结构线的一种。当物体形态发生变化，原本的边缘和轮廓被加工处理后，就形成了新的结构，此时产生的线条需要被进一步强调出来。例如，对盒子的边进行倒角后产生了新的形态，此时就需要在圆角的始末添加结构线，用来交代圆角是从哪里开始到哪里结束的。再如，物体形态产生了面内的凹凸起伏或形态附加，此时新结构的边缘同样需要着重表现。

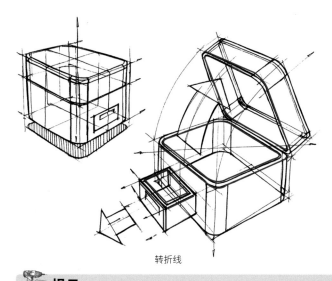

转折线

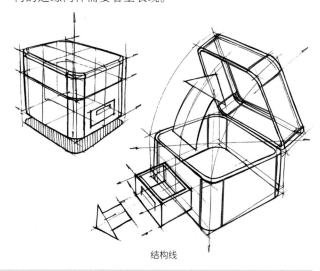

结构线

提示 大多数结构线都可以用单线表达，再根据空间和明暗关系，以及新结构的重要程度进行复描加重和细微区分。

分型线

分型线又称分模线，是物体结构自身分割所产生的线条。物体都是由许多部件装配而成的，各部件之间存在缝隙（美工槽），可以进行拆分、组合。例如，盒子的盒盖和盒体就是两个可以分离的部件，其分界线就是分型线。

剖面线

剖面线又叫截面线或特征线，是用于交代和约束物体形面内部的线条，属于分析线条。在绘制完物体形态后，要对每个形面进行两个方向轴的十字交叉线分析，清楚地表达面内的具体形态。

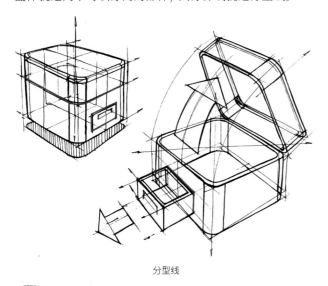

分型线

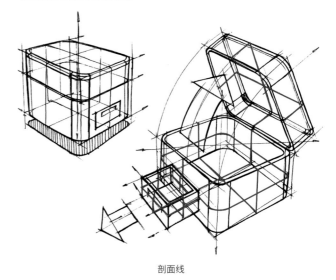

剖面线

提示 物体上的分型线是由功能部件、生产加工工艺及装配方式决定的，绘制好分型线可以很好地展示出设计师对实际生产加工和装配方式的理解。分型线需要进行复描加重处理，以清楚地表达各个部件的区分关系。

提示 剖面线是产品设计手绘中的特色线条，绘制好剖面线可以很好地展现出设计师具有严谨逻辑和理性分析的一面。剖面线以干净整洁的单线为主，绘制时运笔要快速干脆，不能超出形面的边界。

排线、明暗交界线与投影轮廓线

排线、明暗交界线与投影轮廓线是对线稿进行明暗关系表达时应用的线条。排线也是产品设计手绘中的特色线条，在暗部区域以一定倾斜角度的平行等距或平行渐变的单线进行排布。平行等距代表暗部光影平均，灰度统一；平行渐变代表暗部光影渐变，靠近底部处受反光影响被补光提亮。明暗交界线为暗面、亮面和灰面的分界线。投影轮廓线是对物体的阴影边界的一种表达，需要进行复描处理，以强调投影近实远虚的关系。

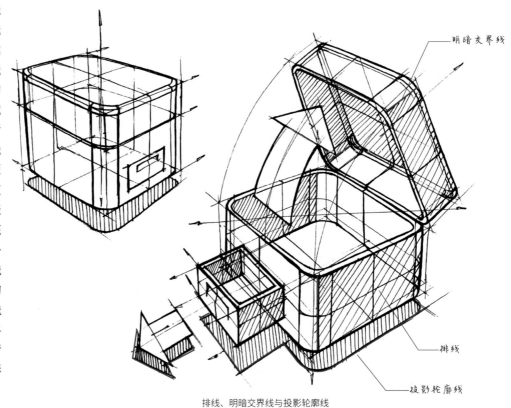

明暗交界线

排线

投影轮廓线

排线、明暗交界线与投影轮廓线

提示 对线稿进行明暗区分，有利于突出线稿的光影立体效果，也能对后期上色起到很重要的辅助作用。

3.4 线条的训练方法

前面学习了线条的实际应用，本节我们学习直线、曲线和闭合曲线的训练方法。在产品设计手绘中，掌握正确且高效的线条训练方法会产生事半功倍的效果。

3.4.1 直线的训练方法

直线的训练方法有定点排线训练法、切割训练法和透视训练法3种。下面具体讲解这3种训练方法。

- ### 定点排线训练法

  定点排线训练法是一种比较传统的线条训练方法。其要点是先将纸面分为面积相同的几部分，然后定点，接着连线。

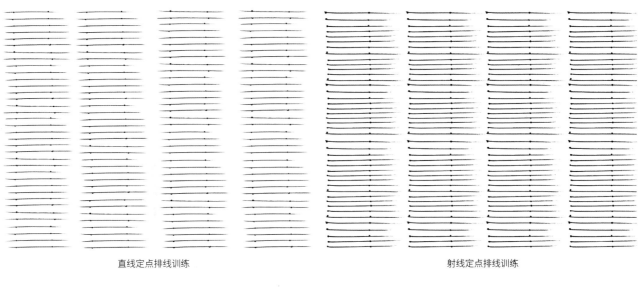

直线定点排线训练   射线定点排线训练

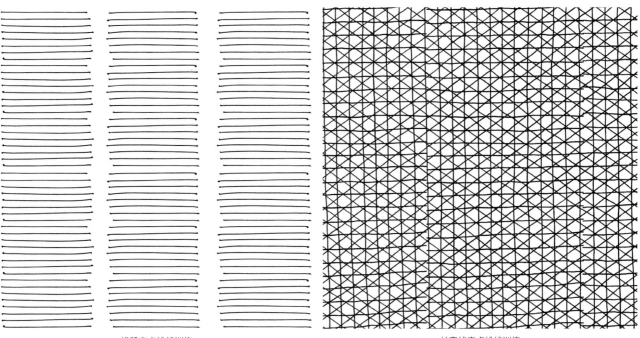

线段定点排线训练   长直线定点排线训练

- **切割训练法**

    切割训练法是指在纸面上进行长线分割、短线填充的训练方法。先用长线条随机分割纸面，然后在分割好的空间内填充不同方向、不同类型的短线。短线的排布可以是平行等距的均匀排线，也可以是平行渐变的不均匀排线。此方法的优点在于训练的线条类型多样，掌握更全面，学习更高效。

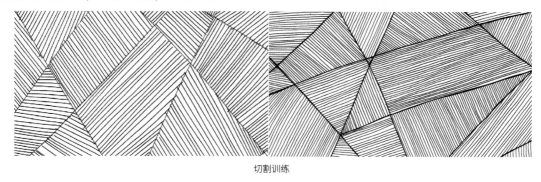

切割训练

- **透视训练法**

    透视训练法是指将透视知识应用到线条练习中的训练方法，可以进行一点、两点和三点透视直线训练。运用此方法在练习线条的同时，还能进一步加强对透视知识的巩固。

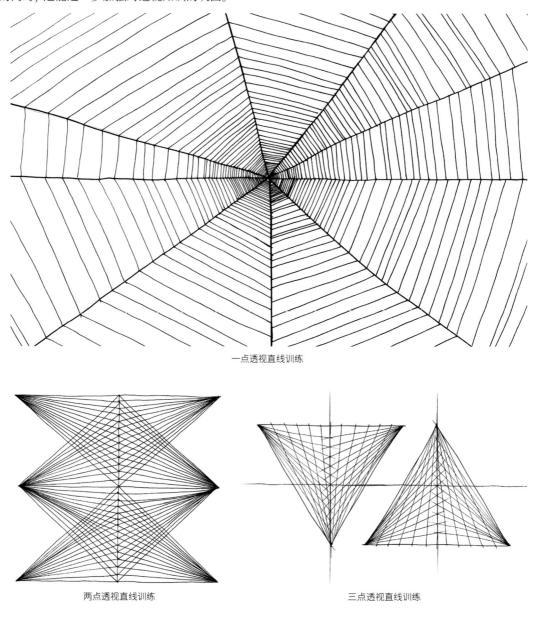

一点透视直线训练

两点透视直线训练   三点透视直线训练

3.4.2 开放曲线的训练方法

　　前面学习了直线的训练方法，下面我们开始学习开放曲线的训练方法。开放曲线的训练方法也包括定点排线训练法、切割训练法和透视训练法。

• 定点排线训练法

　　在使用定点排线训练法进行三点曲线的训练时，需绘制出水平线和中垂线作为辅助线，待确定出3个点后，用平滑的曲线连接。进行四点曲线的训练时，需注意确定的4个点的位置要尽量保持一致，画出大小和形状相近的曲线。进行自由曲线的训练时，也需注意每条线的形状要保持一致，先定点，再连线，不要随手乱画。

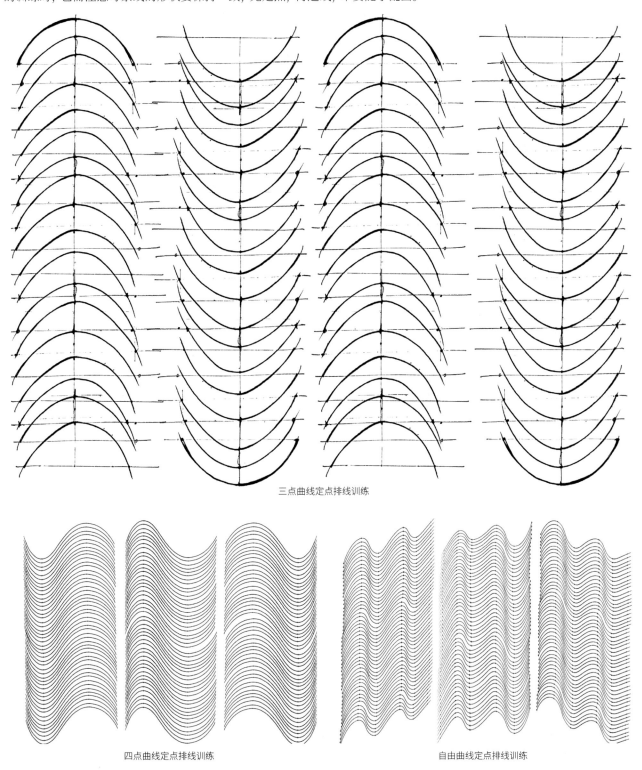

三点曲线定点排线训练

四点曲线定点排线训练　　　　　　　　　　自由曲线定点排线训练

- **切割训练法**

在使用切割训练法进行曲线的训练时，要点与直线的训练一致。注意曲线的曲率要尽量保持一致，在分界处可进行复描处理。采用此方法绘制的曲线有立体效果。

曲线切割训练

- **透视训练法**

在使用透视训练法进行三点曲线的训练时，要将三点曲线置于透视空间中，并注意近大远小的变化规律。

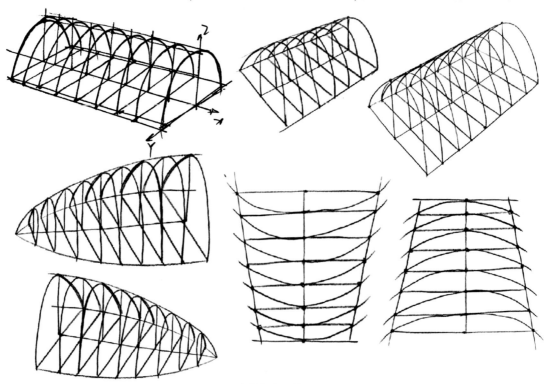

三点曲线透视训练

3.4.3 闭合曲线的训练方法

下面我们学习闭合曲线的训练方法。闭合曲线的训练方法包括定方框相切训练法和徒手画圆训练法，读者可以根据实际情况选择合适的方法进行训练。

• 定方框相切训练法

定方框相切训练法主要是绘制椭圆形和圆形时的训练方法。在绘制时，先画出方框，这里根据方框的边长来区分椭圆形和圆形，然后绘制中线确定四分点，接着用平滑的曲线连接各点。当方框为长方形时，长和宽不一致，相切得到椭圆形；当方框为正方形时，长和宽一致，相切得到圆形。

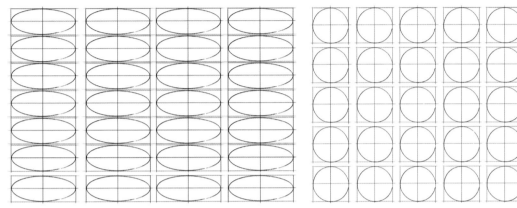

椭圆形定方框相切训练　　　　　　　　　　　　圆形定方框相切训练

• 徒手画圆训练法

徒手画圆训练法即无需借助工具和辅助线，直接进行绘制。在绘制时，注意运笔需放松，速度可快一些，末尾不要出现小勾线。在训练完单线后，可以进行复描训练，提高画圆的准确度和稳定度，逐步形成肌肉记忆。

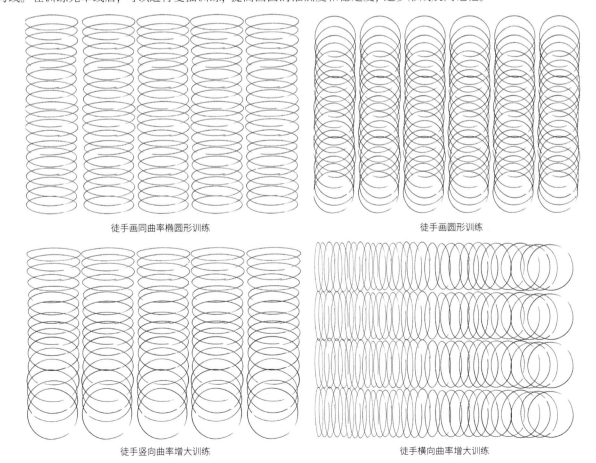

徒手画同曲率椭圆形训练　　　　　　　　　　　徒手画圆形训练

徒手竖向曲率增大训练　　　　　　　　　　　　徒手横向曲率增大训练

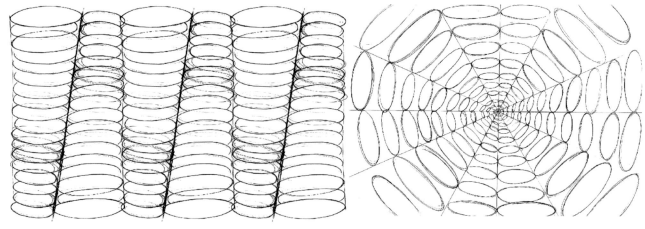

徒手大小变化训练

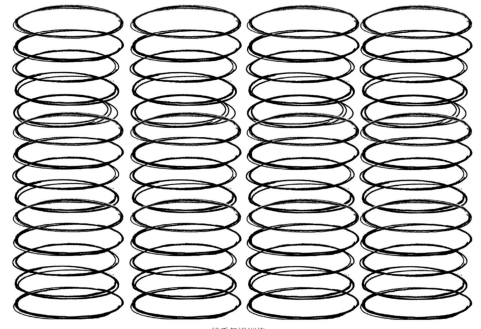

徒手复描训练

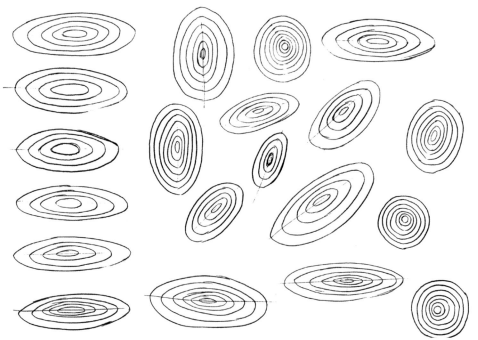

徒手同心圆训练

3.5 线条的实际应用

前面学习了各种线条的绘制方法和技巧,接下来我们学习不同线条的应用,做到在绘制中对3种类型线条(直线、射线、线段)进行灵活切换和综合运用。

3.5.1 直线:立方体的绘制

下面笔者以一个两点透视的立方体为例,讲解直线在产品设计手绘中的运用。此时立方体的放置角度为45°,一条棱线正对观者,左右两侧对称。

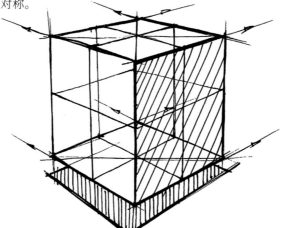

扫码看视频

立方体线稿

01 起稿。首先在纸面上确定符合透视的点,然后用直线连接点,绘制较长的透视线(可略微超出端点)。一般可先绘制中间的垂线1,将垂线的长度设为a,然后绘制线条2,长度大致为2/3 a,并倾斜一定角度向下绘制垂线3,接着根据透视确定下方线条4的倾斜趋势,使其与线条2向后汇聚于灭点上,连接底部端点,得到右侧面。同理,先向左绘制线条5、线条6和线条7,得到对称的左侧面。绘制左上边线8,根据透视向下压一些,与同方向透视线2和透视线4汇聚于灭点上。绘制右上边线9,由交点向下绘制垂线10,然后绘制垂线11和垂线12,使其与垂线10相交于一点,完成立方体透视起稿工作。

02 确定形体。用线段进行复描,加重轮廓线和转折线,此时的结构线与转折线重合。也可以使用射线来复描,用来表现前实后虚的效果,注意复描线条不要超出端点。

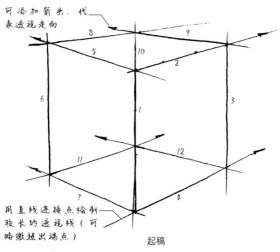

起稿

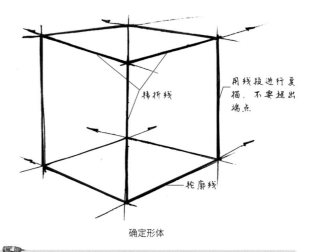

确定形体

提示 通过后方的3条被遮挡住的棱线来验证透视是否准确,若3条线相交于一点,则透视准确,若不相交,则透视错误,此时需要对前方的线条再进行调整。

提示 轮廓线是物体与空间分割的边界,转折线是物体自身面与面转折而形成的线条,二者都需要加以强调。

03 绘制剖面线。 用较轻、较细的单线段绘制出每个面横向和纵向的中分线，组成十字交叉线，对形面进行约束并交代其内部特征。注意剖面线的两端不要超出形面边界，4条剖面线即组成一个截面。

04 表达光影。 设定光源在左上方，使用排线的方法填充右边的暗面，形面内部的线条应用线段进行45°的排线。先根据透视绘制投影的边框，然后使用竖向均匀的线条填充，接着使用射线强调明暗交界线和投影边框，表现前实后虚的效果。

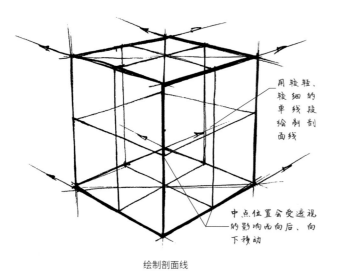

用较轻、较细的单线段绘制剖面线

中点位置会受透视的影响而向后、向下移动

绘制剖面线

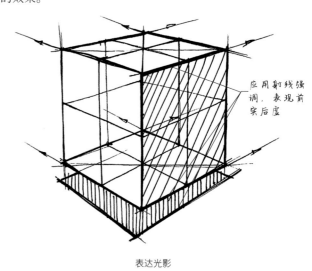

应用射线强调，表现前实后虚

表达光影

3.5.2 开放曲线：曲面形体的绘制

扫码看视频

下面笔者以一个曲面形体为例，讲解开放曲线在产品设计手绘中的运用。开放曲线无法单独组成形体，需进行一定的组合。

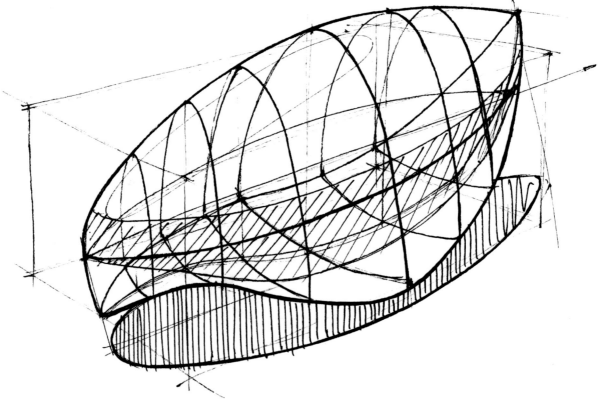

曲面形体线稿

01 起稿。用较轻的直线定出透视线框，得到一个长方体，注意后方被挡住的线条也要绘制出来。用多种曲线（三点曲线、四点曲线、自由曲线）轻轻构建出形体大形。

02 确定形体。用线段对确定的形体线条进行复描，绘制必要的剖面线。剖面线在这里相当于结构线，起着交代结构的作用。设定光源在左上方，靠近光源的线条较细、较轻，远离光源的线条较粗、较重，注意线条轻重、虚实的变化。

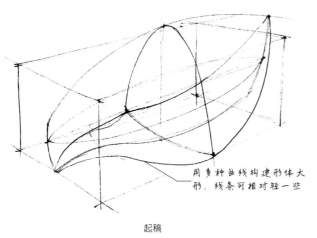

用多种曲线构建形体大形，线条可相对轻一些

注意前实后虚的变化

起稿

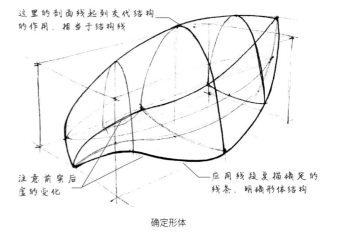

这里的剖面线起到交代结构的作用，相当于结构线

应用线段复描确定的线条，明确形体结构

确定形体

提示 在起稿阶段绘制透视框，有利于后续找准形体透视，避免出现透视错误。

03 绘制剖面线。绘制数条剖面线，对曲面进行分析和交代，有利于表现形体的起伏特征。

提示 对于曲面形体，需要通过多条剖面线来表现，这样才能清楚地交代形体。

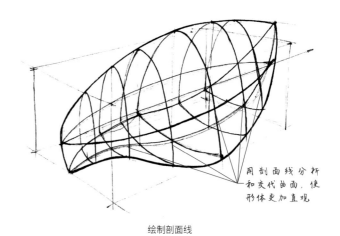

用剖面线分析和交代曲面，使形体更加直观

绘制剖面线

04 表达光影。对暗部进行排线，使用平行渐变的排线表现暗部，使用竖直方向的排线表现投影，使用前密后疏的渐变排线表现前实后虚的光影变化。

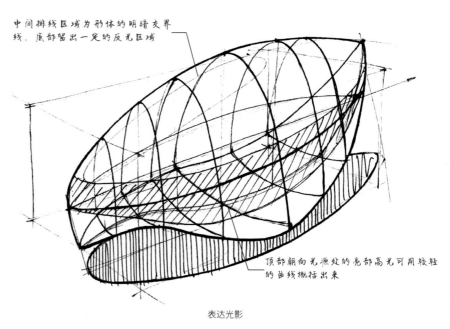

中间排线区域为形体的明暗交界线，底部留出一定的反光区域

顶部朝向光源处的亮部高光可用较轻的曲线概括出来

表达光影

3.5.3 闭合曲线：椭球体的绘制

下面笔者以一个椭球体为例，讲解闭合曲线在产品设计手绘中的运用。

扫码看视频

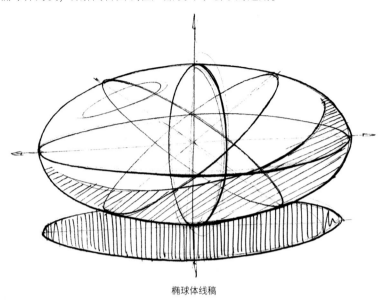

椭球体线稿

01 起稿。 用绘制椭圆形的方法起稿。

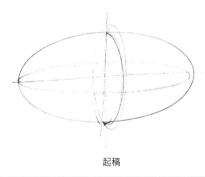

起稿

提示 绘制椭圆形和圆形的熟练程度直接影响着起稿，扎实的基本功是快速、准确进行绘制的前提。

02 确定形体。 先使用弧线强调轮廓线和可看到的半圆弧，注意前后虚实关系的表现，然后用射线绘制明暗交界线，接着增加斜方向的截面，保证形体的准确性。

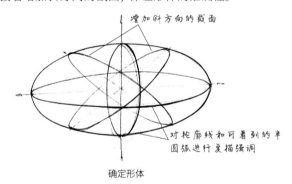

增加斜方向的截面

对轮廓线和可看到的半圆弧进行复描强调

确定形体

提示 球类形体中的截面线相当于剖面线，也就是结构线，起着交代形体的关键作用。

03 表达光影。 球体的明暗交界线大致位于背光面的1/3处，对暗部进行排线。先绘制投影的轮廓，然后使用排线的方法表现前实后虚的效果，此时投影采用一种悬浮感的表达方式，接着对位于前方的线条、明暗交界线的前部、形体与投影交界处及投影轮廓线进行复描，调整线性关系。

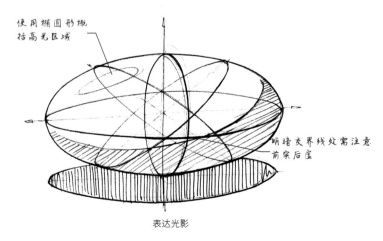

使用椭圆形概括高光区域

明暗交界线处需注意前实后虚

表达光影

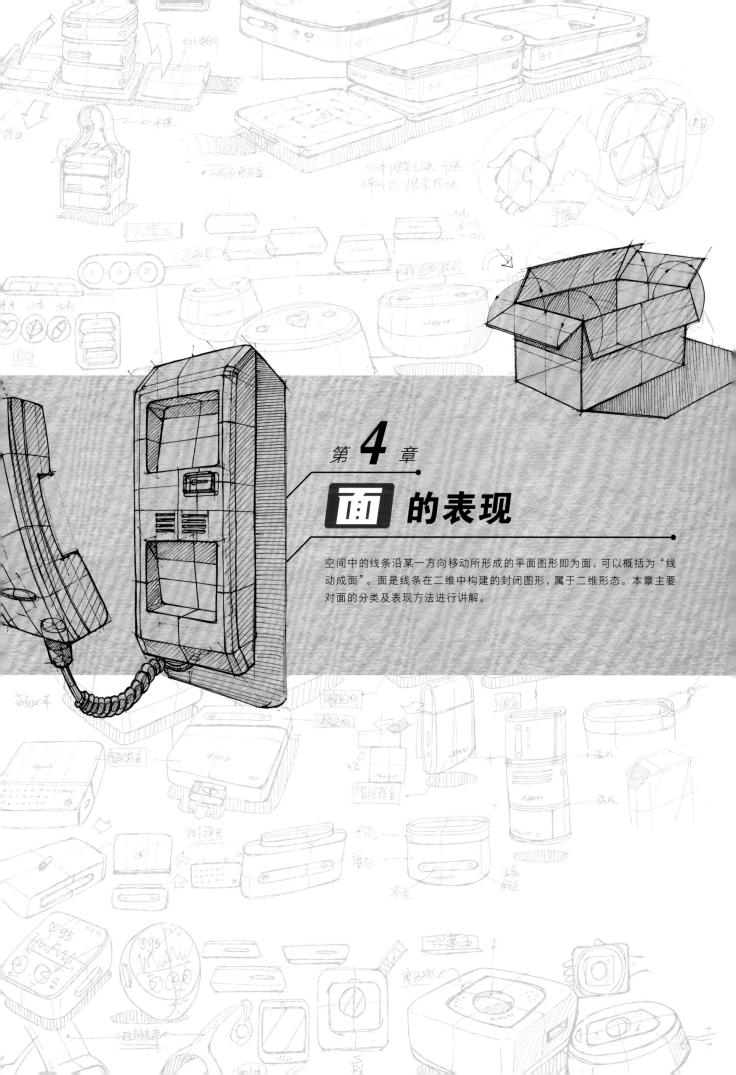

第 **4** 章
面 的表现

空间中的线条沿某一方向移动所形成的平面图形即为面，可以概括为"线动成面"。面是线条在二维中构建的封闭图形，属于二维形态。本章主要对面的分类及表现方法进行讲解。

4.1 面的分类及表现技巧

面根据形态特征，可分为平面和曲面。由直线构成的面为平面，由曲线构成的面为曲面，二者在形态上具有明显差异。在此基础上，面的内部还可能发生变化，形成凹凸面和渐消面。接下来我们学习不同分类的面。

4.1.1 平面

平面是由现实生活中的实物（如镜面、平静的水面等）抽象出来的数学概念，但它又与现实中的物体不同，具有无限延展性。

- **无透视平面图形**

两条线无法构成一个封闭的图形，因此构成一个面至少需要3条线。随着线条数的增加，会形成不同的平面图形，如三角形、四边形、五边形、六边形和八边形等，直到变为圆形。在绘制平面时，我们可以先定出一个四边形的边框，而其他平面图形都可理解为对四边形的切割。

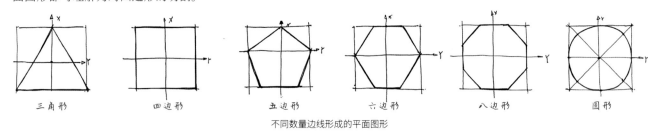

不同数量边线形成的平面图形

平面也可以根据边线的属性关系发生变化。四边形的4条边线，根据不同的朝向，即x和y方向，可分为两组。两组边线平行且相等可以得到正方形，平行但不相等可以得到长方形，平行且有一定角度可以得到平行四边形。以此类推，还可以得到菱形、梯形和不规则多边形等平面图形。

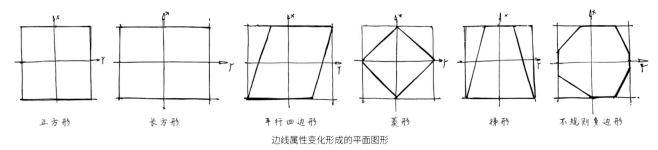

边线属性变化形成的平面图形

将不同的平面置于透视系统中，可以得到不同的形状。在绘制完边线后，对其内部进行分析，进而绘制出x和y两个方向的剖面线。在平面中，剖面线也是直线，与边线平行，故同样要符合透视规律。在绘制透视平面时，应注意透视线应汇聚于远方的灭点，且符合近大远小的规律。

- **透视中的平面**

在绘制不同形状时，要先画出外部的边框，然后画出内部的切割形状。边框的边线横竖方向保持不变，高度变小，向后的边线向灭点汇聚。带有倾斜角度的边线会受到汇聚透视线的影响，与透视线倾斜角度相同的会产生更大的角度，与透视倾斜角度相反的则抵消为更小的角度，因此需格外注意倾斜线条的表达。

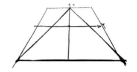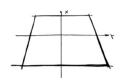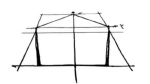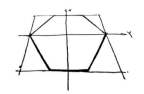

一点透视中的形状变化

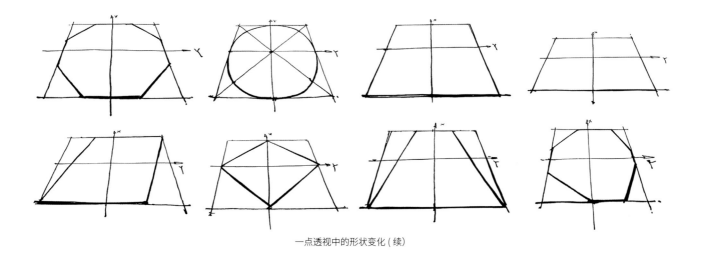

一点透视中的形状变化（续）

在绘制两点透视中的形状变化前，同样需要先绘制带有正确透视的边框，然后根据形状的点所在的位置进行定点连线，使得到的图形符合透视规律。

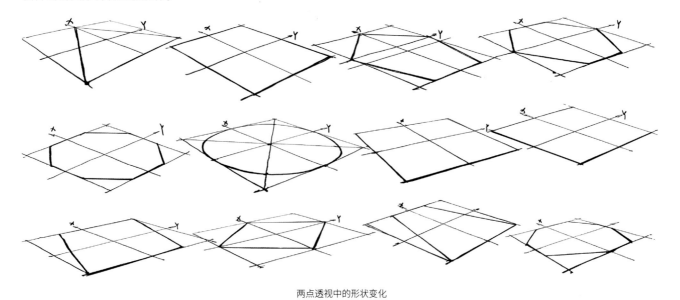

两点透视中的形状变化

提示 在绘制时要注意近大远小的透视规律，原本的中点位置稍向后移，被剖面线（中分线）分割的原本面积相等的两部分呈现出前半面大、后半面小的变化。

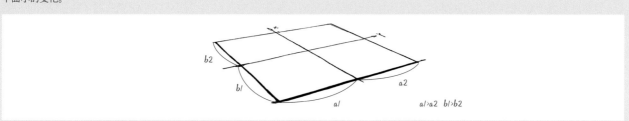

• 平面中的圆形

圆形在透视中的变化既是重点也是难点，并且在后期应用广。下面进行详细讲解。

在绘制透视圆时，采用八点画圆法。首先绘制一个正方形，中分线与边框的交点即为圆的四分点，圆与四分点相切，即圆的轨迹都需穿过四点。然后连接对角线，其交点为圆心，同时也应与中分线交点重合。接着将对角线三等分，找到靠外的1/3点。至此，我们找到4个中分点及4个1/3点，共8个点。最后将八点相连，形成圆形。

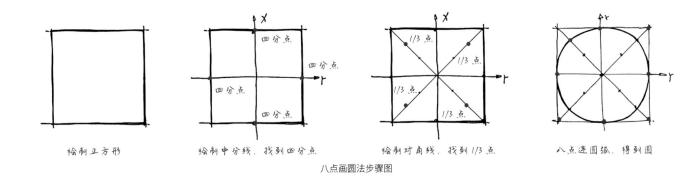

八点画圆法步骤图

绘制正方形　　　绘制中分线，找到四分点　　　绘制对角线，找到1/3点　　　八点连圆弧，得到圆

当圆置于一点透视中时，由于受近大远小规律的影响，由剖面线分割开来的前半圆面积大，后半圆面积小，因此出现前半段圆弧较鼓、后半段圆弧较平缓的变化。注意，圆的左右两侧保持对称。

当圆置于两点透视中时，受近大远小规律的影响，其边框发生变化，两条对角线的一条变长，一条变短。我们把它们分别叫作长轴和短轴，穿过长轴的1/4圆弧被拉伸，曲率变大，形状变鼓；穿过短轴的1/4圆弧被压缩，曲率变小，形状变扁。由此形成了两头鼓中间扁的圆。

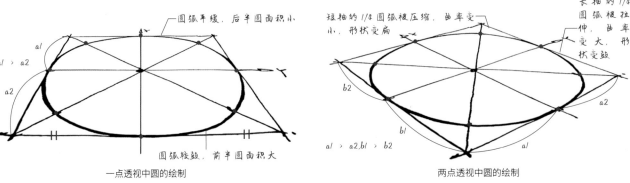

一点透视中圆的绘制　　　　　两点透视中圆的绘制

4.1.2 曲面

曲面是平面被施加外力后，形态发生弯曲变化的一种形面，同样具有4条线。按照边线变化的数量，可将曲面分为单曲面和双曲面。

• 单曲面

在平面视角下，曲面与平面并无差别，无法判断一个面到底是平的还是曲的。在透视视角下，绘制带有透视的曲面时，可以先确定平面的透视规律，然后表现曲线的变化，保证绘制的曲面符合透视规律。

单曲面只有一组边线发生弯曲变化，另一组边线依旧为直线。发生弯曲变化的边线可以是三点曲线（抛物线）、四点曲线（S形曲线）或自由曲线，由此形成了不同形态的曲面。

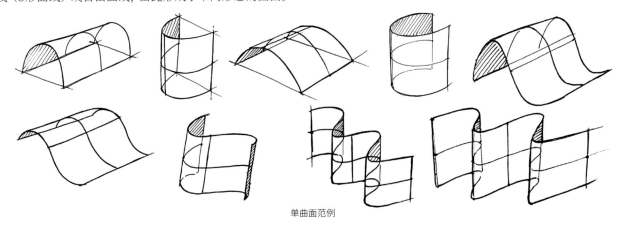

单曲面范例

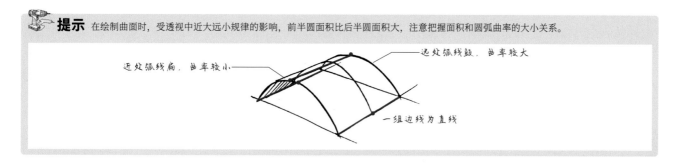

提示 在绘制曲面时，受透视中近大远小规律的影响，前半圆面积比后半圆面积大，注意把握面积和圆弧曲率的大小关系。

- **双曲面**

双曲面两个方向的两组边线都发生弯曲变化，同样也可以应用不同曲线的变化规律。同时，还要注意两个方向的剖面线都会随之发生变化。

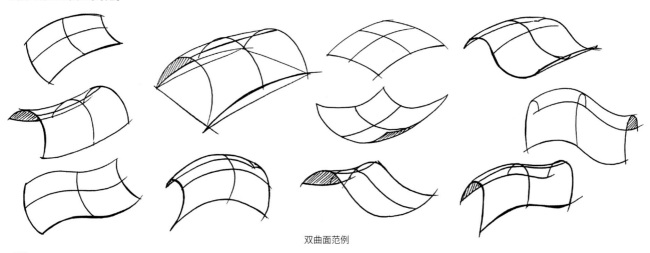

双曲面范例

提示 双曲面的两组边线都会发生形变，因此内部的剖面线也会发生相应变化。双曲面就像一块布料，具有一定的拉伸性。从透视中近大远小的规律来看，空间位置靠前的圆弧边线较长，空间位置靠后的圆弧边线较短；从圆弧曲率的变化规律来看，空间位置靠前的圆弧曲率较小，弧度较平缓，空间位置靠后的圆弧曲率较大，弧度较大。

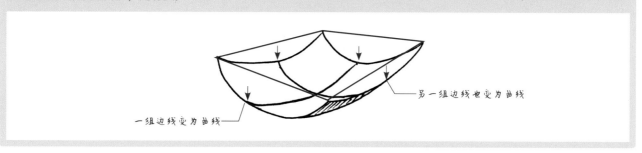

4.1.3 凹凸面

一个由4条线组成的图形，通过观察两组边线是否发生变化可以判断其是平面还是曲面。但这无法判断面的内部是平坦的还是起伏的，因此分析剖面线对约束和准确表达形面尤为重要。

无法判断内部的平面

无论是平面还是曲面，内部都会发生凹凸变化，凹凸的位置、形状、大小、深度等也都会发生变化。凹凸的位置不固定，可能是任意位置；凹凸的形状多样，可为方形、圆形等各种形状；凹凸的大小和深度需根据具体需求而定。根据凹凸的形式不同，凹凸面可分为干脆的凹凸面与平缓的凹凸面。

• 干脆的凹凸面

平面内干脆凹凸

　　下图为平面内部的凹凸变化，包括圆形、方形和三角形的凸起和凹陷。虽然形状不同，但是面与面之间的过渡都是干脆、硬朗的。因此剖面线的中间部分会随之发生转折，四周连接中点的线段则依然与边线保持一致。我们可将其理解为在平面上进行布尔运算后得到的形面。

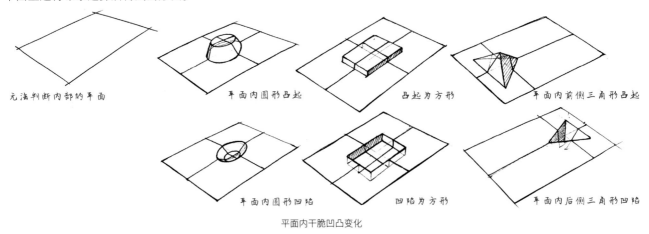

平面内干脆凹凸变化

单曲面内干脆凹凸

　　下图为单曲面内部的凹凸变化，包括凸面上的圆形凸起、凸面上的圆形凹陷、凹面上的方形凸起和凹面上的方形凹陷。在表现曲面凹凸时，内部的线条需根据整体曲面的曲度做出变化，凹凸面上的剖面线根据形态特征确定是弯曲还是平直的，四周的剖面线其中的一组发生弯曲，另一组保持平直。同时需要强调线性关系，对轮廓线和位置靠前的线条进行复描加重，内部的剖面线为干净清爽的单线。

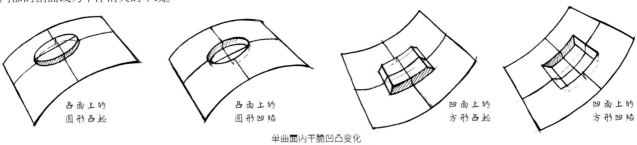

单曲面内干脆凹凸变化

　　提示 在表现单曲面圆形凹凸时，凹凸面的形状会随着整体曲面的曲度发生形变。当凹凸的面积较小时，体现不明显，可概括表达；当凹凸的面积较大时，形变能被肉眼看到，此时需要先根据曲面的曲度绘制矩形框，然后采用八点画圆法绘制圆形截面，最后进行凹凸处理。

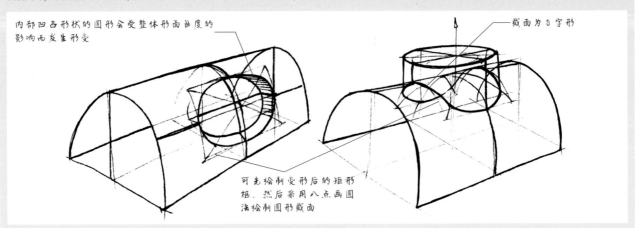

双曲面内干脆凹凸

下图为双曲面内部的凹凸变化，包括凸面上的圆形凸起和凹面上的圆形凹陷。在表现双曲面凹凸时，内部的线条依然需根据整体曲面的曲度做出变化，可采用八点画圆法确定形变后的圆面。凹凸面上的剖面线根据形态特征确定是弯曲的还是平直的，四周的剖面线均发生弯曲变化。

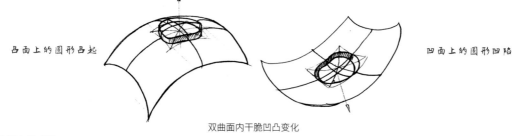

双曲面内干脆凹凸变化

● 平缓的凹凸面

平面内平缓凹凸

下图通过剖面线的变化表示四周平坦，内部缓缓凸起或凹陷的状态。凸起和凹陷的形状为圆面，用虚线将其标出，看上去像一座小山。此处应注意剖面线的中间部分发生弯曲变化，四周连接中点的线段依然与边线保持一致。

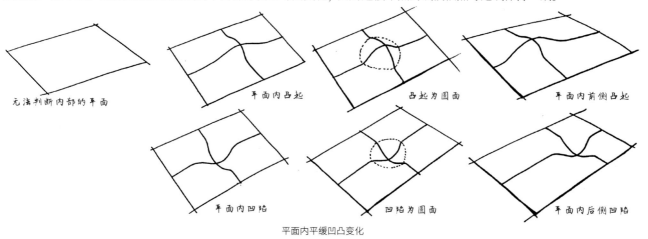

平面内平缓凹凸变化

单曲面内平缓凹凸

无论是平面还是曲面，内部都有可能发生凹凸变化。下图为单曲面内的平缓凹凸变化。

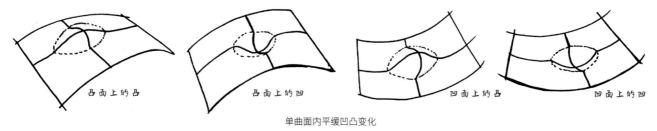

单曲面内平缓凹凸变化

双曲面内平缓凹凸

下图为双曲面内的平缓凹凸变化，包括凹面上的圆形凹陷和凸面上的圆形凸起。中间凹凸面剖面线过渡平缓，四周剖面线随着整体曲面的曲率发生弯曲变化。

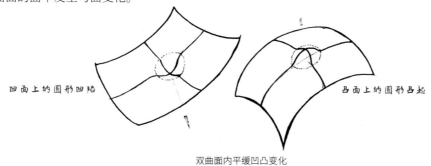

双曲面内平缓凹凸变化

在进行产品设计手绘时，学会使用剖面线分析和约束形面非常重要。通过前面的内容可知，面的内部可以发生万千变化，但是万变不离其宗，都可以使用剖面线清晰地表达出来。因此，将凹凸面的表达从曲面中提出单独予以强调。

凹凸面在实际的产品设计造型中较为常见，且应用广泛。它可用于整体产品特征的塑造，形成具有特色的产品形态；也可用于产品局部的按键、开关等细节处，突出产品的精致和品质。它主要有丰富产品造型、引导用户视线、引导用户进行操作及满足功能需求等重要作用。

凹凸面在产品设计中的应用

4.1.4 渐消面

渐消面是指产品外形上逐渐消失的面，其本质是两个曲面连续性的改变，产生过渡关系。绘制渐消面的重点在于绘制渐变的线条，多选用两头轻中间重（直线）和一头轻一头重（射线）的线条。这里注意可增加剖面线和结构线来交代约束形面，通过暗部的排线表达光影。

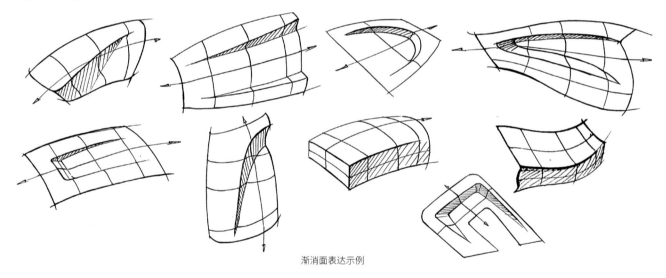

渐消面表达示例

渐消面是设计师常用的一种造型手法，多用于局部的造型，以凸显产品特征，丰富产品造型，增加产品的流动感、速度感、现代感和科技感。

渐消面在产品设计中的应用

4.2 面的训练方法

进行面的训练,一方面有助于读者巩固前期学习的透视和线条知识,另一方面有助于读者掌握面的表达技巧。

4.2.1 平面的训练方法

为了保证训练的高效,我们将平面与透视相结合,进行一点透视平面训练和两点透视平面训练。在绘制时,要时刻谨记透视规律,着重练习正方形和圆形的平面训练。

- ### 一点透视平面训练

在进行一点透视平面训练时,需保证透视的准确性,使透视线向后汇聚于一点。在绘制时,首先进行正方形的训练,向上为仰视视角,向下为俯视视角;然后进行圆形的训练,这里采用八点画圆法。

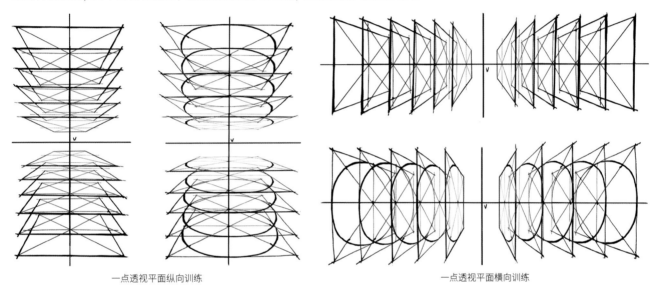

一点透视平面纵向训练   一点透视平面横向训练

- ### 两点透视平面训练

在进行两点透视平面训练时,同样需保证透视的准确性,使透视线向左右两个方向汇聚于两个灭点上。在绘制时,将正方形和圆形相结合,先绘制符合透视规律的正方形,然后使用八点画圆法绘制圆形。根据近大远小的透视规律,正方形的边长向后递减,导致正方形和圆形的面积逐渐缩小。

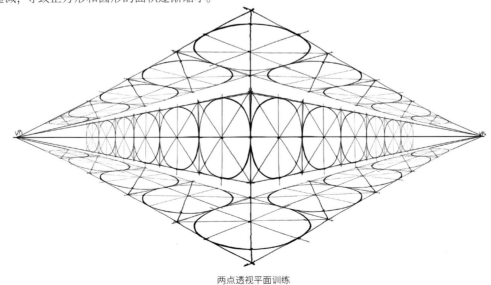

两点透视平面训练

- **平面附加训练**

在绘制时，如何保证向后延伸的正方形与前面的正方形面积相等呢？这里需要回到平面视图进行分析。先绘制出第一个正方形，然后找到中点，从顶点出发，经过中点，向后延伸与底边延长线产生交点，此点为底点，即第二个正方形的位置。

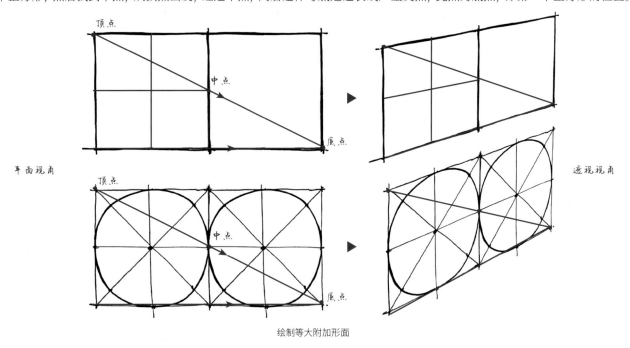

绘制等大附加形面

4.2.2 曲面的训练方法

在进行曲面的训练时，可以把平面想象成一张在空间中自由下落，因受到空气阻力的影响而产生各种形态的纸张，然后依次将它们绘制出来。同时注意每个曲面都需进行剖面线分析，剖面线尽量为单线。由于受透视中近大远小规律的影响，被剖面线分割开来的两半面呈现出前大后小的效果。

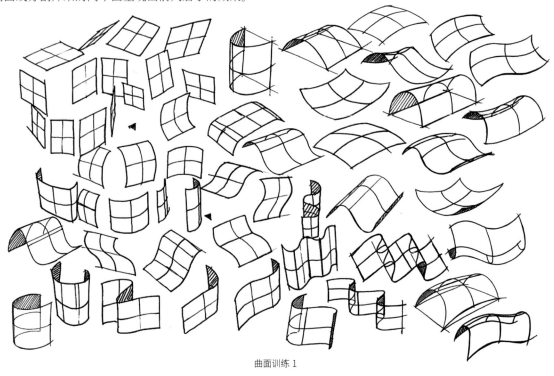

曲面训练1

提示 在进行面的训练时，可以先绘制平面，从静止状态到角度发生变化，再到边线发生弯曲，最后形成各个角度的面。

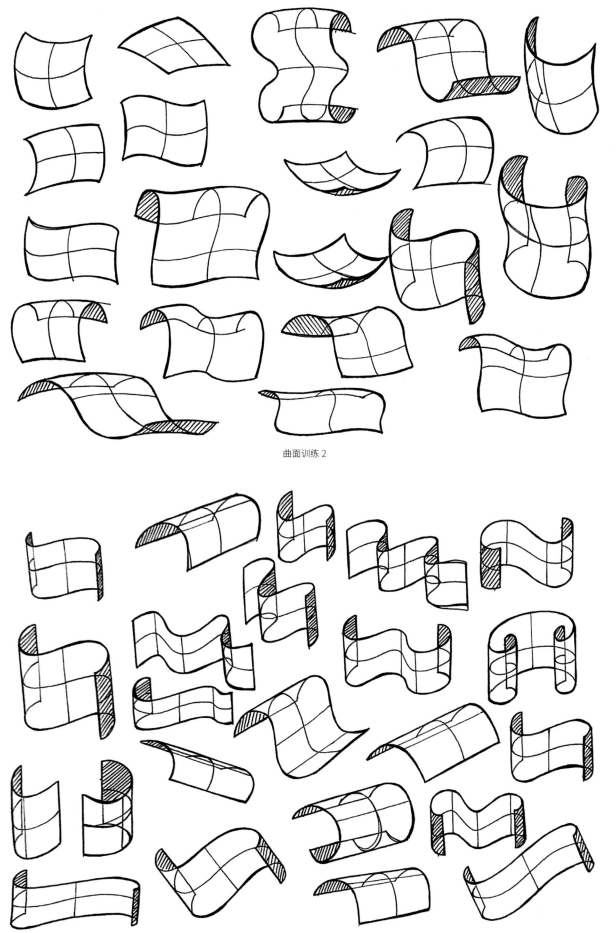

曲面训练 2

曲面训练 3

4.2.3 凹凸面的训练方法

在进行凹凸面的训练时，可参照实际产品进行绘制，也可发挥想象进行绘制，力求表现出各个角度、各种形式的凹凸面变化。

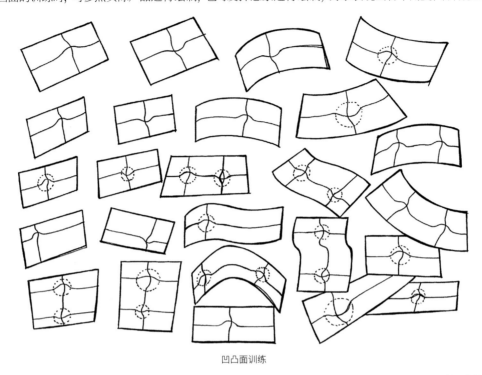

凹凸面训练

提示 绘制可逐个进行，基本步骤为先绘制外轮廓，然后表现内部的凹凸变化，接着分析剖面线，最后强调线条。

4.2.4 渐消面的训练方法

在进行渐消面的训练时，可参照实际产品进行绘制，也可发挥想象进行绘制，画出各种不同形式的渐消面。

渐消面训练

4.3 面的实际应用

下面具体讲解各种面在产品中的实际应用，帮助读者理解和巩固前面所学的知识。

4.3.1 平面：纸盒的绘制

下面以一个长方形纸盒为例，讲解平面在产品设计手绘中的运用。在日常生活中，包装盒和快递盒十分常见，它们都是由纸板切割、折叠的平面构成的。由平面构成的产品广泛分布于家居用品、家庭电器和电子产品等类别，如柜子、电视机、冰箱、平板电脑和手机等。

扫码看视频

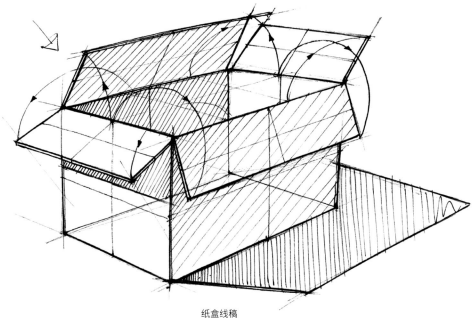

纸盒线稿

01 起稿。 首先使用较轻的直线起稿，绘制两点透视的长方体。然后将长方体的上盖分割并向外翻开。

02 确定形体。 先使用肯定的线段进行复描，明确形体结构。然后加重轮廓线和转折线，此时的结构线与转折线重合。

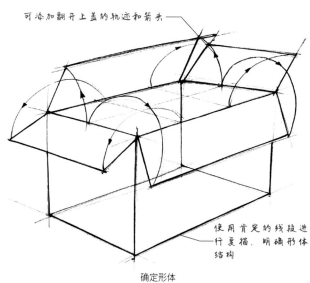

起稿

确定形体

提示 绘制后方被遮挡住的结构线时，要找准形体的透视，可利用圆弧来确定翻开纸板的宽度。

提示 复描的线条不要超出端点，可强调翻开上盖的轨迹，并添加小箭头。

03 增加细节。 添加每张纸板的厚度，使纸盒更加真实。添加剖面线分析，应用较细的单线绘制每个面横向和纵向的中分线，组成十字交叉线，约束形面并交代内部特征。注意，剖面线的两端不要超出形面的边界。

04 表达光影。 设定光源的位置在左上方，使用排线的方法填充右边的暗面，使用45°的排线绘制形面的内部线条。先根据透视规律绘制投影的边框，然后使用竖向渐变的线段填充，接着使用射线强调明暗交界线和投影边框，表达前实后虚的效果。

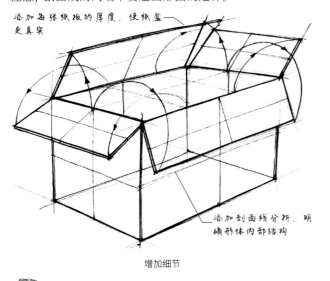

添加每张纸板的厚度，使纸盒更真实

添加剖面线分析，明确形体内部结构

增加细节

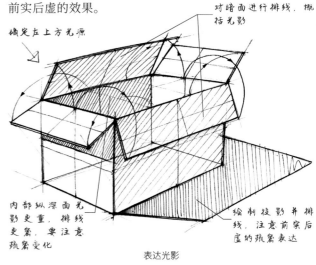

确定左上方光源

对暗面进行排线，概括光影

内部纵深面光影更重，排线更密，要注意疏密变化

绘制投影并排线，注意前实后虚的疏密表达

表达光影

提示 中点位置受透视影响，会向下略微偏移；分割的线段近大远小，符合透视规律。

4.3.2 曲面：U形枕的绘制

下面以一个U形枕为例，讲解曲面在产品设计手绘中的运用。U形枕由布料内部填充海绵或颗粒材料制作而成，整个形态是由自由的曲面构成的。由曲面构成的产品广泛分布于家居用品、交通工具、电子产品等类别，如门把手、抱枕、办公座椅、汽车和耳机等，它们都是由一个或多个曲面构成的。

扫码看视频

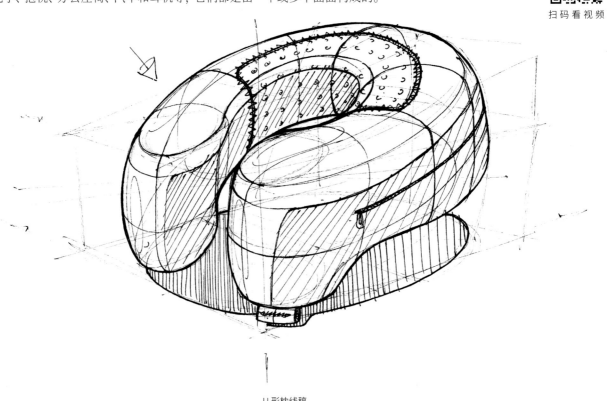

U形枕线稿

01 起稿。 首先使用较轻的直线起稿，绘制三点透视的长方体。然后在长方体内部寻找圆柱体，并对上表面进行一定角度的倾斜。接着在内部和前方开口，构建起U形枕的大体形态。

02 确定形体。 首先对下部进行曲线分割，使其符合人肩部佩戴的人机关系，增强舒适性。然后使用肯定、流畅的曲线进行复描，明确形体。接着加重轮廓线，明确形体的前后关系。注意这里内部的转折线和结构线可先保持原状。

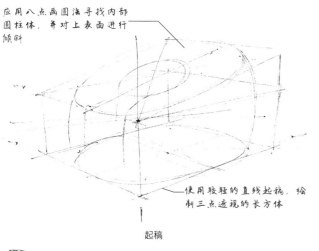

应用八点画圆法寻找内部圆柱体，并对上表面进行倾斜

使用较轻的直线起稿，绘制三点透视的长方体

起稿

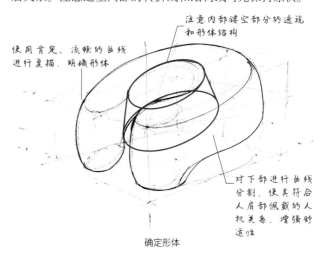

注意内部镂空部分的透视和形体结构

使用肯定、流畅的曲线进行复描，明确形体

对下部进行曲线分割，使其符合人肩部佩戴的人机关系，增强舒适性

确定形体

提示 整个起稿过程中使用的线条都很轻，方法是将针管笔稍微倾斜，通过侧锋进行绘制。

03 增加细节。 先增加标签、分割缝线、拉链等细节，使产品更加真实。然后在表面添加多条曲线剖面线，交代形体结构。接着约束形面并交代形体圆润、鼓起的特征。

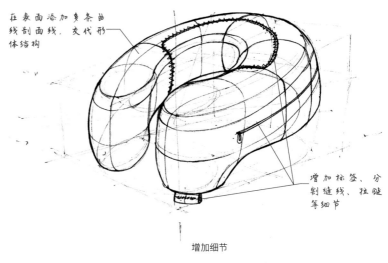

在表面添加复条曲线剖面线，交代形体结构

增加标签、分割缝线、拉链等细节

增加细节

04 表达光影。 设定光源的位置在左上方，使用排线的方法填充右边的暗面，使用45°的排线绘制形面的内部线条。先绘制悬浮式投影的椭圆形边框，然后使用竖向的线段填充，注意前实后虚的疏密表达，接着添加表面肌理，以起到透气作用，最后调整整个画面的线性关系。

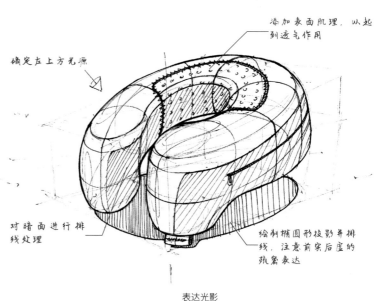

添加表面肌理，以起到透气作用

确定左上方光源

对暗面进行排线处理

绘制椭圆形投影并排线，注意前实后虚的疏密表达

表达光影

提示 对线稿进行光影的概括表达，不仅能够丰富画面，而且对后期上色有重要的辅助作用。

4.3.3 凹凸面：门禁电话机的绘制

下面以门禁电话机为例，讲解凹凸面在产品设计手绘中的运用。门禁电话机的主体由底座与电话两部分组成，底座被固定于墙面上，电话可拿取，二者用电话线连接。在整体为方正形态的基础上应用凹凸面满足功能需求，凹凸面主要包括底座上的悬挂凹槽、开锁键和电话机表面的凹凸装饰。

扫码看视频

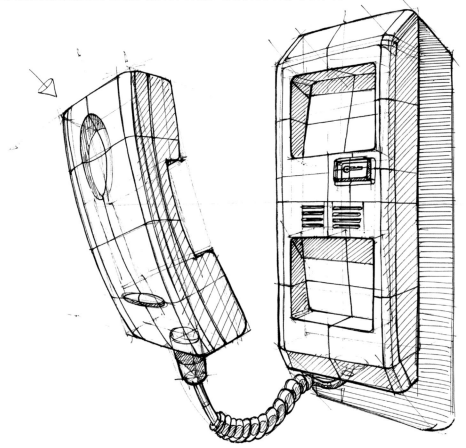

门禁电话机线稿

01 起稿。 首先在纸面上绘制视平线和中垂线，确定产品的位置。然后使用较轻的直线起稿，绘制出底座和电话的透视框。接着使用较轻的直线绘制出产品的具体形态和内部构造。

02 确定形体。 先使用肯定的线条明确产品的形体和结构，然后轻轻地绘制出电话机表面凹凸面的轮廓形。

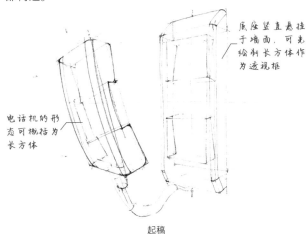

底座竖直悬挂于墙面，可先绘制长方体作为透视框

电话机的形态可概括为长方体

起稿

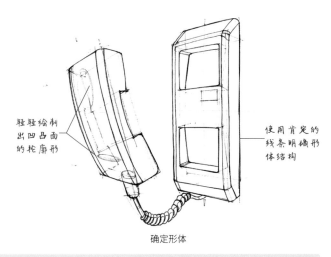

轻轻绘制出凹凸面的轮廓形

使用肯定的线条明确形体结构

确定形体

提示 根据形体结构的前后遮挡关系，对凹槽处的线条进行复描，强调可视线条。

03 增加细节。增加开锁键和音孔等细节，使产品更加真实。对形体表面进行剖面线分析，进一步说明形体表面起伏特征，清晰交代形体结构。

04 表达光影。设定光源的位置在左上方，先使用排线的方法填充朝右朝下的暗面，然后绘制投射在墙面上的投影，使用水平方向的线段填充，接着调整整个画面的线性关系。

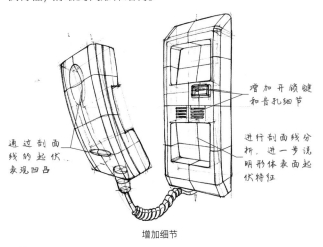

通过剖面线的起伏表现凹凸

增加开锁键和音孔细节

进行剖面线分析，进一步说明形体表面起伏特征

增加细节

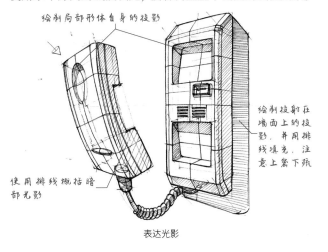

绘制局部形体自身的投影

绘制投射在墙面上的投影，并用排线填充，注意上密下疏

使用排线概括暗部光影

表达光影

提示 绘制音孔时为了对齐，可先绘制方框参考线，这样能提高绘画的准确性和严谨性。

4.3.4 渐消面：车门把手的绘制

下面以一个车门把手为例，讲解渐消面在产品设计手绘中的运用。车门把手一般会设计为有机形态，并结合渐消面，与汽车外饰设计的流线型风格相呼应，突出速度感、科技感和品质感。

扫码看视频

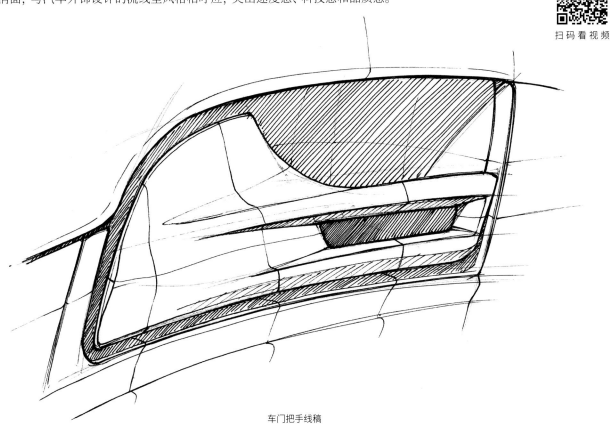

车门把手线稿

01 起稿。 使用较轻的直线起稿，绘制出产品的大致轮廓和内部细节。

02 确定形体。 首先使用流畅、肯定的曲线确定形体，对渐消面进行清晰的结构说明。然后使用较细、较轻的线条概括不明显的形面起伏。

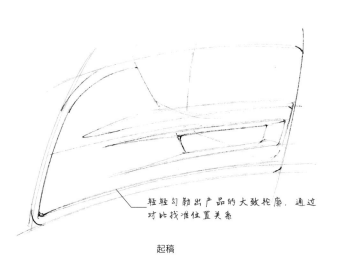

轻轻勾勒出产品的大致轮廓，通过对比找准位置关系

起稿

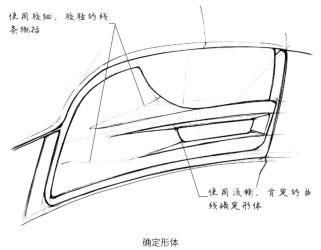

使用较细、较轻的线条概括

使用流畅、肯定的曲线确定形体

确定形体

🔧 **提示** 在整个起稿过程中，可通过对比找准形体的比例和位置，也可通过绘制辅助线找准形体。

03 增加细节。 增加倒角细节，使产品更加真实。在表面添加数条剖面线，进一步交代形体表面的起伏。

04 表达光影。 设定光源的位置在左上方，先对把手上的渐消面的暗部进行排线，概括暗部光影。然后对内部阴影区域进行排线，加重整体暗部，衬托前方把手。接着调整整个画面的线性关系。

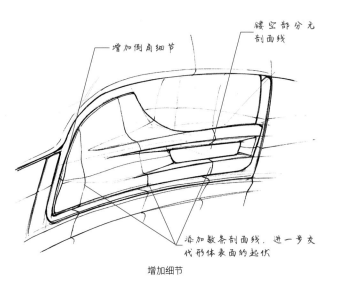

增加倒角细节

镂空部分无剖面线

添加数条剖面线，进一步交代形体表面的起伏

增加细节

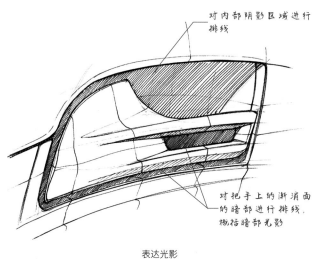

对内部阴影区域进行排线

对把手上的渐消面的暗部进行排线，概括暗部光影

表达光影

🔧 **提示** 对暗部进行排线时，要注意虚实关系和疏密变化。

第 **5** 章

体与倒角 的表现

空间中的面沿着某一方向移动产生了体块,可以概括为"面动成体"。体是面在三维中构成的封闭图形。体是构成现实世界的基本单位,生活中的物品都可概括为体。体具有长、宽、高3个维度,属于三维形态。倒角依附于形体,是针对形体施加的动作,是常用的重要造型手段之一。本章对体与倒角的表现方法进行讲解。

5.1 体的表现技巧

设计师在设计产品造型时，常常对不同的体进行变化和组合，从而演化出造型的万千法门和迥异语言，带给人不同的感觉。根据形体的复杂程度，可将其划分为基本形体、组合形体和有机形体，难度是逐渐增大的。

5.1.1 基本形体

在日常生活中有很多简单的产品和物件都可以概括为基本形体，而造型复杂的产品是基本形体的组合演变。熟练掌握基本形体的绘制技法是后期创作造型的基本要求和重要保障。根据形态的不同，我们将各种形体分为方体、柱体、椎体和球体。

- **方体**

方体由平面围合而成，给人以方方正正的感觉。方体的代表为立方体，又称正方体、六面体。从名字来看，方体是由6个方形平面围合而成的。立方体的棱长比为1:1:1，12条棱完全相等，是其他形体的源头。立方体经过变化，会衍生出长方体、棱台体、斜方体等。长方体是对立方体进行单方向拉伸或挤压形成的；棱台体是将长方体的一个面缩小形成的，上下面大小不一致；斜方体是对长方体进行切削形成的。在基本形体上的动作变化数量有限，因此衍生的形体类别也相对有限。

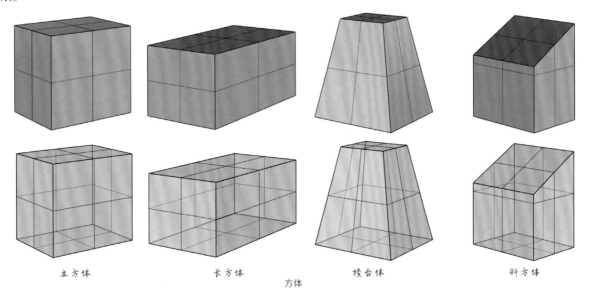

立方体　　　　　长方体　　　　　棱台体　　　　　斜方体

方体

在绘制方体时，主要应用直线，结合透视知识，将形体逐步构建起来。在绘制过程中，需注意进行剖面线分析和线性关系表达。方体的表现相对来说比较简单，但它是绘制其他形体的基础，因而需重点掌握。

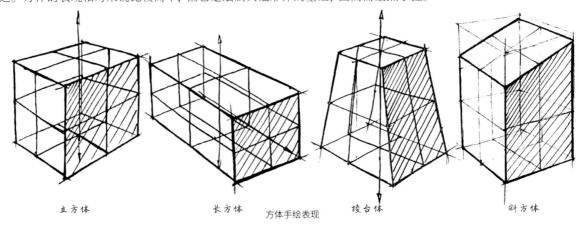

立方体　　　　　长方体　　　方体手绘表现　　　棱台体　　　　　斜方体

方体在产品造型设计中的应用十分广泛，多见于家电、家具、盒式包装和机械设备等产品类别。方体应用于产品造型设计中，常常给人以稳重、硬朗、方正、严谨和理性的感受。

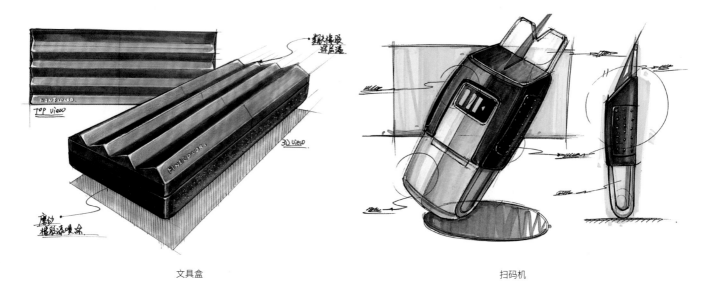

文具盒

扫码机

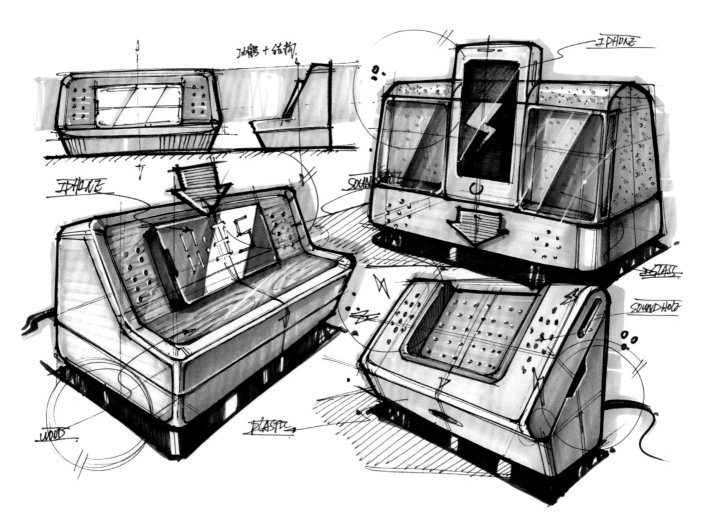

蓝牙音箱

• 柱体

　　柱体为纵向较高的一类形体，给人以向上的延伸感。柱体可细分为圆柱体和棱柱体，圆柱体的四周围合面为闭合曲面，顶面和底面为等大圆形面；棱柱体的四周围合面均为平面，顶面和底面为等大多边形平面。从成型方式来看，圆柱体可由一条直线沿中心轴环绕而成，棱柱体为多个平面拼合而成。圆柱体经过变化，会衍生出圆台体、斜柱体等形体。圆台体是将圆柱体顶部或底部一个面缩小形成的，上下面大小不一致；斜柱体是将圆柱体斜着切一刀形成的。

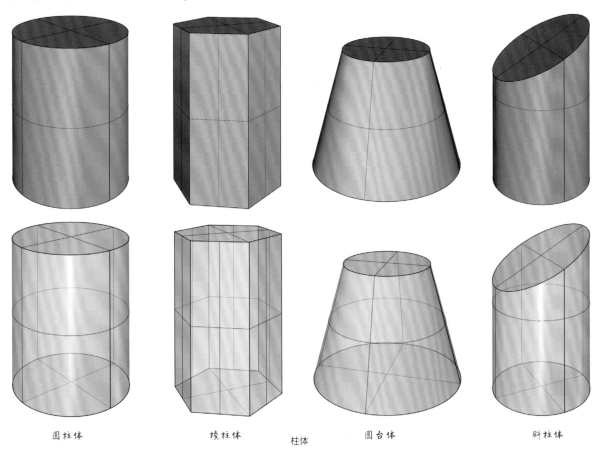

圆柱体　　　　棱柱体　　柱体　　圆台体　　　　斜柱体

提示 长方体也叫四棱柱，另外还有六棱柱和八棱柱等，棱数可以不断增加。随着棱数的不断增加，外围的面被无限细分而趋于圆润，最终完成向圆柱体的过渡。

　　在绘制柱体时，主要应用直线和闭合曲线来构建形体。首先绘制出正确的长方体的透视框，然后采用八点画圆法寻找上下圆面，组成围合面，构建出完整的柱体。在绘制过程中，需注意进行剖面线分析和线性关系表达。

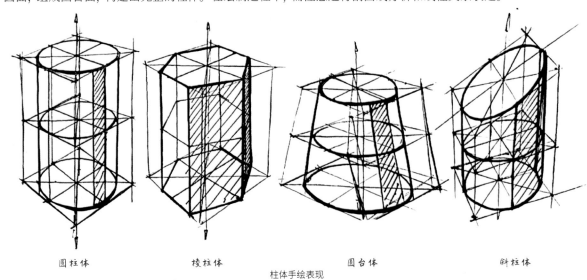

圆柱体　　　　棱柱体　　　　圆台体　　　　斜柱体

柱体手绘表现

柱体在产品造型设计中的应用也十分广泛，多见于小家电、家居用品、瓶式包装和娱乐电子产品等产品类别。柱体应用于产品造型设计中，常常给人以内敛、柔和与挺拔的感受。

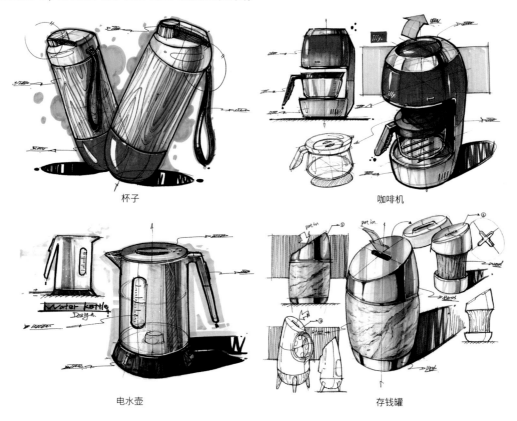

杯子　　　　　　　　　　　　　　咖啡机

电水壶　　　　　　　　　　　　　存钱罐

• 锥体

锥体由柱体顶面汇聚于一点而成，给人以尖锐感。锥体可细分为圆锥体和棱锥体。圆锥体的围合面为曲面，可通过一条倾斜直线沿中心轴环绕而成；棱锥体（如三棱锥、四棱锥），则由三角形平面组成围合面与不同形状的底面拼合而成。

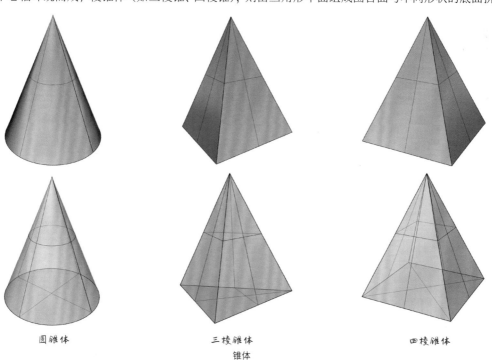

圆锥体　　　　　　　三棱锥体　　　　　　四棱锥体
锥体

提示 锥体的形态比较特殊，但可理解为柱体的衍生形体。棱锥体随着围合面棱数的不断增加，围合面被无限细分而趋于圆润，最终完成向圆锥体的过渡。

在绘制锥体时，主要应用直线和闭合曲线来构建形体。首先绘制出底面和中垂线，然后在中垂线上截取一点，与底面端点连线，构建出完整的锥体。圆锥体的底面同样采用八点画圆法绘制，在绘制过程中也需注意进行剖面线分析和线性关系表达。

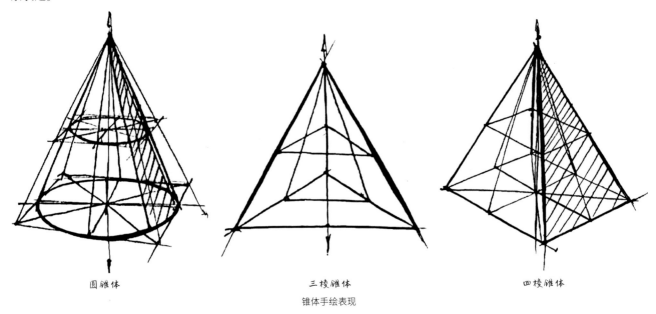

圆锥体　　　　　　　　　三棱锥体　　　　　　　　　四棱锥体

锥体手绘表现

锥体在产品造型设计中的应用较为广泛，一般见于特殊的产品类别，如路障、漏斗、锥形瓶、小夜灯、电钻钻头和水壶等。椎体应用于产品造型设计中，常常给人以尖锐、进取、突破和活跃的感受。

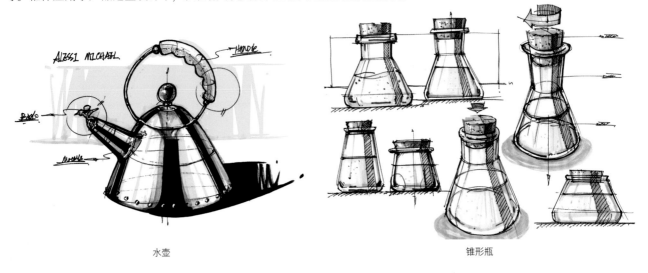

水壶　　　　　　　　　　　　　　　　　　　　锥形瓶

• 球体

球体完全由曲面围合而成，给人圆润感。球体可衍生出椭球体和半球体等，也是常见的基本形体。球体比较特殊，从任何角度看都是圆形或椭圆形。在表现球体时，需要将结构线、剖面线绘制清楚。

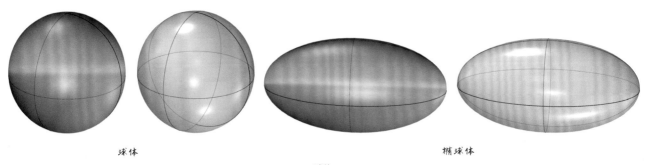

球体　　　　　　　　　　　　　　　　　椭球体

球体

在绘制球体时，主要应用闭合曲线来构建形体。首先需保证圆形和椭圆形的徒手画法都比较熟练，可直接绘制出流畅、准确的圆形和椭圆形，构成形体的外轮廓型，然后进行剖面线分析和线性关系表达，完成整个球体形体的构建。

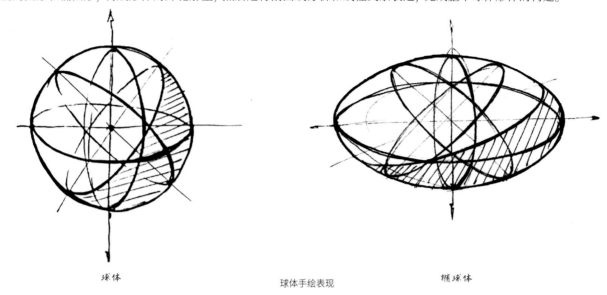

球体   球体手绘表现   椭球体

提示 球体的结构线就是剖面线，因而需绘制多个截面，否则就是平面的圆形。在进行线性关系表达时，主要强调空间位置靠前和可看到的线条，使形体具有一定的立体感。

球体在产品造型设计中的应用比较广泛，多见于摄像头、球类运动器械、头盔和灯具等产品类别。有时是为了发挥球体可以自由滚动、转动的特性进行应用，有时是为了符合人体头部结构进行应用，有时是出于审美需求进行应用。球体应用于产品造型设计中，常常给人以温柔、安全、灵活、可爱和亲和的感受。

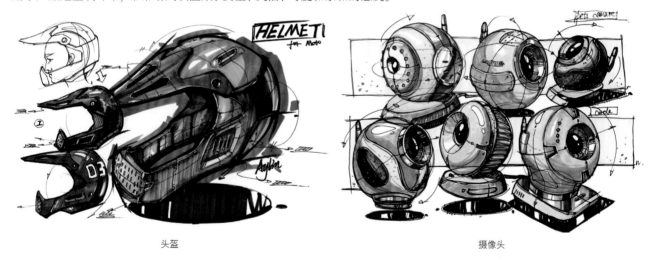

头盔   摄像头

5.1.2 组合形体

组合形体是由各种基本形体经过穿插、倒角和融合等而形成的复杂形体。实际生活中的大部分产品都是组合形体，尤其是大批量机械化生产的人造物。组合形体具有较为复杂的形态变化和外轮廓形，能够在视觉和情感上给人带来更为复杂的感受。

例如，图中的手持电钻由组合形体构成，其根据功能部件的不同可划分为不同的体块，转筒和握把部分可概括为圆柱体，二者进行了穿插融合，钻头可概括为圆锥体，底座可概括为长方体，进行了一些倒角处理。再如，图中的单反相机是由圆柱体和长方体构成的组合形体，镜头和旋钮可概括为圆柱体，机身和闪光灯可概括为长方体。

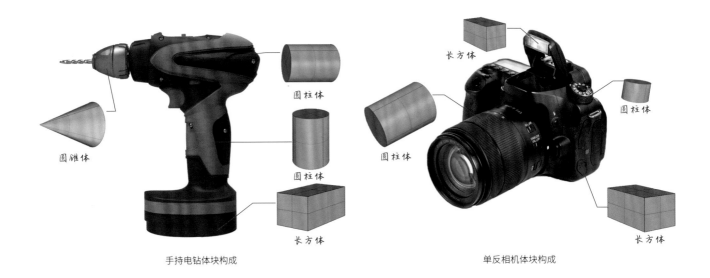

圆锥体　圆柱体　圆柱体　长方体

手持电钻体块构成

长方体　圆柱体　长方体

单反相机体块构成

在绘制组合形体时，需格外注意体块的位置和比例关系。起稿阶段均是从长方体透视框开始，逐步进行形体附加、削减、凹凸等一系列动作，使形体变得复杂化。

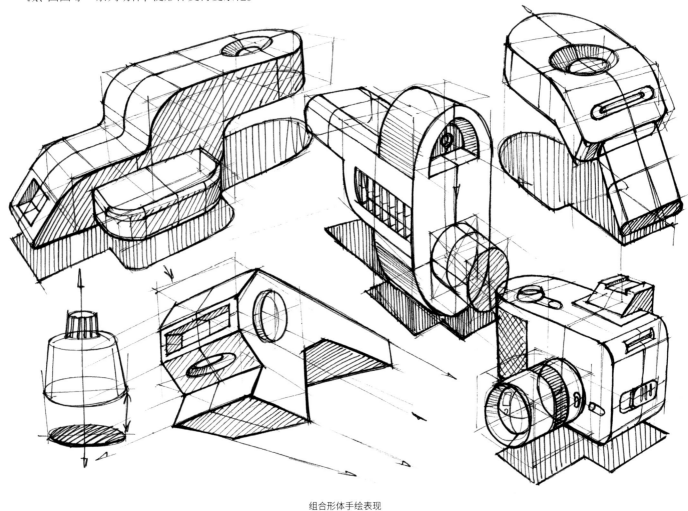

组合形体手绘表现

提示 在绘制组合形体的过程中，透视线和辅助线起着关键作用。在进行形体附加等动作时，务必通过辅助线、延长线找准形体的透视和比例关系。

组合形体在产品造型设计中的运用十分广泛，常见于产品手绘设计中的各种品类及生活中的各种物品，主要应用在电子产品、机械设备、电动工具、手持类设备和小家电等产品类别。组合形体应用于产品造型设计中时通常需考虑产品内部结构和功能布局，在功能相对复杂的产品上应用尤为突出。有些产品虽然看起来十分复杂，但通过理性分析后都可概括为基本形体的组合变化。

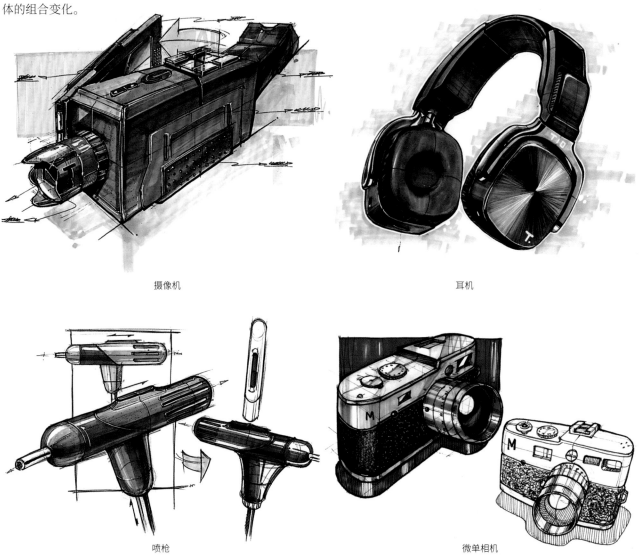

摄像机　　　　　　　　　　　　　　　　　　　耳机

喷枪　　　　　　　　　　　　　　　　　　微单相机

5.1.3　有机形体

　　有机形体是由自由有机的曲面构成的形体，具有自然、流动和富于变化的特点。有机形体常应用于建筑、雕塑、交通工具、穿戴产品和手工艺产品等领域。有机形体属于自然的形态演化，往往给人以生机盎然、富于变化与张力、活泼好动和富有生命力的感受。

有机形体潘顿椅（Panton Chair）

在绘制有机形体时，需使用流畅的自由曲线构建形体。这些曲线往往都是比较随性的随机线条，具有一定的不确定性。在绘制过程中，需要不断地尝试才能获得满意的形体效果。同时，进行剖面线分析对有机形体非常重要，因而往往需绘制多条剖面线来清晰交代形体特征。我们前面学习的渐消面常与有机形体结合，共同营造雕塑感、流动感和生命感。

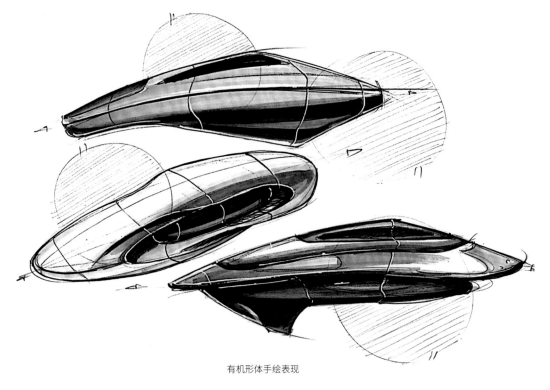

有机形体手绘表现

提示 在绘制有机形体的过程中，线条应尽量放松，飘逸洒脱一些，避免过于拘谨。

绘制有机形体需要有一定的基本功，这一点可通过大量练习实现。在绘制过程中，可以通过透视框来辅助起稿，保持形体的准确性。

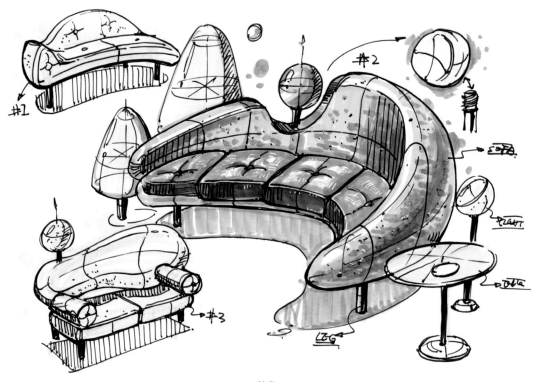

沙发

除螨仪

运动背包

呼吸面罩

运动鞋

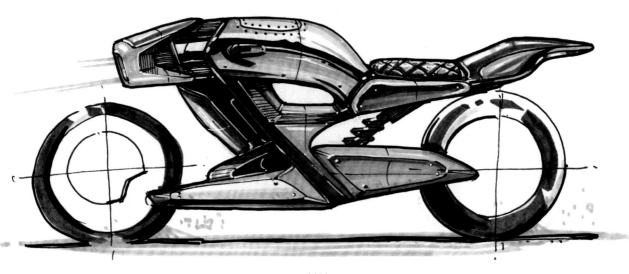

摩托车

5.2 倒角的表现技巧

　　倒角是基于形体处理面与面过渡关系的重要手段,因而也是设计师处理产品外观造型的常用手法。倒角在实际应用中发挥着优化产品外观、提升产品质量和完善操作体验等至关重要的作用。倒角的运用,体现了设计师对细节的把控能力和精益求精的设计能力。

5.2.1 倒角的基础认知

　　从产品加工生产来讲,倒角是机械工程术语,指的是把加工工件的棱角切削成一定的斜面或圆面。为了去除零件上因加工产生的毛刺,也为了便于零件的装配,一般会在零件端部做出倒角,其加工方式既可以是机械倒角也可以是手工倒角。从产品造型来讲,倒角指的是设计师将原本棱角分明的两个面直接衔接起来。下图中产品的边缘都被进行了倒角处理。

产品倒角实例

　　通过观察我们就可以发现,现代产品外观造型上的棱线都被进行了倒角处理,这些倒角或大或小,或平或曲,无不起着重要的作用。倒角直接关乎产品品质、视觉感受和操作体验,越高端、越精密的产品,其倒角越考究。倒角在数码产品和3C产品上的应用体现得最为明显。

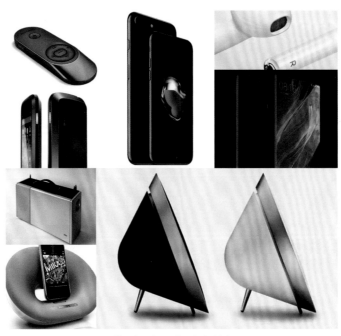

数码产品和 3C 产品倒角实例

从工艺优化的角度来看，倒角是对加工后的产品零部件进行优化的一种手段，能有效地去除毛边，实现其边缘的精致平滑；从人机操作的角度来看，倒角改善了产品边角锋利的弊端，避免了对人的肌体造成伤害，使产品具有更好的操作体验；从视觉感受和产品特征的角度来看，倒角可方便设计师营造出不同的产品整体和细节，形成独特的产品造型视觉语言，使产品适合不同的用户和场景。

富有亲和力的倒圆角产品实例

稳重、硬朗的倒切角产品实例

倒角的运用，使产品外观向着更加精致、更具品质感、更加良好的视觉和操作体验发展。

5.2.2 倒角的分类

倒角有4种分类方式：根据倒角的形态可划分为倒切角与倒圆角，根据倒角位置的不同可划分为内倒角与外倒角，根据倒角距离的不同可划分为等距倒角与不等距倒角，根据倒角复杂程度的不同可划分为单一倒角与复合倒角。接下来笔者分别进行讲解。

• 倒切角与倒圆角

倒切角即倒C角，又可叫作倒平角，表示将直角倒为一定角度的倾斜角（常为45°）。倒圆角又可叫作倒R角，表示将直角倒为1/4圆弧的角。倒角实质上是对形体的边缘进行切削，从而完成面与面之间的过渡。我们可以将倒切角理解为直角的边缘被一把刀进行了45°的切削，形成了新的45°小转折平面。我们可以将倒圆角理解为原本直角的转折处被替换成了1/4圆柱体的弧面。

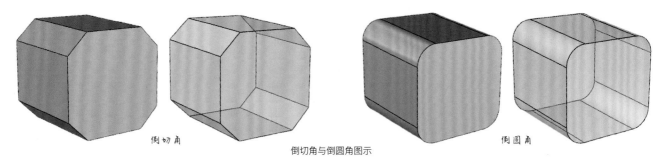

倒切角　　　　　　　倒切角与倒圆角图示　　　　　　倒圆角

在进行手绘表现时，首先轻轻绘制出立方体的形态，保证透视和结构准确，然后截取倒角的距离，确定点后进行斜线或1/4圆弧的连线，接着进行剖面线分析，强调由倒角产生的新的结构线。

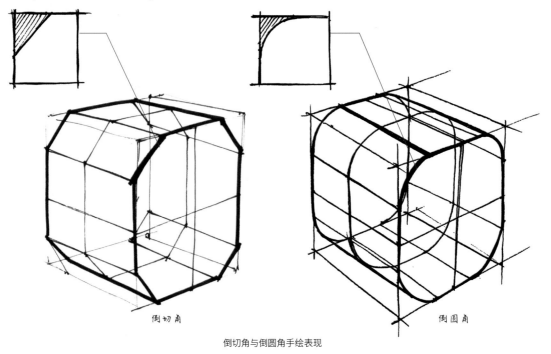

倒切角　　　　　　　　　　　　　　倒圆角

倒切角与倒圆角手绘表现

倒切角的转折明显，可以带给人稳重、硬朗的心理感受。倒圆角的转折自然，可以带给人圆润、柔和的心理感受。不同大小的倒角可以起到不同的作用：大的倒角可以形成新的产品特征，让人眼前一亮；小的倒角可以形成硬朗、干脆的"线"，体现出产品的工艺感和品质感。

- **内倒角与外倒角**

    倒角根据位置的不同可分为外倒角与内倒角。在面与面夹角的外部或内部进行倒角，外倒角做的是切削减法工作，内倒角做的是增添加法工作。

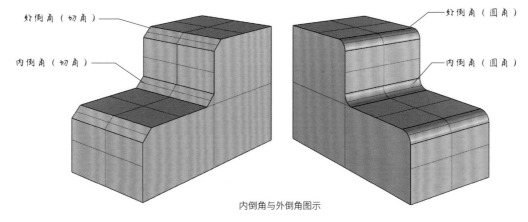

内倒角与外倒角图示

    在进行手绘表现时，首先轻轻绘制出立方体的形态，保证透视和结构准确，然后截取倒角的距离，确定点后进行斜线或1/4圆弧的连线，最后进行剖面线分析，强调由倒角产生的新的结构线。

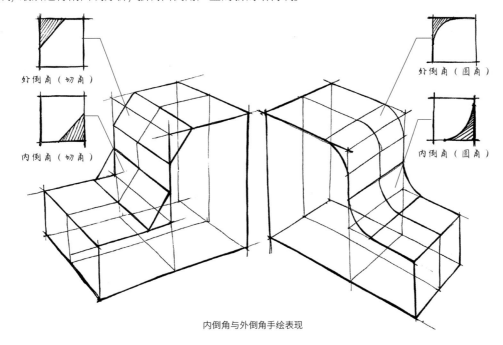

内倒角与外倒角手绘表现

- **等距倒角与不等距倒角**

    倒角根据距离的不同可分为等距倒角与不等距倒角。倒角距离保持一致为等距倒角，距离不一致则为不等距倒角。等距倒角与不等距倒角是针对一条棱，即两个面之间的衔接关系而言的，因此也包含倒圆角和倒切角。

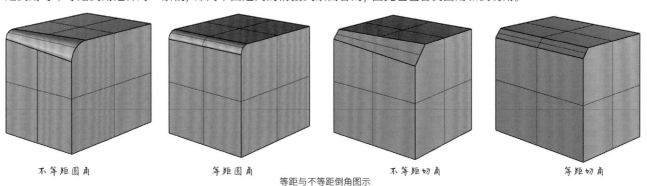

等距与不等距倒角图示

在进行手绘表现时，首先轻轻绘制出立方体的形态，保证透视和结构准确，然后截取倒角的距离，不等距倒角两侧截取的线段长度不一致，确定点后进行斜线或1/4圆弧的连线，最后进行剖面线分析，强调由倒角产生的新的结构线。

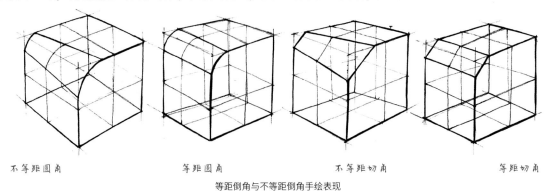

不等距圆角　　　　　　等距圆角　　　　　　不等距切角　　　　　　等距切角

等距倒角与不等距倒角手绘表现

- ● **单一倒角与复合倒角**

  根据复杂程度的不同可分为单一倒角与复合倒角。

单一倒角

单一倒角是指所有边的倒角性质一样，数值相等，在建模时一次即可生成。在应用单一类型的倒角时，根据立方体3个不同方向的棱可以分为单边倒角、双边倒角和三边倒角。单边倒角为同方向的一组棱进行倒角，双边倒角为两个方向的两组棱进行倒角，三边倒角为全部方向的三组棱都进行倒角。

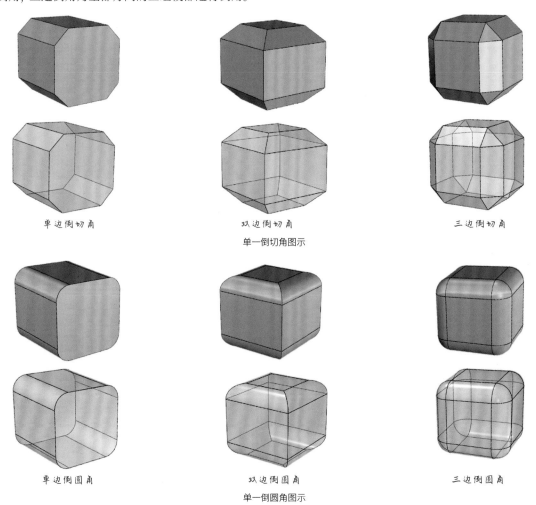

单边倒切角　　　　　　双边倒切角　　　　　　三边倒切角

单一倒切角图示

单边倒圆角　　　　　　双边倒圆角　　　　　　三边倒圆角

单一倒圆角图示

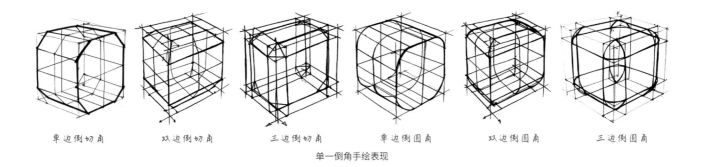

单边倒切角　　　双边倒切角　　　三边倒切角　　　单边倒圆角　　　双边倒圆角　　　三边倒圆角

单一倒角手绘表现

通过观察我们可以发现，倒圆角与倒切角的差异就在于切削后的连线是圆弧还是直线。在绘制过程中，将切角的直线转换为1/4圆弧即可得到圆角，其步骤和原理是相通的。在进行倒角训练时，要重点理解倒角的原理，可以尝试着多画一画，熟悉各种倒角的形态，以便在后期造型中灵活使用。

复合倒角

复合倒角是指对立方体的各组棱进行不同的倒角组合，在建模时需要分步骤依次生成。其基本规律为先进行大半径的倒角，再进行小半径的倒角。复合倒角的形态多变，可自由组合，但前提是必须遵循其基本规律。

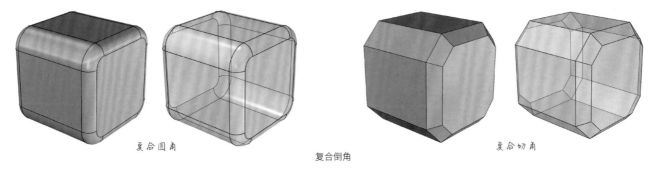

复合圆角　　　　　　　　　　复合切角

复合倒角

复合倒角中，需重点掌握复合圆角的绘制方法。读者可以参考下图进行绘制，重点掌握其绘制原理。

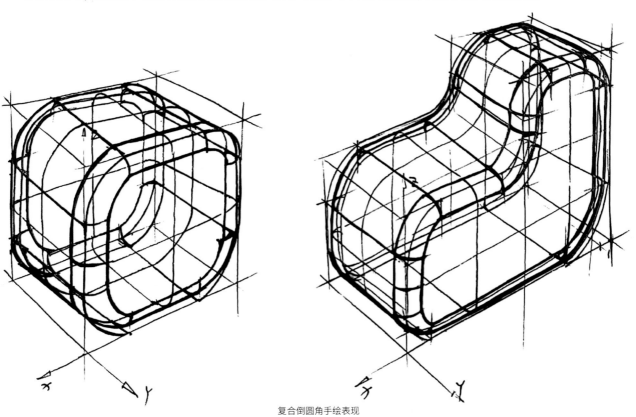

复合倒圆角手绘表现

5.3 体的训练方法

下面介绍几种体的训练方法，以帮助读者快速、高效地掌握体的表现技巧。体的训练具有一定的难度，读者一定要认真学习。

5.3.1 3种透视下的立方体训练

这里笔者演示将3种透视下的立方体整合绘制在同一张纸上的方法，以便读者观察它们各自的特点并比较它们之间的差异。绘制方法和技巧大同小异，下面我们同时绘制3种透视下的立方体。

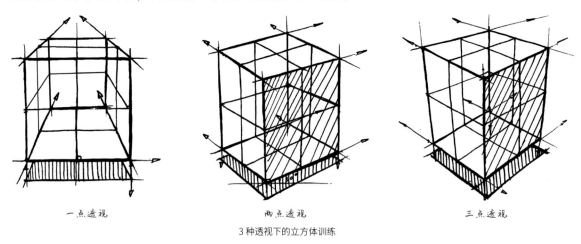

一点透视　　　　　两点透视　　　　　三点透视
3种透视下的立方体训练

01 起稿。 先确定好点，然后用两头轻、中间重的线条进行点到点的连线。此时下笔较轻，以单线为主，速度稍慢，旨在保证准确，顶点两端可超出。在绘制透视线时，可以为向后的线条超出的末端加上箭头指示，以便观者明确汇聚变化的方向。

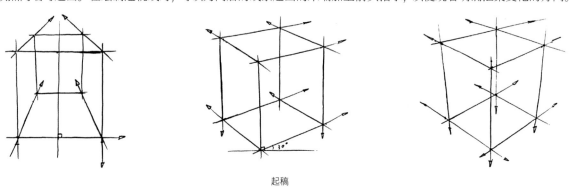

起稿

提示 在起稿阶段，要注意比较3种透视立方体的棱线随透视变化的规律。一点透视中，棱线横平竖直，向后的一组线条进行汇聚；两点透视中，竖直线条保持不变，向左右两边的线条进行汇聚；三点透视中，3组线条向3个方向进行汇聚。

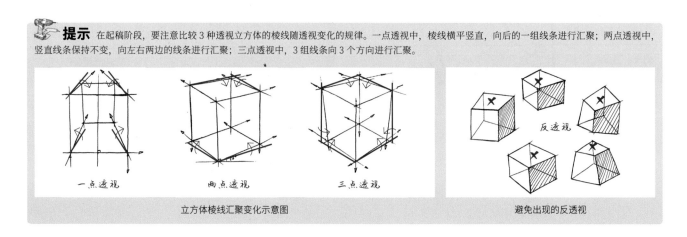

一点透视　　　　　两点透视　　　　　三点透视
立方体棱线汇聚变化示意图　　　　　避免出现的反透视

02 确定形体。 用两头重中间轻的线条进行复描，用肯定的点到点连线加重确定的线条，注意不要超出端点。

 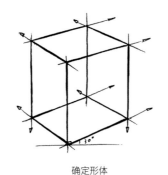 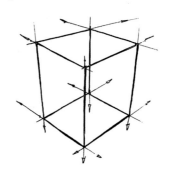

确定形体

03 绘制剖面线。 先找到每条棱线的中点并连线，然后快速绘制出肯定干脆的单线。注意每个面都需要进行横向和纵向的剖面线分析，形成十字交叉线。

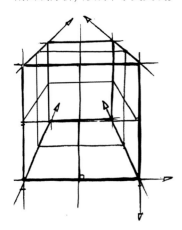 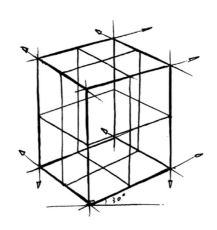 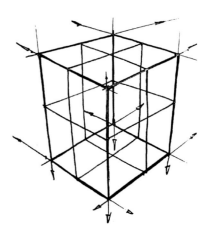

绘制剖面线

04 绘制光影。 使用排线表达暗面的光影，默认光源在左上方，朝向右侧的面为暗面，进行45°平行等距的排线处理。当然也可以是平行渐变的排线，代表下侧受到反光影响。绘制出立方体的投影区域后，使用排线填充投影区域即可。

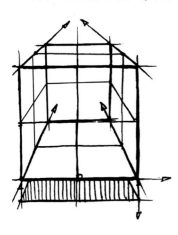 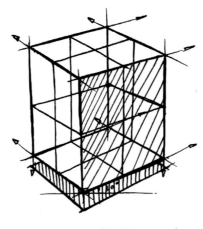 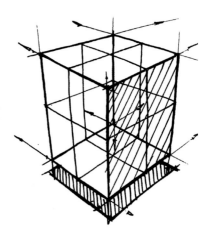

绘制光影

5.3.2 3种透视下的圆柱体与圆锥体训练

　　上节我们进行了3种透视下的立方体训练，接下来进行在立方体中寻找圆柱体和圆锥体的训练。在训练时，要首先绘制出较为标准的3种透视下的立方体，然后在其内部绘制圆柱体，接着绘制圆锥体。

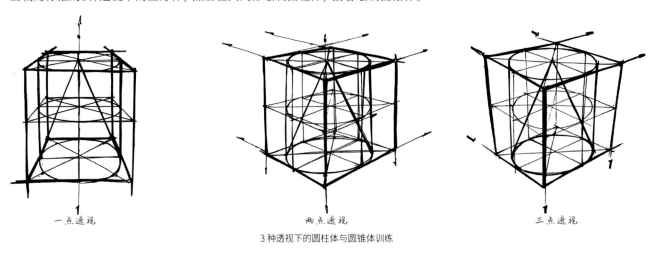

一点透视　　　　　　　　两点透视　　　　　　　　三点透视

3种透视下的圆柱体与圆锥体训练

01 绘制立方体。 起稿可使用0.5号针管笔起稿，复描可使用0.8号或1.0号针管笔绘制。注意线性关系的表达要体现出前实后虚的效果，以强调轮廓线和转折线。

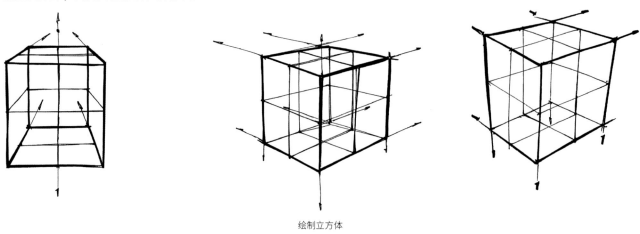

绘制立方体

02 绘制上下的圆面。 先找出上下两个平面的对角线，然后采用八点画圆法绘制圆，接着通过复描前半段圆弧强调近实远虚，明确线性关系。

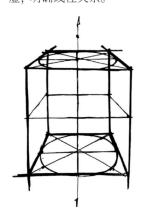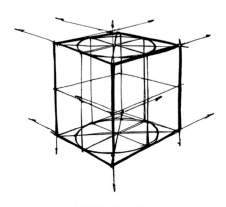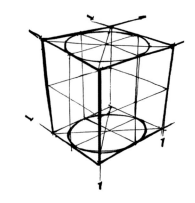

绘制上下的圆面

03 绘制横截面的圆。 截面也是圆柱体的剖面线，这里依旧采用八点画圆法绘制位于立方体中间水平横截面的圆面。

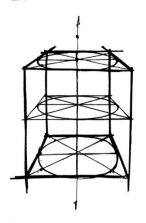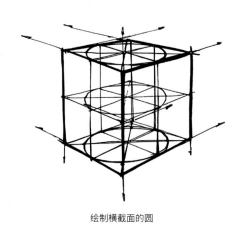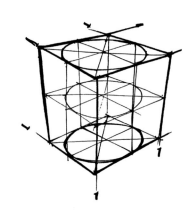

绘制横截面的圆

04 绘制圆柱体的纵向边线。 在绘制时要进行复描处理，默认光源左上方，注意右侧的边线比左侧的稍重一些。

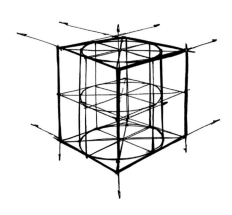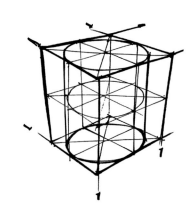

绘制圆柱体的纵向边线

提示 由于选择的是俯视视角，因此圆面的透视规律变化应该为由上而下逐渐变鼓。

05 绘制圆锥体。 我们可以将圆锥体想象成圆柱的上圆面向圆心汇聚，凝结成一个顶点，将此顶点与底面最鼓的点连接，可以得到圆锥体。圆锥体的两条腰线受光源的影响较轻，可以通过复描对右侧的腰线进行加重处理。

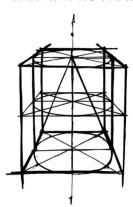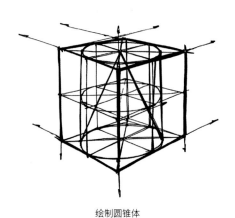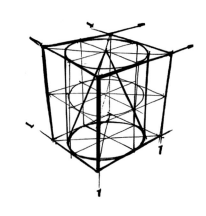

绘制圆锥体

提示 由于此训练中的线条较多，因此暂时不对其进行光影表达。建议读者将此训练方法牢记于心。

5.3.3 立方体的加减法训练

在进行产品造型设计时，设计师最常用的手法就是加减法。生活中大多数产品的形态都是由基本形体组合而成的，我们就从最简单、最原始的立方体入手进行加减法训练。这样能够帮助读者夯实基础，增强立体空间感，学会最简单的产品造型方法——几何造型法。

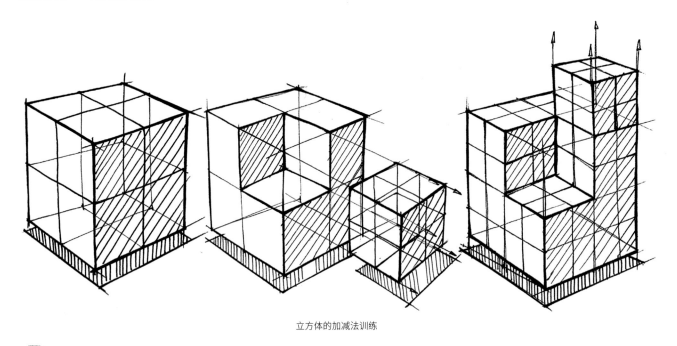

立方体的加减法训练

提示 立方体加减法的基本要领：把立方体想象成一块可以被切割的方形橡皮泥或魔方。首先将立方体置于任一透视系统中并绘制在纸面上，从剖面线的位置开始切割，将一个立方体分割为8个小立方体，然后取出任意一个小立方体向任意方向平移，最后将取出的小立方体置于其他小立方体上。读者可通过逐渐增加移动的立方体个数反复进行不同的加减法训练，逐步增加训练难度。

01 绘制原始立方体。 运用前面所学知识，先在纸张左侧绘制一个两点透视的大立方体，然后对大立方体进行剖面线分割、线性关系区分及光影概括。

02 绘制第二个立方体。 这一步，我们继续绘制第二个立方体。

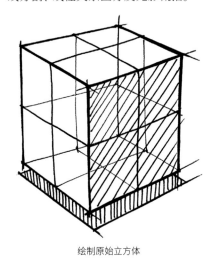

绘制原始立方体

绘制第二个立方体

提示 在开始起形时不必进行线性关系区分，在最后一步确定形态后进行即可。

03 移动小立方体。 将分割出来的一个位于最前面的小立方体向右前方平移。首先绘制以较轻的单线为主的辅助线，然后根据透视规律将原位置的透视线延长，接着定出平移距离，定点确定新的小立方体8个顶点移动后的位置。

04 刻画移动的小立方体。 先将确定出的顶点复描连线，确定出小立方体形态，然后进行线性关系区分和光影表达，以增强线稿的空间感和立体感。

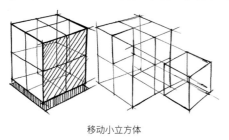

移动小立方体

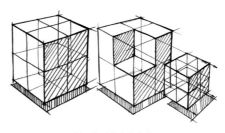

刻画移动的小立方体

提示 由于近大远小的透视规律，新的小立方体空间位置更加靠前，因此其棱线比原始小立方体的棱线更长。

05 放置小立方体。 首先确定形体，然后将移出的小立方体绘制在大立方体的上方，接着定出高度，此时新小立方体的高度棱线会比原始小立方体的棱线略短一点（近大远小）。根据透视规律绘制上方的小立方体，可以发现小立方体的顶面变扁了，这是由于透视的影响，越往上越靠近视平线，面的面积越小。

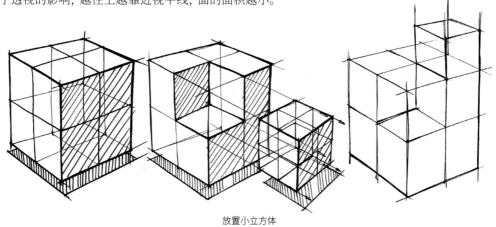

放置小立方体

06 完成小立方体的放置。 进行线稿的整理和分析。先绘制新的小立方体和被抠除的小立方体的剖面线，进一步调整线性关系，然后进行线性关系区分和光影表达，以增加线稿的空间感和立体感。

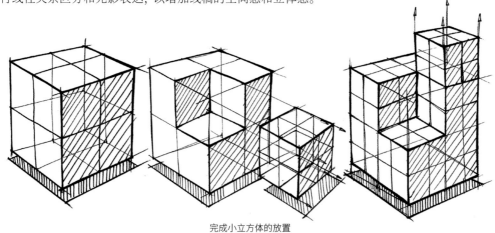

完成小立方体的放置

5.4 体与倒角的综合训练方法

前面学习了体的训练方法，结合基础形体知识和表现技法及倒角知识和表现技法，下面我们进行更为复杂的综合形体训练，包括百变立方体训练、简单几何体组合训练和复杂几何体组合训练。有了上述训练的加持，读者的体块意识和空间意识能够进一步得到加强。在此基础上，读者可培养自己初步的产品造型感。

5.4.1 百变立方体训练

百变立方体训练以立方体为基本形态，对立方体施加一系列动作，包括拉伸、切削、分割、镂空、贯穿、凹凸（加减）和倒角等，改变其原有形态，形成新的组合形态特征。

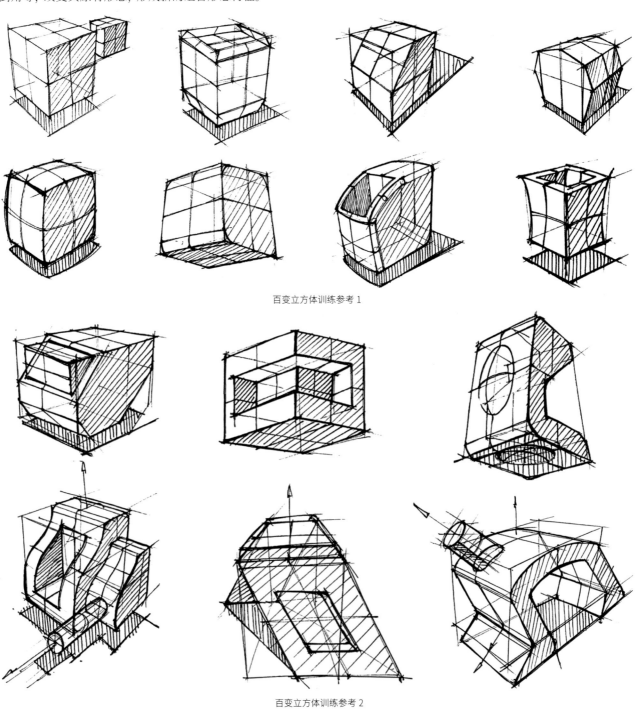

百变立方体训练参考 1

百变立方体训练参考 2

5.4.2 简单几何体组合训练

简单几何体组合训练仍以立方体为原始形体，在其上面进行形态附加与删减，从而形成新的几何形体。在此过程中，要注意对透视的把握，并且注意剖面线需要沿着新形成的几何形体表面进行流动连接，以交代和约束新形面具体的形态起伏。

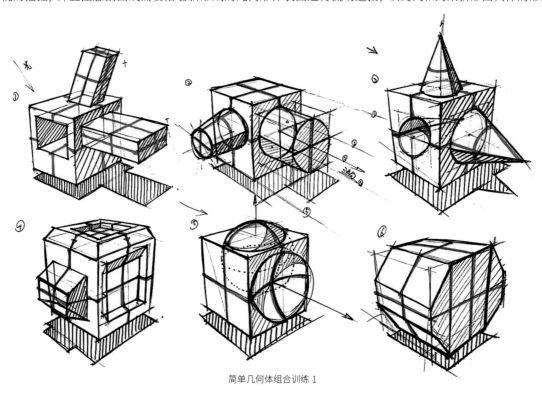

简单几何体组合训练 1

提示 在进行形态附加时，要通过绘制透视线的延长线找准附加形态的位置和比例关系，避免出现歪斜和错位的情况。

随着训练的深入，我们会发现通过对不同的几何体进行变化组合，新形态具备了产品造型。对几何体进行变化组合是从几何体思维向产品造型思维的过渡，属于创造新形态的正向训练。在这一过程中，我们不仅需要进行几何体的自由组合训练，使形态具备产品造型感；还需要进行逆向训练，将生活中看得见、摸得着的真实产品概括为几何形体的组合；同时需要将产品上的细节统统忽略，仅保留组成形体最原始的几何体。例如，下图中右下方的形体，即来自现实中的电动理发器。

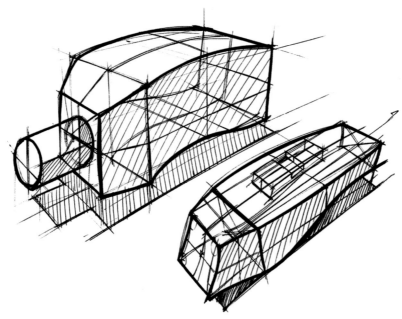

简单几何体组合训练 2

5.4.3 复杂几何体组合训练

接下来我们进行复杂几何体组合训练，综合应用多种形体组合与倒角构建新形体。下图中主要应用了方体和圆柱体的组合，同时结合复合三边倒圆角和倒切角对新形体进行变化组合。

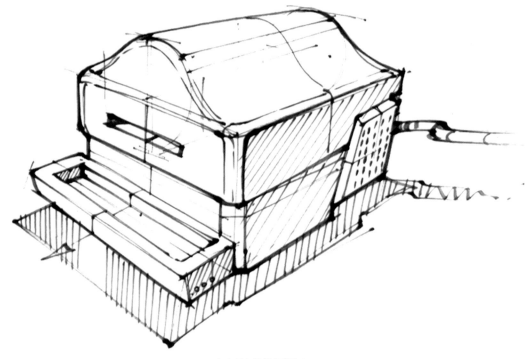

复杂几何体组合训练 1

下图中主要应用了有机形体、圆柱体和方体的组合，在基本体的基础上进行加减法，并结合倒圆角对造型进行了进一步处理。

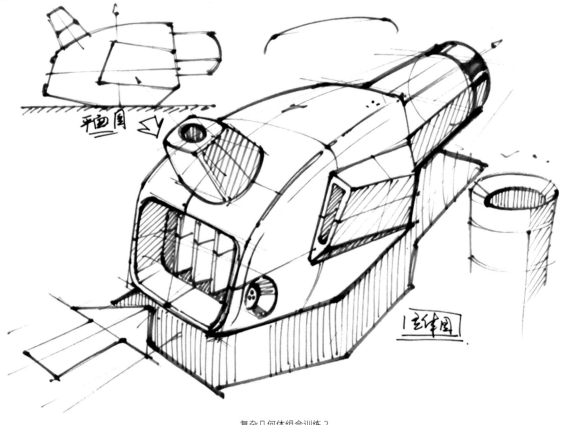

复杂几何体组合训练 2

下图中主要应用了方体、圆台体和半球体的组合，并结合倒圆角和倒内切角对造型进行了进一步处理。

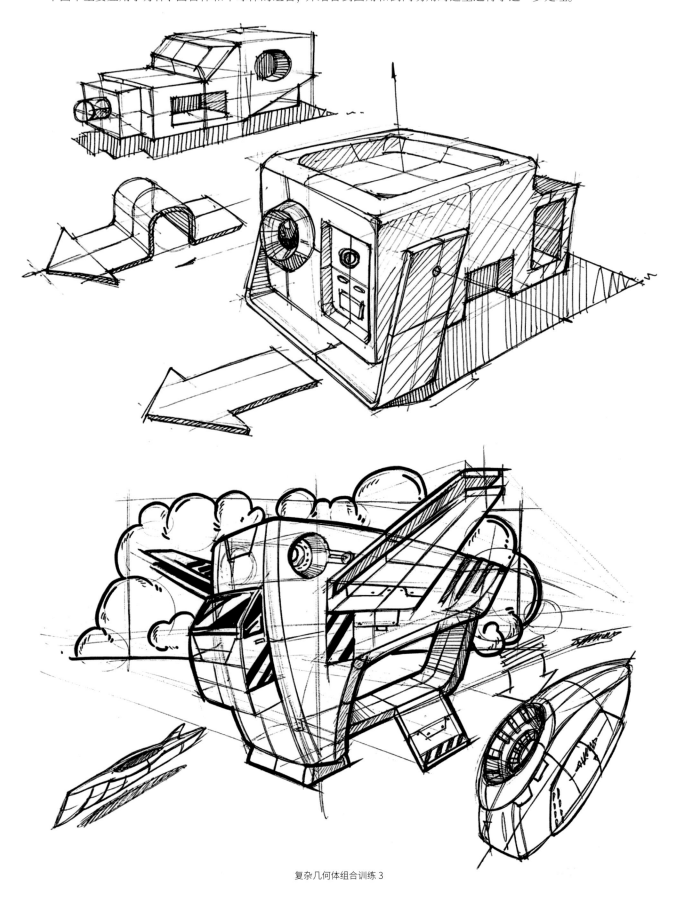

复杂几何体组合训练 3

5.5 体与倒角的实际应用

体与倒角联系紧密，互相依存。接下来我们进行体与倒角的实际应用，分别以方体、柱体、锥体、球体、组合形体和有机形体作为产品的构成形体，展示它们在实际产品中的应用。

5.5.1 方体：收音机的绘制

下面以一款收音机为例，讲解方体在实际产品中的应用。常见的收音机外观形态一般为方体，在长方体的基础上进行一系列的造型变化、倒角和形态附加，以满足其功能需求。该款收音机在倒角方面主要应用了倒圆角与倒切角、单一倒角与复合倒角、内倒角与外倒角。

扫码看视频

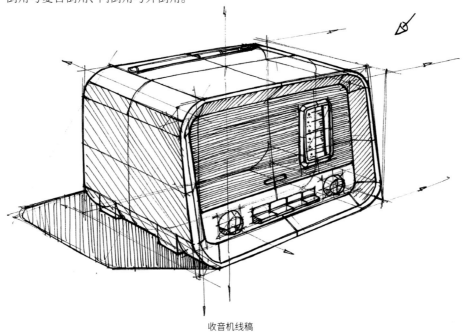

收音机线稿

01 起稿。首先使用较轻的直线绘制长方体透视框作为产品的原始形体。然后对长方体的正面进行斜面化处理，并对一组棱进行单边倒圆角处理，形成产品的形态特征。注意，此处的倒角属于外倒角、单一倒角中的单边倒圆角。

02 确定形体。先为正面添加一定厚度，形成边框。然后向内做内切角，并与外部圆角融合，形成复合倒角，强调向内凹陷的造型特征。对正面内部的平面进行功能区域划分，基本确定正面的功能布局，包括上面部分音响的分型、倒小圆角的方形显示窗、圆形旋钮和方形按键。

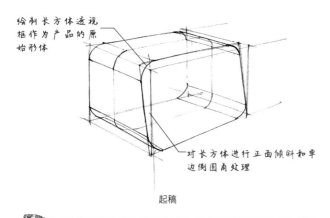

绘制长方体透视框作为产品的原始形体

对长方体进行正面倾斜和单边倒圆角处理

起稿

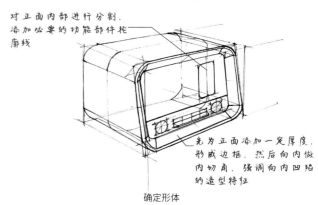

对正面内部进行分割，添加必要的功能部件轮廓线

先为正面添加一定厚度，形成边框。然后向内做内切角，强调向内凹陷的造型特征

确定形体

提示 在绘制原始形体的倒角时，需同时将内部的结构绘制出来，以便后期绘制细节，找准形体结构。

提示 收音机的正面为主要功能面，因此几乎所有的功能部件均分布于正面，这一聚集的特点会产生丰富的细节和形体变化。

03 增加细节。 增加产品细节及剖面线，构建起完整的产品形态。绘制正面面板上的显示窗、按键、旋钮的具体形态，采用较密的横线表现音孔外覆盖的织物，在顶部增加呈收纳状态的天线细节，在底部增加小底座细节。调整整体的线性关系，强调轮廓线、结构线和分型线。

04 表达光影。 设定光源的位置在右上方，先对暗部进行排线，然后绘制投影轮廓线并排线，概括暗部光影，最后调整整体画面的线性关系。

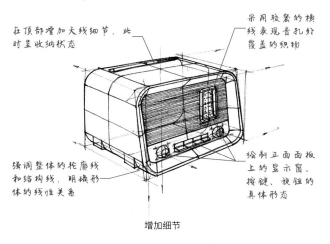

在顶部增加天线细节，此时呈收纳状态

采用较密的横线表现音孔外覆盖的织物

强调整体的轮廓线和结构线，明确形体的线性关系

绘制正面面板上的显示窗、按键、旋钮的具体形态

增加细节

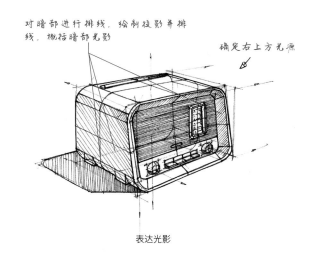

对暗部进行排线，绘制投影并排线，概括暗部光影

确定右上方光源

表达光影

5.5.2　柱体：蓝牙音箱的绘制

下面以一款蓝牙音箱为例，讲解柱体在实际产品中的应用。常见的便携蓝牙音箱大多为圆柱体，在圆柱体的基础上进行一系列的造型变化和形态附加，以满足其功能需求。该款蓝牙音箱在倒角方面只在顶部做了较小的倒圆角，保持简约的几何造型风格。

扫码看视频

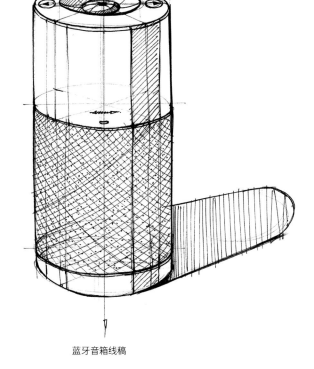

蓝牙音箱线稿

01 起稿。 首先绘制中垂线，作为产品形体的中轴线。然后绘制水平线，确定形体的高度和宽度。最后绘制椭圆截面，得到产品的原始圆柱体形态。注意，起稿过程中的线条都比较轻。

02 确定形体。 通过复描强调轮廓线和分型线，将产品形体划分为顶部操作区、中部音响区和底座等功能区域，对顶部的按键和凹凸细节进行复描处理。在这一步可添加对整体形体的剖面线分析，以明确形体结构。

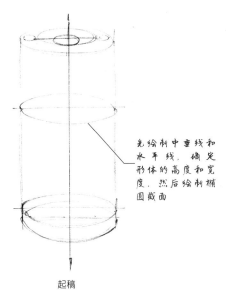

先绘制中垂线和水平线，确定形体的高度和宽度。然后绘制椭圆截面

起稿

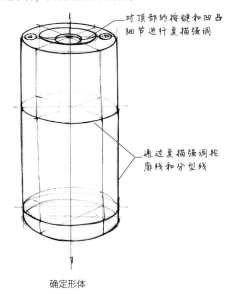

对顶部的按键和凹凸细节进行复描强调

通过复描强调轮廓线和分型线

确定形体

🔧 **提示** 在俯视状态下，越往下，椭圆越鼓、越饱满。

03 增加细节。 先增加顶部的剖面线，将形体凹凸交代得更加明确，并对顶部转折处进行倒小圆角处理，使产品更加精致。然后增加肌理细节，通过交叉曲线的排线表现音响外覆盖的织物。接着刻画分型线处的厚度，并绘制高光、暗部及投影区域的轮廓线，为后面表达光影做好准备。最后调整整体的线性关系，强调轮廓线、结构线和分型线。

04 表达光影。 设定光源的位置在左上方，对位于右侧1/3处的柱体暗部、顶部凹凸面暗部及投影区域进行排线处理，概括光影关系。在产品正面增加指示灯和标志细节，再调整整体的线性关系。

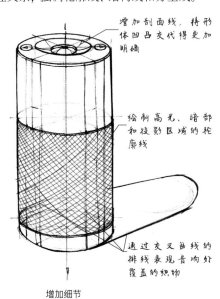

增加剖面线，将形体凹凸交代得更加明确

绘制高光、暗部和投影区域的轮廓线

通过交叉曲线的排线表现音响灯覆盖的织物

增加细节

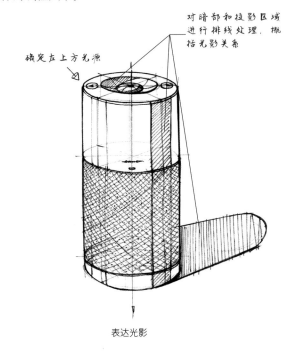

对暗部和投影区域进行排线处理，概括光影关系

确定左上方光源

表达光影

🔧 **提示** 对整体画面的检查和调整至关重要，如调整线性关系、优化及增添遗漏的细节等，可以使产品更加完整、精致。

5.5.3 锥体：小夜灯的绘制

下面以一款小夜灯为例，讲解锥体在实际产品中的应用。我们可以看到，该款小夜灯是在圆锥体的基础上进行了一定的造型变化。该款小夜灯只在分型线处做了较小的倒圆角，保持了简约的几何造型风格。

扫码看视频

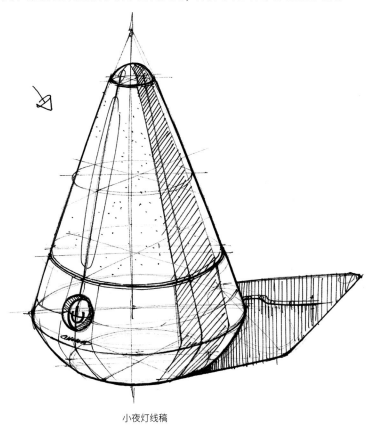

小夜灯线稿

01 起稿。首先绘制中垂线，作为产品形体的中轴线。然后绘制圆形底面，将底面两端与顶点连线，得到产品的原始圆锥体形态。最后绘制椭圆截面，对顶端和底部进行圆润化处理，确定产品的基本形态。

02 确定形体。对形体轮廓线、关键结构线和分型线进行复描强调，明确形体。添加开关按键，并进行凹凸处理。

对顶端和底部进行处理

连线得到原始圆锥体形态

起稿

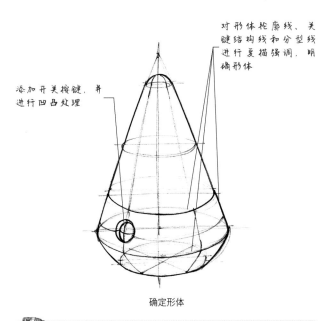

添加开关按键，并进行凹凸处理

对形体轮廓线、关键结构线和分型线进行复描强调，明确形体

确定形体

提示 起稿过程中的线条都比较轻，保留辅助线有利于找准形体并展示设计师的绘制思路和过程，同时辅助线能起到丰富画面的作用。

提示 在这一步可添加剖面线，以明确形体结构，帮助定位开关按键。

03 增加细节。 添加分型线处的细小倒角，增加电源线、电源开关符号等细节，使产品更加完整。增加剖面线和截面对角线，将形体交代得更加明确。调增整体的线性关系，强调轮廓线、结构线和分型线。

04 表达光影。 设定光源的位置在左上方，对位于右侧1/3处的锥体暗部、开关凹凸暗部及投影进行排线，绘制高光区域的轮廓线，概括光影关系。在顶部发光处增加点状细节，表现硅胶表面磨砂肌理，并调整整体画面的线性关系。

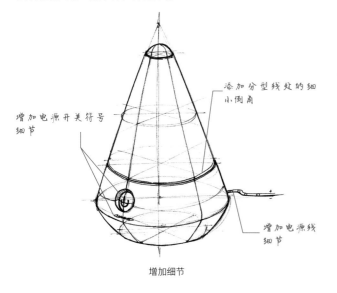

增加电源开关符号细节

添加分型线处的细小倒角

增加电源线细节

增加细节

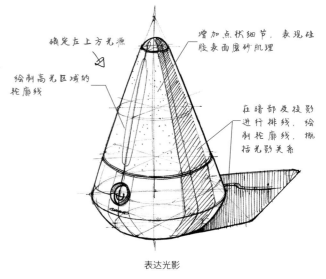

确定左上方光源

绘制高光区域的轮廓线

增加点状细节，表现硅胶表面磨砂肌理

在暗部及投影进行排线，绘制轮廓线，概括光影关系

表达光影

5.5.4 球体：摄像头的绘制

下面以一款摄像头为例，讲解球体在实际产品中的应用。摄像头可进行各个角度的拍摄，因此充分利用了球体的可滚动特性。该款摄像头在倒角方面主要应用了倒圆角和倒切角。

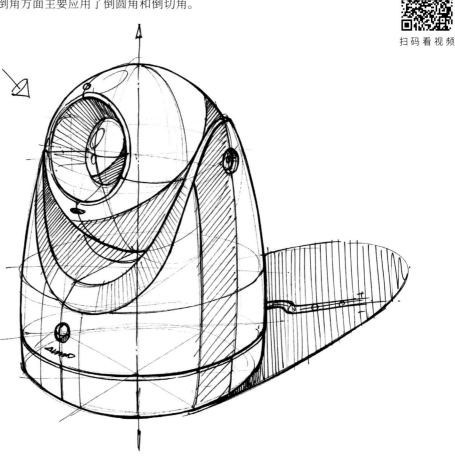

摄像头线稿

01 起稿。 首先绘制中垂线，作为产品形体的中轴线。然后使用较轻的线条绘制摄像头主体部分的球体和下方云台的曲面切削柱体，确定产品的基本形态。接着通过辅助线，找到垂直方向的转动轴，并确定两端连接点的位置。最后绘制底部云台的分型截面，实现其在水平方向的转动。

通过辅助线，找到垂直方向的转动轴，并确定两端连接点的位置

使用较轻的线条绘制摄像头主体部分的球体和下方云台的曲面切削主体

绘制底部云台的分型截面，实现其在水平方向转动

起稿

02 确定形体。 对已确定的轮廓线、结构线和分型线进行复描强调，明确形体。增加转轴连接点细节，实现球体摄像头的固定。

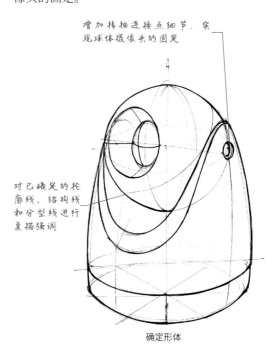

增加转轴连接点细节，实现球体摄像头的固定

对已确定的轮廓线、结构线和分型线进行复描强调

确定形体

> **提示** 球体部分需绘制出椭圆结构线，下方云台部分的造型可理解为使圆台体微微外鼓，先对其上半部分进行单曲面切削，然后进行不等距倒外切角处理。

03 增加细节。 增加电源线、指示灯、收音孔、电源开关和标志等细节，使产品更加完整、真实。进一步增加形体表面剖面线分析，明确形体的凹凸结构。绘制高光区域和暗部轮廓线，为光影概括表达做好准备。

增加指示灯和收音孔细节

绘制高光区域和暗部轮廓线

增加形体表面剖面线分析

增加电源线细节

增加电源开关和标志细节

增加细节

04 表达光影。 设定光源的位置在左上方，对球体及主体的暗部进行排线，绘制高光区域轮廓线和投影，概括光影关系。最后调整画面的线性关系，增强线稿的立体感。

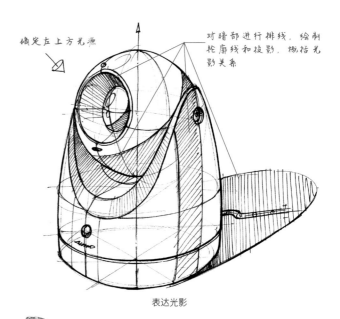

确定左上方光源

对暗部进行排线，绘制轮廓线和投影，概括光影关系

表达光影

> **提示** 在刻画细节时，需对实际产品进行一定的研究，通过刻画细节使绘制的产品更加真实和精致。

> **提示** 注意也可对细小的凹凸面进行光影概括，使其符合整体光影的规律。

5.5.5 组合形体：手持电钻的绘制

下面以一款手持电钻为例，讲解组合形体在实际产品中的应用。该款电钻由圆锥体、圆台体、圆柱体和方体组合构成，其中涉及两个圆柱的穿插和圆柱与方体的衔接。该款手持电钻在倒角方面主要应用了倒切角、内倒圆角和复合倒圆角。

扫码看视频

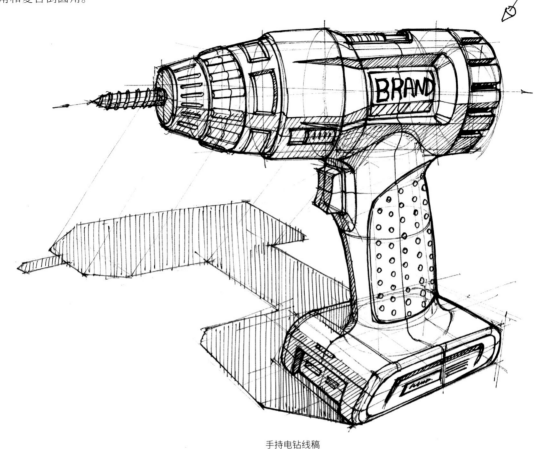

手持电钻线稿

01 起稿。 绘制3条直线分别作为上部钻筒、中部握把、底部电池仓的中线，然后使用较轻的线条绘制由圆锥体、圆台体、圆柱体、方体组合构成的组合形体确定产品的基本形态。注意两个圆柱体穿插形成的8字形截面，以及圆柱体与方体衔接处的内倒圆角。

02 确定形体。 在基本形体的基础上，增加不同部件之间的分型线及开关等功能部件。对把手进行一定的弧度处理，使手握更加舒适。对底部方体电池仓进行复合倒圆角处理。对已确定的轮廓线、结构线和分型线进行复描强调，明确形体结构。

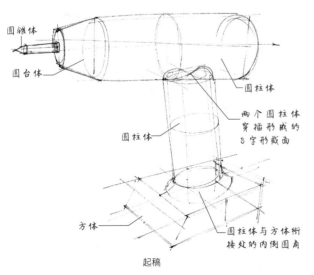

圆锥体
圆台体
圆柱体
两个圆柱体穿插形成的8字形截面
圆柱体
方体
圆柱体与方体衔接处的内倒圆角

起稿

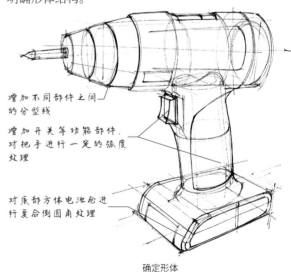

增加不同部件之间的分型线
增加开关等功能部件，对把手进行一定的弧度处理
对底部方体电池仓进行复合倒圆角处理

确定形体

03 增加细节。 增加钻头螺纹、扭矩调节器上凹凸肌理、挡位调节按键等细节，然后对形体进行纵横两个方向的剖面线分析。

04 表达光影。 设定光源的位置在右上方，对圆柱体钻筒的下部、渐消面朝下的面、握把左侧及电池仓左侧面的暗部进行排线处理。绘制投影并概括光影，增强立体感。

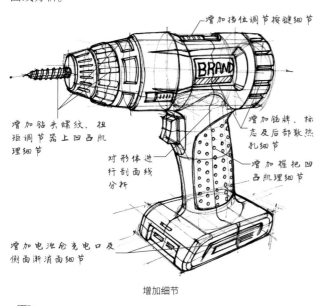

增加挡位调节按键细节

增加钻头螺纹、扭矩调节器上凹凸肌理细节

对形体进行剖面线分析

增加铭牌、标志及后部散热孔细节

增加握把凹凸肌理细节

增加电池仓充电口及侧面渐消面细节

增加细节

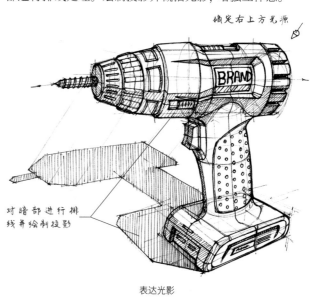

确定右上方光源

对暗部进行排线并绘制投影

表达光影

提示 在增加细节前，需保持线稿干净，待绘制好细节后再进行强调和明确，如钻头后部散热孔细节处的表现。

5.5.6 有机形体：理发器的绘制

　　下面以一款理发器为例，讲解有机形体在实际产品中的应用。理发器作为典型的手持类设备，需考虑操作时手感的舒适度，因此其设计符合人手的曲线造型，即有机形体。有机形体经常会被搭配渐消面，表现产品高品质、高效率、强劲有力或流线优美的特质。该款理发器在倒角方面主要应用了倒圆角和倒内切角。

扫码看视频

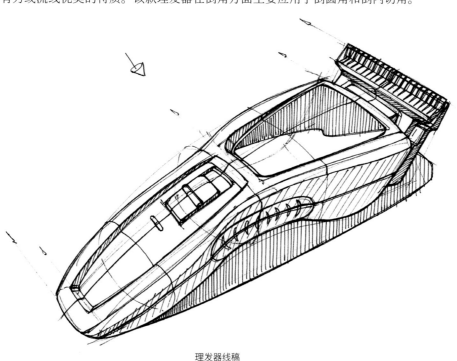

理发器线稿

01 起稿。 首先绘制一条倾斜的曲线,作为产品形体的中轴线,代表产品水平放置于桌面并成一定角度。然后使用较轻的线条绘制理发器手柄机体部分和刀头部分,机体部分主要应用曲线构建自由有机形态,刀头部分主要应用直线构建斜切方体形态,表现出产品的基本形态。最后通过绘制截面,约束和交代机体的形体特征。

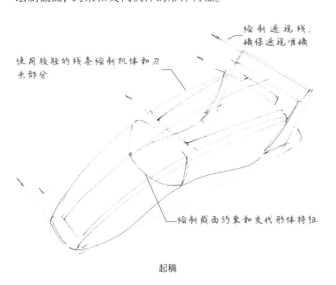

绘制透视线,确保透视准确

使用较轻的线条绘制机体和刀头部分

绘制截面约束和交代形体特征

起稿

02 确定形体。 首先在基本形体的基础上对中间部分进行凹陷处理。然后绘制刀头部分的具体形态和内部渐消面。接着对屏幕部分进行分型处理,增加开关按键。最后使用流畅、肯定的曲线对已确认形体的轮廓线、结构线和分型线进行复描强调,明确形体的最终结构。

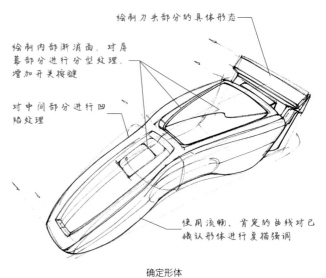

绘制刀头部分的具体形态

绘制内部渐消面,对屏幕部分进行分型处理,增加开关按键

对中间部分进行凹陷处理

使用流畅、肯定的曲线对已确认形体进行复描强调

确定形体

03 增加细节。 增加刀头锯齿、开关按键凸起、侧面腰身防滑肌理、分型线及厚度等细节。然后使用单线对形体进行多条剖面线分析,明确形体起伏结构。接着绘制屏幕上的反射曲线,为概括表达光影做好准备。

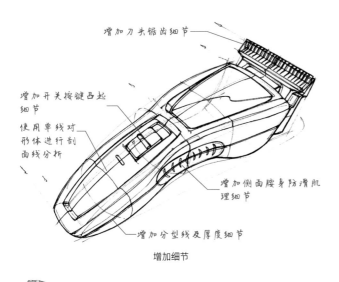

增加刀头锯齿细节

增加开关按键凸起细节

使用单线对形体进行剖面线分析

增加侧面腰身防滑肌理细节

增加分型线及厚度细节

增加细节

04 表达光影。 设定光源的位置在左上方,对机体右下侧面的暗部、屏幕反射的重色区域进行排线处理。绘制投影,概括光影关系。最后调整画面的线性关系,增强线稿的立体感。

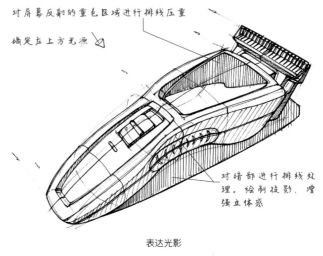

对屏幕反射的重色区域进行排线压重

确定左上方光源

对暗部进行排线处理,绘制投影,增强立体感

表达光影

提示 在增加细节时,需考虑其使用功能和实用价值,不要为了丰富画面而增加无用的细节。

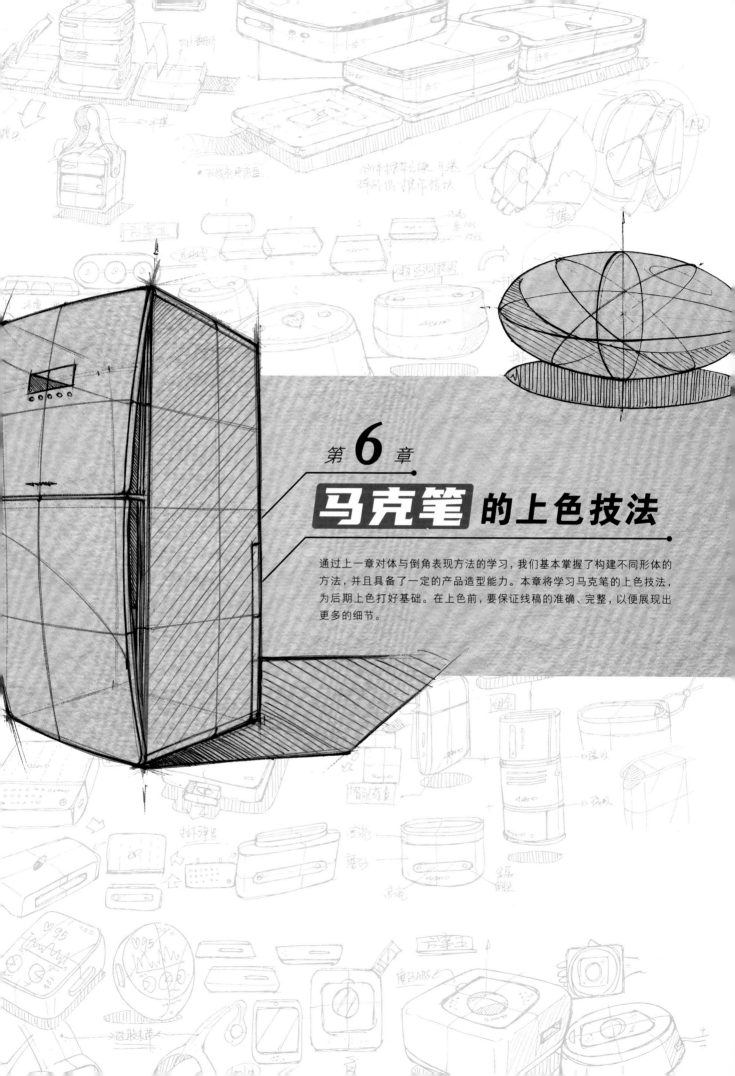

第 **6** 章

马克笔的上色技法

通过上一章对体与倒角表现方法的学习，我们基本掌握了构建不同形体的方法，并且具备了一定的产品造型能力。本章将学习马克笔的上色技法，为后期上色打好基础。在上色前，要保证线稿的准确、完整，以便展现出更多的细节。

6.1 马克笔的基本用法

马克笔是一种使用方便、成本较低的上色工具，具有颜色通透、不易变色、笔法多变和表现丰富的优点，因此成为设计师进行手绘上色的主要工具。使用马克笔具有一定的技巧，接下来具体介绍马克笔的用法。

6.1.1 颜色介绍

通过观察可以发现，有些马克笔笔盖的颜色与实际绘制出的颜色存在色差。因此我们需要制作色卡，避免在绘画过程中反复试色或出现上错色的情况。

法卡勒（FINECOLOUR）一代马克笔　　　　　　　　　　　　马克笔补充墨水

以下是常用的马克笔色号，供读者参考。

黄色系	Y225		Y226		Y5	
橙色系	YR157	YR177	YR178	YR156	YR160	R215
红色系	R137		R140		R146	
棕色系	E246	E247	E180	E20	E164	E165 / E166
黄绿色系	YG24		YG26	YG27	YG30	YG37
草绿色系	G46		G48		G50	
青色系	BG68		BG69		BG70	BG71
天蓝色系	B234		B236		B238	
深蓝色系	B241		B242		B243	
淡紫色系	BV192		BV197		BV195	BV193
粉红色系	RV211		RV212		RV202	
肤色系	173			218		
冷灰色系	CG269	CG270	CG271	CG272	CG273	CG274
暖灰色系	YG260	YG262	YG263	YG264	YG265	YG266
黑色	191					

6.1.2 笔头介绍

马克笔按笔头可分为单头和双头，我们一般选择双头的马克笔进行上色。双头马克笔一端为细圆头笔尖（细头），一端为扁方楔形笔尖（宽头）。细头也叫圆头，宽度在1mm左右，可用来勾线，也可用来上色，多用于小面积填色和细节刻画。宽头也叫斜方头，宽度为2~6mm，一般用于大面积填色和层层渲染过渡，使用其侧峰可绘制出纤细的线条。

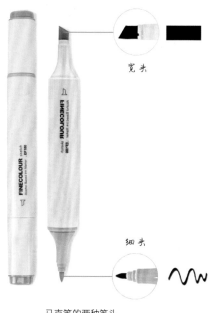

宽头

细头

马克笔的两种笔头

细头的使用方法与普通笔并无太大差异。宽头作为一种比较特殊的笔尖，在绘制时需要注意使笔头的斜面与纸面平行对齐，避免产生参差不齐、断断续续的笔触。在使用马克笔上色时，用较轻的力度即可。另外，运笔速度也是影响上色效果的因素，运笔速度越快，笔尖与纸面接触的时间越短，出水越少，越容易出现填色不饱满的情况；运笔速度越慢，笔尖与纸面接触的时间越长，出水越多，越容易出现颜色晕染和淤积的情况。

宽头呈斜方形，材料为硬质纤维，利用笔头的不同位置可以绘制出4种粗细的笔触。通过调整握笔角度，还可以绘制出一些更细的笔触。

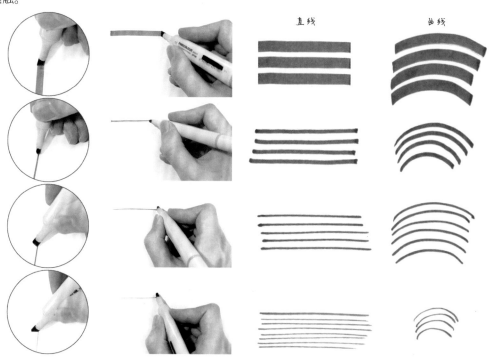

直线　　　　曲线

使用马克笔宽头绘制不同粗细的笔触

马克笔作为一种专业的上色工具，其宽头的作用尤为突出，因此只要掌握了马克笔宽头的使用方法，就可以绘制出自己想要的任何线条和色块。

 提示 想要熟练使用马克笔，必须熟悉宽头各个方向的笔触，如纵向、横向和斜向等。读者可在一张A4纸上练习，以熟悉宽头的使用方法。

6.1.3 笔法使用

马克笔宽头的基本笔法包括摆、扫、点3种。摆即摆笔触，力度均匀地平移笔尖进行绘制；扫即扫笔触，类似于线条训练中的射线，由一端出发向后快速抬笔绘制出发射性笔触；点即点笔触，此处的点不同于传统意义上的小圆点，它强调的是由宽头绘制出方形点状笔触。

- **摆笔触**

在进行摆笔触练习时，笔尖斜面与纸面平齐，笔杆与纸面成45°角，水平方向运笔。需注意头尾处不要顿笔，避免两端的颜色堆积，产生深浅不一的效果。读者需要掌握轻落笔、快抬笔的技法，从而绘制出均匀的颜色。

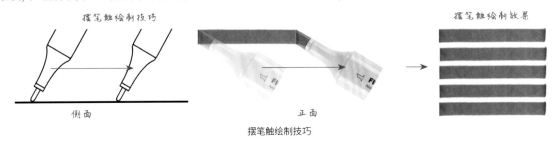

摆笔触绘制技巧

- **扫笔触**

在进行扫笔触练习时，笔尖斜面与纸面平齐，笔杆与纸面成45°角，水平方向运笔。同样需注意落笔要轻，避免头部出现颜色堆积。扫笔触的运笔速度稍快，可在尾部拖扫出逐渐减淡的笔触。通过控制后端抬笔的位置，可绘制出不同长度的扫笔触。

扫笔触绘制技巧

- **点笔触**

在进行点笔触练习时，需注意宽头点出的笔触为小方形或小平行四边形，且笔触的边缘清晰。

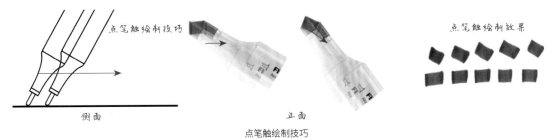

点笔触绘制技巧

6.2 马克笔的上色技巧

前面我们学习了马克笔的基本用法，接下来学习马克笔的上色技巧。本节主要讲解叠色法、干画法和湿画法的技巧。

6.2.1 叠色法

这里我们选择法卡勒（FINECOLOUR）马克笔。它是一种酒精马克笔，渗透力比较强，因此具有可叠加的特性。使用时，随着叠加次数的增多，颜色会逐渐变深。下图是使用了同一支马克笔叠加不同次数后的效果。当叠加次数超过4次时，就会出现浮色和过度晕染的现象，因此需避免进行过多次数的叠加。当然，可叠加的次数也与纸张的厚度和质量有关系。一般来说，纸张越薄，可叠加的次数越少；纸张越厚，可叠加的次数越多。

用同一支马克笔叠加不同次数的效果

马克笔绘制颜色的深浅与颜料进入纸张纤维的多少有关，纤维间隙中的颜料越多越饱和，绘制的颜色就越深。一般来说，绘制第一次后，颜料在纸张纤维中的饱和度大约为50%；二次叠加后，颜料饱和度大约为70%；3次叠加后，颜料饱和度大约为90%；4次叠加以上，颜料基本上会100%浸透纸张，达到极限。此变化可以通过纸张反面观察到。

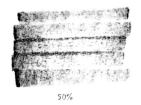 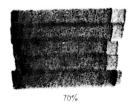  

| 50% | 70% | 90% | 100% |

纸张反面渗透效果

使用同一色号进行不同次数的叠加，可以产生该颜色不同深浅的效果。如果叠加4次后颜色还是达不到要求的深度，就需要更换色号了。前面用到的色号是YG265，在加深时可以选择YG266一步到位。

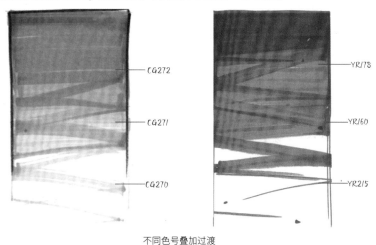

不同色号叠加过渡

提示 在进行不同色号叠加时，需注意先上浅色，然后上深色，让颜色的过渡更自然。如果先上深色，然后上浅色，则可能会导致浮色和晕染等情况出现，从而破坏笔触效果和整体上色效果。

6.2.2 干画法

干画法可以理解为较为干脆的画法，每次笔触叠加时间间隔3~5秒，即等酒精挥发、水分干透后进行叠加，其颜色跨度较大，属于跳跃式过渡。下图使用的是色号为CG270、CG271、CG272的冷灰色，根据先浅后深的基本规律，逐步进行干画法的叠色绘制。

干画法的特点为笔触干脆明显，颜色对比强烈，色号跨度大，适合表现高亮光滑的镜面反射材质的产品。另外，干画法进行速度快，也很适合表现前期草图和简单配色图。

干画法

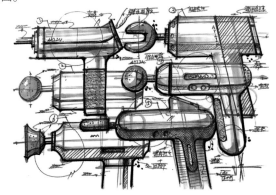

前期概念草图

提示 在使用干画法时，每个颜色的叠加时间间隔3秒左右，待干透后再进行更深色的叠加，这样就能让颜料固定在纸张纤维中，不易发生二次晕染扩散。在叠加过程中，笔触由粗到细，通过切换运笔角度绘制出"之"字线。注意"之"字线的角度不宜过大，一般为15°~30°。

6.2.3 湿画法

湿画法比干画法湿润一些，即使用的墨水更多，水分更足，需要在画面湿润时进行颜色的叠加和晕染。其颜色过渡更加柔和自然，属于渐变式过渡。下图使用的是色号为CG270、CG271、CG272的冷灰色，根据先浅后深的基本规律，逐步进行湿画法的叠色绘制。

湿画法的特点为笔触相对柔和，运笔较慢，层层晕染，色号跨度小，适合表现粗糙的漫反射材质的产品。干画法和湿画法各具特色，可以表现不同材质的产品，我们需要掌握并结合使用，以求获得更佳的表现效果。

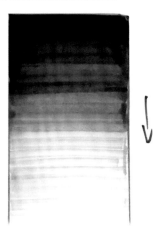

湿画法

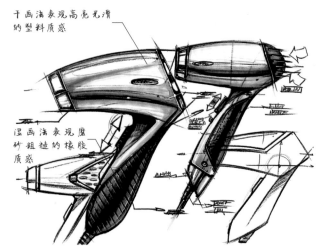

干画法表现高亮光滑的塑料质感

湿画法表现磨砂粗糙的橡胶质感

干画法和湿画法实际应用图例

提示 在使用湿画法时，先画浅色，然后叠加深色，趁颜料还未干时用中间色过渡。使用湿画法需借助酒精性墨水的二次晕染对颜色进行调和，使不同的颜色过渡更加自然，从而达到水墨画般的渐变效果。

在绘制效果图时，需要根据产品部件的不同质感来选择使用干画法还是湿画法。因此在临摹阶段，需要对临摹对象进行分析，思考"设计师使用了什么表现方法、使用的原因是什么、这样表达带来的好处有哪些"等一系列问题，这样才能实现有效的临摹学习。

6.3 笔触的训练方法

前面我们学习了马克笔的基本用法和上色技巧，接下来学习笔触的训练方法。在进行笔触训练时，需结合干画法和湿画法来完成灰色系和彩色系的渐变填充。由于在绘制效果图时会用到各个方向的笔触，因此在训练时也需要兼顾各个方向，包括纵向、横向和斜向，可以自上而下（由左到右）过渡，也可以自下而上（由右到左）过渡，还可以由中间向两边过渡。笔触的深浅代表色彩的虚实关系，浅色代表虚，深色代表实。

马克笔笔触的训练

下面示范干画法和湿画法的训练方法，读者在绘制过程中要注意比较两种画法的使用技巧。

颜色：CG270 ▓▓ CG271 ▓▓ CG272 ▓▓

01 绘制边框。 使用针管笔绘制两个边框，下方不用封闭。下图中左侧使用干画法绘制，右侧使用湿画法绘制。

02 干画法初步铺色。 使用CG270 ▓▓ 进行铺色，先用摆笔触的方法绘制上半部分，然后用画"之"字的方法绘制下半部分。自上而下从粗到细的变化代表颜色逐渐变浅，是一种概括的画法。

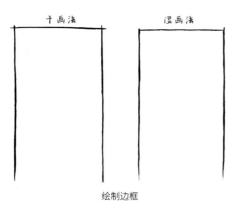

绘制边框

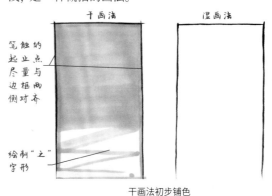

干画法初步铺色

 提示 笔触的起止点尽量与边框两侧对齐，如果出现空隙可用扫笔触的方法填充。

03 干画法第二次叠色。 使用CG271 ▓▓ 进行颜色的叠加，上半部分仍然用摆笔触的方法铺色，下半部分用画"之"字的方法过渡。

04 干画法第三次叠色。 使用CG272 ▓▓ 通过摆笔触的方法加重顶端部分，在第二遍灰色的1/2处衔接"之"字线。至此，完成干画法笔触训练。

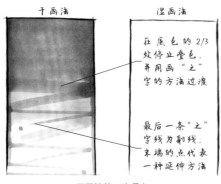

干画法第二次叠色

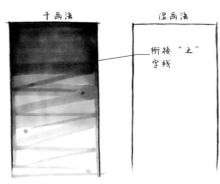

干画法第三次叠色

05 湿画法初步铺色。 使用CG270■■■■进行第一遍从头至尾的铺色。

🔧 **提示** 可使用摆笔触的方法进行水平铺色，也可来回运笔均匀着色，力求上色均匀自然，避免出现水痕。

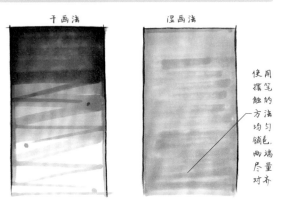

湿画法初步铺色

06 湿画法第二次叠色。 趁着水分未干，使用CG271■■■■进行第二遍颜色的叠加。在两层颜色的交界处使用CG270■■■■进行润色，形成自然的过渡。

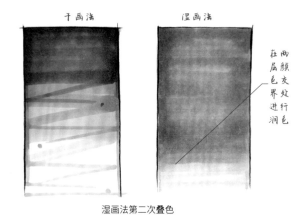

湿画法第二次叠色

07 湿画法第三次叠色。 趁着水分未干，使用CG272■■■■进行第三遍颜色的叠加，并在第二遍铺色2/3处停止。在两层颜色的交界处使用CG271■■■■进行润色，形成自然的过渡。至此，形成过渡和缓的水墨般的画面效果。

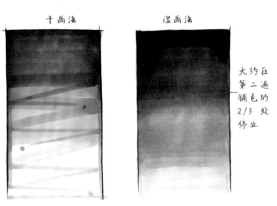

湿画法第三次叠色

🔧 **提示** 使用CG271■■■■进行二次叠加后，笔触之间会产生明显的分界线，为了达到自然过渡的效果，我们可以使用CG270■■■■在水分未干时进行二次晕染。这里使用的是冷灰色系进行演示，在使用其他色系时，只需要以稍浅的颜色对边界处进行二次晕染即可。

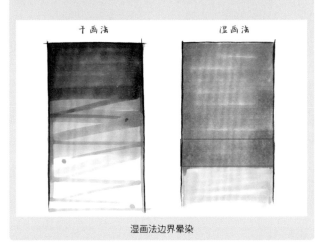

湿画法边界晕染

我们可以根据以上所学内容来制作干画法和湿画法的渐变色卡。这种渐变色卡对于后期绘制很有帮助，能够有效提升上色的准确性和效率。

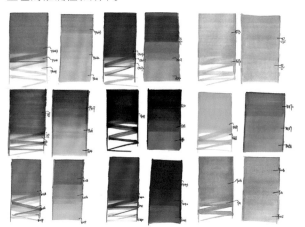

干画法和湿画法渐变色卡制作 1

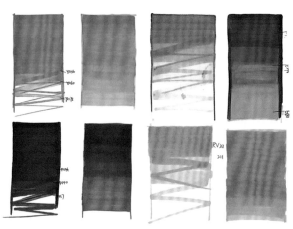

干画法和湿画法渐变色卡制作 2

6.4 上色应用示范

前面我们学习了马克笔的上色技法和笔触的训练方法，知道了如何绘制渐变效果。接下来我们学习如何应用前面学到的知识进行各种面的上色表达。

6.4.1 平面的绘制

在绘制明暗均匀的平面时，首先用马克笔宽头铺底色，然后从前到后或从左到右进行叠色，将颜色均匀填充至平面内。在边框出现一定倾斜角度时，需要使马克笔宽头的斜面与边框对齐，找到合适的运笔方向。一般用向外推着绘制的方法，这样能够时刻观察笔头，有利于保证收尾处与边框平齐。

扫码看视频

在绘制明暗渐变的平面时，首先要确定好光源方向，如果光源位于右侧，那么需要表现一种从左上到右下颜色逐渐变浅的效果，距离光源越近，颜色越浅。如果光源位于左侧，那么需要表现从右下到左上颜色逐渐变浅的效果，距离光源越近，颜色越浅。为了更好地表现颜色的过渡，我们可以使用干画法和湿画法结合的方法。

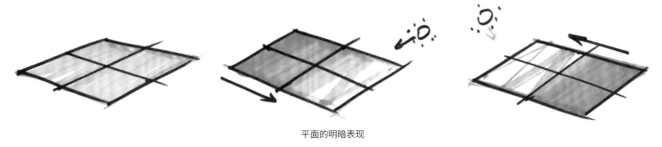

平面的明暗表现

颜色：CG270 ▨▨ CG271 ▨▨ CG272 ▨▨

01 绘制线稿。 使用针管笔绘制线稿，注意透视的准确性。上色时主要采用速度较快、笔触干练的干画法。

02 初步铺色。 确定光源的位置为左上方，因此左上方较亮，右下方较暗。使用CG270 ▨ 进行初步铺色，从左下方开始向斜上方绘制。

绘制线稿

用画"之"字的方法绘制，适当留白

初步铺色

03 第二次叠色。 使用CG271 ▨ 进行第二遍颜色的叠加，依旧在第一遍颜色的2/3处衔接"之"字线。

04 第三次叠色。 使用CG272 ▨ 加重底部颜色，并在第二遍颜色的1/2处衔接"之"字线。至此，完成平面的绘制。

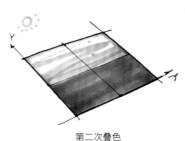

第二次叠色

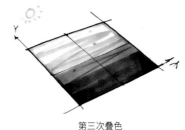

第三次叠色

🔧 **提示** 颜色的深度需根据实际需求进行加重，使用的颜色跨度越大，对比就越强。

6.4.2 曲面的绘制

在绘制曲面时，同样需要先确定光源。在绘制过程中，需遵循先浅后深的原则。先使用摆笔触的方法铺色，区分出曲面的受光部分和背光部分，注意留白高光区域，然后使用较深的颜色加重暗部，接着找到曲面鼓起来的位置，确定明暗交界线，用更深一点的色号进行强调，最后使用较浅的颜色进行笔触间的过渡，以此来表现曲面光影的平滑过渡。注意留出底部的反光，并对画面进行调整。

扫码看视频

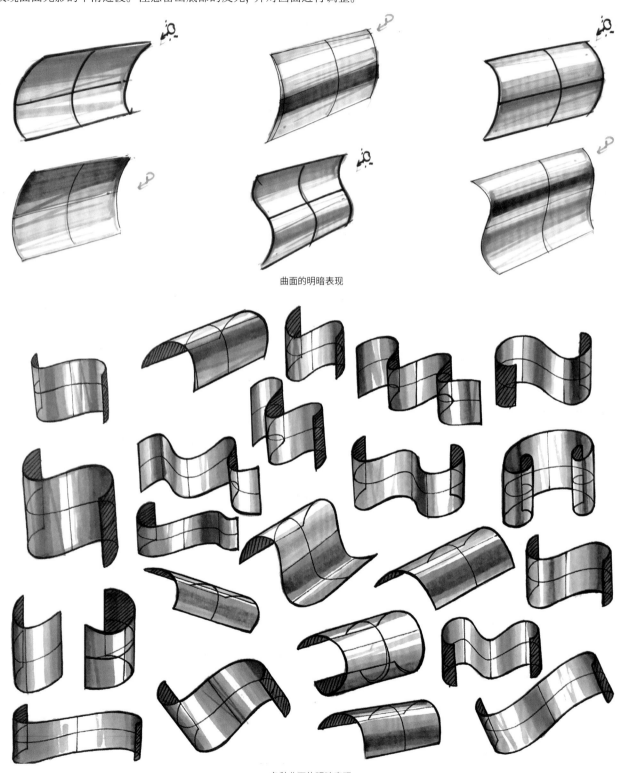

曲面的明暗表现

各种曲面的明暗表现

颜色：CG270   CG271   CG272

01 绘制线稿。 使用针管笔绘制曲面线稿,注意透视的准确性。

02 初步铺色。 分析曲面的光影,由于曲面向前鼓起,因此高光区域会出现在曲面的上1/3处,在曲面的下1/3处出现明暗交界线,底部留出反光。使用CG270 ▢▢ 进行勾边处理,并留白高光位置,完成初步铺色。

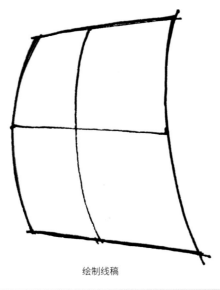

绘制线稿

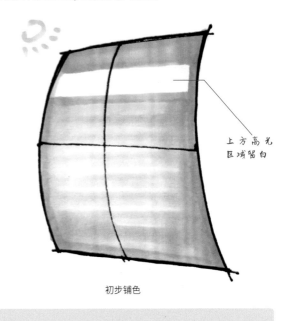

上方高光
区域留白

初步铺色

🔧 **提示** 笔触要沿着曲面的边线绘制,笔触间尽量不要留有缝隙或出现叠压。

03 第二次叠色。 使用CG271 ▢▢ 进行第二遍颜色的叠加,从曲面最鼓起的位置开始向下进行,将整个暗部的颜色加重。

04 第三次叠色。 使用CG272 ▢▢ 加重明暗交界线。用画"之"字的方法表示颜色的过渡,底部留出一定的反光,增加画面的透气性和立体感。至此,完成曲面的绘制。

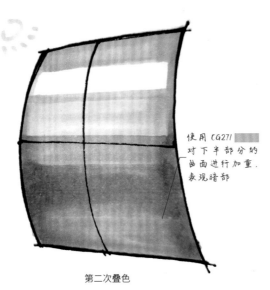

使用CG271 ▢▢
对下半部分的
曲面进行加重,
表现暗部

第二次叠色

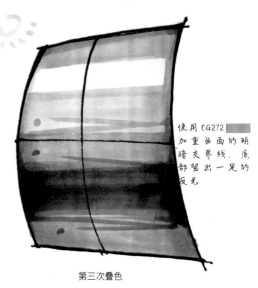

使用CG272 ▢▢
加重曲面的明
暗交界线,底
部留出一定的
反光

第三次叠色

🔧 **提示** 曲面下1/3处的明暗交界线的位置可重复加重,以标明最重的明暗交界线位置。

🔧 **提示** 在马克笔墨水很充足的情况下绘制这类具有明显边界的形体时,会发生扩散晕染、超出边界的情况。要解决这个问题有两种方法:一是在边框内部预留一定的间隙再下笔,使得颜色恰好扩散至边框;二是先用细头勾边,然后进行上色。

6.4.3 凹凸面的绘制

扫码看视频

在绘制凹凸面时，重点是理解形面因凹凸而产生的明暗光影变化。在绘制过程中，可通过切换马克笔的色号来表现形面的起伏关系。

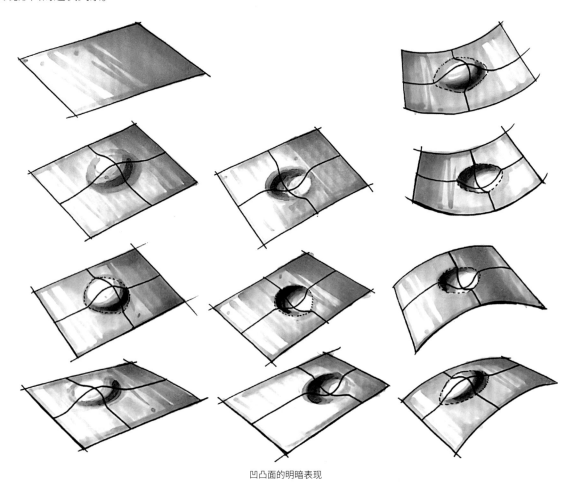

凹凸面的明暗表现

下图中，如果单独观察两个圆形，就无法判断其凹凸状态，即使进行了剖面线分析，也不能清晰展示凹凸状态。在这种情况下，必须掌握光影的正确表达方法。

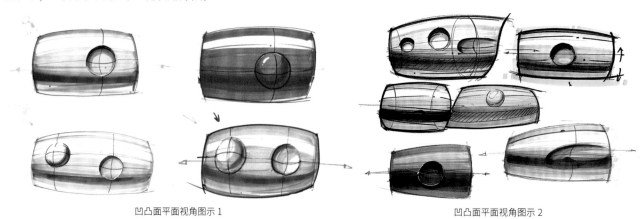

凹凸面平面视角图示1　　　　　　凹凸面平面视角图示2

颜色：CG270　　CG271　　CG272

提示 在进行整体铺色时，笔触要沿着物体的结构方向，中间部分的笔触为水平方向，物体向上下两侧鼓起时，笔触要根据形态的起伏而变化。在刻画凹凸球面时，要注意内部的自然过渡，塑造一种平滑圆润的曲面形态，受光区域可进行留白处理。

01 绘制线稿。 使用针管笔先绘制曲面的线稿,然后绘制两个圆形,左侧为凹陷,右侧为凸起。

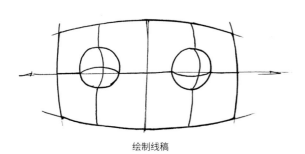

绘制线稿

🔧 **提示** 绘制好线稿后,会发现无法明确判断两个圆形的凹凸状态。这时就需要结合马克笔来进行明暗的表达,明确凹凸关系。

03 凹凸面铺色。 使用CG270▨▨对两个圆形进行上色。左侧为凹陷,由于遮挡关系,左上圆面为暗部,需加重处理。右侧为凸起,左上角为亮部,高光部分留白,右下圆面为暗部,需加重处理。

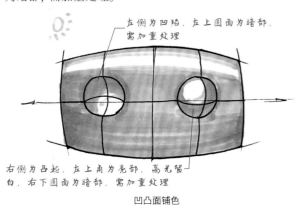

左侧为凹陷,左上圆面为暗部,需加重处理

右侧为凸起,左上角为亮部,高光留白,右下圆面为暗部,需加重处理

凹凸面铺色

🔧 **提示** 圆面中的笔触为曲线,可根据形态结构进行变化。

02 大曲面铺色。 确定光源位于左上方,因此曲面的明暗关系为上亮下暗。使用CG270▨▨先勾边,然后铺色。

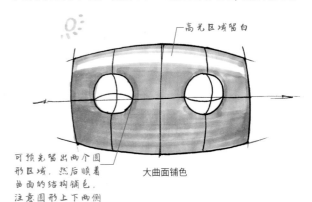

高光区域留白

可预先留出两个圆形区域,然后顺着曲面的结构铺色。注意圆形上下两侧的笔触略带弧度,中间的笔触较平

大曲面铺色

04 暗部加重。 使用CG271▨▨加重圆形凹凸面内部的暗面和明暗交界线,在曲面的1/2处开始绘制,底部留出一定的反光。注意整体与局部的和谐关系。

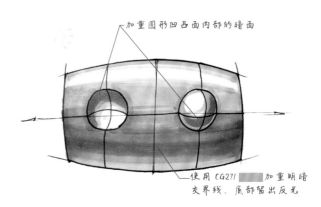

加重圆形凹凸面内部的暗面

使用CG271▨▨加重明暗交界线,底部留出反光

暗部加重

05 深入塑造。 使用CG272▨▨加重曲面靠下的明暗交界线和凹凸面的暗部。至此,完成凹凸面的绘制。

加重凹凸面的暗部

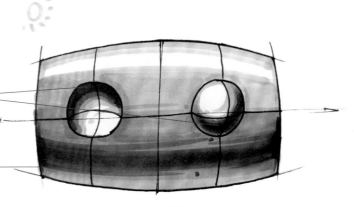

加重曲面靠下的明暗交界线

深入塑造

6.4.4 渐消面的绘制

在绘制渐消面时，可以结合使用不同色系的色号进行表现。首先确定好光源的方向，区分渐消面的受光与背光部分，即亮部和暗部，然后通过上色做出渐变效果，最后在形面出现起伏的地方进行细致的光影刻画。由于渐消面起伏而产生的遮挡关系，我们在右下部通过加重强调即可。

扫码看视频

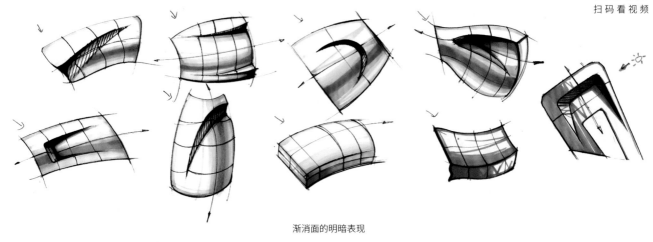

渐消面的明暗表现

颜色：CG270 ▉▉▉ CG271 ▉▉▉ CG272 ▉▉▉

---

01 绘制线稿并勾边。 先使用针管笔绘制线稿，然后使用 CG270 ▉▉ 对形面的边框进行勾边处理，以保证颜色不会超出边框。

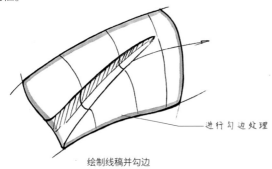

进行勾边处理

绘制线稿并勾边

02 初步铺色。 使用CG270 ▉▉ 进行大面积铺色，沿着形面的结构绘制，并注意高光区域的留白。使用CG270 ▉▉ 进行两遍笔触的叠加，明确明暗交界线的位置。

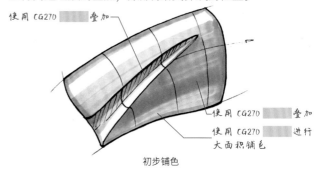

使用 CG270 ▉▉ 叠加

使用 CG270 ▉▉ 叠加

使用 CG270 ▉▉ 进行大面积铺色

初步铺色

🔧 **提示** 由于渐消面存在起伏变化，因此需要加重暗部和投影的颜色。

---

03 暗部加重。 使用CG271 ▉▉ 对暗部区域进行加重，尤其是渐消面的凹陷部分。在下方留出一定的反光区域，增加画面的透气性。

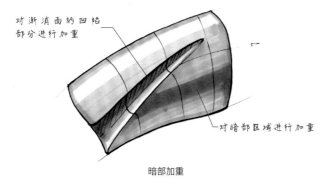

对渐消面的凹陷部分进行加重

对暗部区域进行加重

暗部加重

04 深入塑造。 调整整体画面，先使用CG270 ▉▉ 表现整体曲面的平滑过渡，然后使用CG272 ▉▉ 进一步对转折面下方产生的明暗交界线进行加重，强调明暗关系，增强立体感。

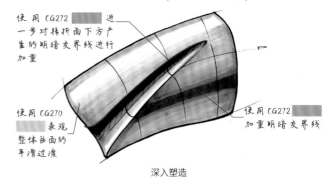

使用 CG272 ▉▉ 进一步对转折面下方产生的明暗交界线进行加重

使用 CG270 ▉▉ 表现整体曲面的平滑过渡

使用 CG272 ▉▉ 加重明暗交界线

深入塑造

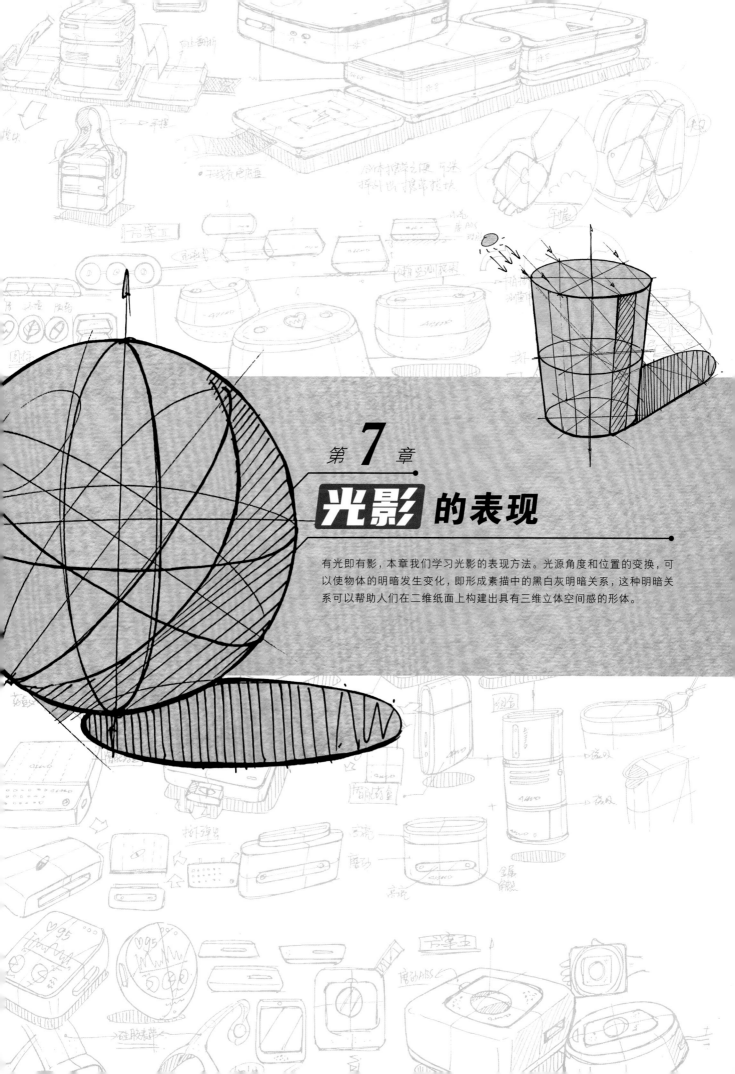

第 7 章

光影 的表现

有光即有影，本章我们学习光影的表现方法。光源角度和位置的变换，可以使物体的明暗发生变化，即形成素描中的黑白灰明暗关系，这种明暗关系可以帮助人们在二维纸面上构建出具有三维立体空间感的形体。

7.1 光源

光源通常指能够发出可见光的发光体,太阳、灯泡、日光灯管、燃烧着的蜡烛、手电筒和影棚灯都是常见的光源。受人眼的生理构造所限,人必须借助光才能看到世界万物。光线沿直线传播,照射到物体表面时会产生不同程度的反射,反射的光进入人眼,在视网膜上产生映像,最后由大脑进行处理、合成,我们才能看到物体。

生活中的各种光源

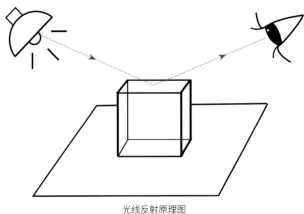

光线反射原理图

7.1.1 光源的作用

为什么要建立光源?光源有什么作用?我们通过以下两个例子加以说明。在美术专业的素描绘画中,我们通过对摆放好的静物进行写生来训练明暗光影关系。素描绘画中的光源多为单一的点光源,如在静物台一侧放置一盏台灯,台灯发出的光就能使摆放的静物产生明暗光影变化。

在影棚中拍摄时需要打光,此时光源除了影台边上的影棚灯,还有相机的闪光灯。这些光源构成了较为复杂的多光源系统,但它们是有主次之分的。因此在实际棚拍过程中,摄影师需要根据具体要求和情况进行多光源的架设,灵活处理拍摄对象的明暗光影关系。

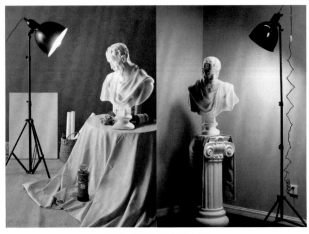

素描绘画静物台单光源设置

影棚多光源布光设置

通过以上两个例子,我们发现使用单一光源来统一物体的明暗光影关系,能够方便绘画表现。

7.1.2 光源的分类

根据光源来源的不同，我们可将光源分为自然光源和人工光源。自然光源为自然界中本身就存在的发光体，如太阳和荧光等；人工光源为人造的发光体，如白炽灯、日光灯和燃烧着的蜡烛等。

自然光源（太阳、荧光）　　　　　　　　　　　　　人工光源（白炽灯、日光灯、燃烧着的蜡烛）

根据光源属性的不同，我们可将光源分为点光源和面光源。点光源即通过一个点向外发射光线，光线呈放射状，因此又叫放射光源（如太阳、白炽灯、燃烧着的蜡烛等）。面光源即通过一个平面平行发射光线，光线近乎平行，因此又叫平行光源（如日光灯、天光等）。

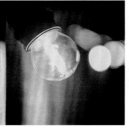

点光源（放射光源）　　　　　　　　　　　　　　面光源（平行光源）

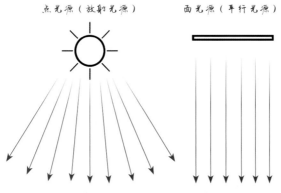

点光源（放射光源）与面光源（平行光源）示意图

根据光源数量的不同，我们可将光源分为单光源和多光源。单光源如一盏台灯，多光源如影棚中的多个影棚灯。

单光源　　　　　　　　　　　　多光源

根据光源角度的不同，我们可将光源分为30°、45°、60°光源（又叫作侧光）和90°光源（又叫作垂直光源或顶光）等。

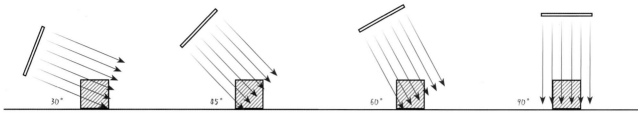

不同角度的光源

根据光源冷暖的不同，我们可将光源分为冷光源（如荧光等）、暖光源（如白炽灯、太阳、燃烧着的蜡烛等）和中性光源（如中性光灯管）。冷光源发出的光为偏冷色调的蓝紫色光，暖光源发出的光为偏暖色调的红黄色光，中性光源发出的光为没有冷暖倾向的纯白光。

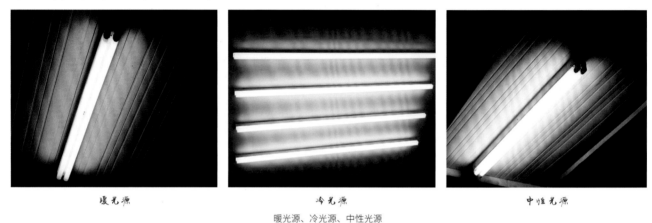

暖光源　　　　　　　　　　　冷光源　　　　　　　　　　　中性光源

暖光源、冷光源、中性光源

光源的来源、属性、数量、角度和冷暖的不同直接导致被照射的形体产生不同的明暗光影变化，进而影响整体的光影氛围。因此在表现画面时，需要先确定光源的种类和性质。

一般来说，在进行产品设计手绘的明暗光影关系表达时，我们会选择左上方或右上方单一45°平行中性光源作为主要光源。此光源属于侧光，能更好地表现物体的立体感和空间感，且更容易被理解和掌握。

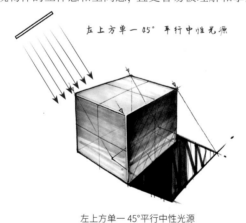

左上方单一45°平行中性光源

左上方单一45°平行中性光源

🔧 **提示** 在架设光源时，我们应避免顺光和逆光，即物体全部处于暗影中和全部处于亮光中的情况，这两种光影均很难表现出物体的立体感。也就是说，我们要尽量选择侧光。

顺光	逆光	侧光

7.2 光影的明暗关系

在产品设计手绘中，明暗光影关系的表达是非常重要的一环，也是表现物体空间层次感重要的手法。

7.2.1 明暗光影关系解析

明暗光影关系也叫作素描关系或黑白灰关系，指的是画面中黑色、白色与灰色不同深浅色阶的比例和位置关系。明暗关系包含光影关系，光影与物体固有色共同影响整体的明暗关系。素描绘画可以分为光影素描和结构素描。光影素描是对物象所处的复杂的光影环境进行整体表现。而结构素描则是舍弃光影，通过控制线条颜色的深浅来表现结构，塑造物体的立体感。产品设计手绘线稿其实是由结构素描演变而来的，其注重结构形态的分析绘制，通过区分线性关系和应用排线进行暗部光影的概括，使线稿具有初步的立体感。

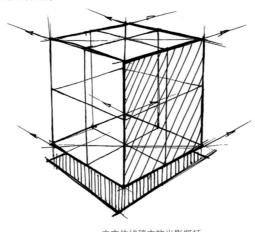

立方体线稿中的光影概括

在线稿阶段进行光影概括对后期上色具有重要的指导作用，有助于准确表达物体的明暗光影关系。因此绘图前就要在大脑中架设好光源，始终采用统一的光源对明暗关系进行区分。处理好明暗光影关系可以增强画面的表现力，增加产品的空间立体感。

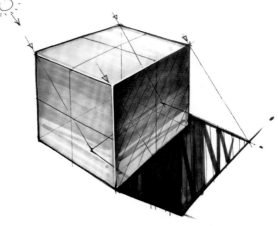

立方体明暗光影的表达

明暗光影的表达建立在形体结构准确的基础上，光影依附于形体同时服务于形体，利用光影能够更好地丰富形体。遵循这一原则，能有效避免形不附体、光影混乱和空间立体感不强等问题。

在外观结构相同的前提下，影响物体明暗光影关系的因素主要有4个，即固有色、光源、空间透视和环境光。固有色即物体本身的颜色，物体本身的颜色重，明暗光影关系整体就偏重，反之则浅。光源包含大小、强弱、远近、高低等细分因素，光源越大、越强、越近、越低，明暗光影关系越强烈、对比度越高，反之则明暗光影关系越弱、对比度越低。空间透视具体表现为近实远虚，距离越近，对比越强，反之越弱。环境光是周围环境或物体由于反射光线对物体造成的补光，也叫作反光。环境光对物体明暗光影的影响主要体现在光滑的高反射材质上，如金属和塑料等。环境光越亮，给物体的补光就越多，就会使物体显得越亮，反之越暗。当周围环境或物体为彩色时，它们也会将彩色反射到物体上。

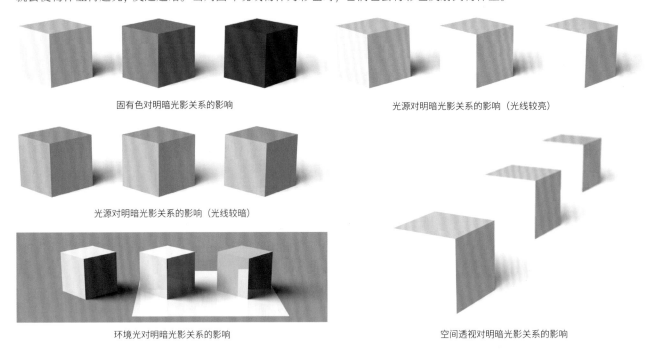

固有色对明暗光影关系的影响　　　　　　　　　　光源对明暗光影关系的影响（光线较亮）

光源对明暗光影关系的影响（光线较暗）

环境光对明暗光影关系的影响　　　　　　　　　　空间透视对明暗光影关系的影响

在进行产品设计手绘时，除了自行设置光源，还可以将产品形体的光影概括为三大面和五调子。三大面和五调子是西方绘画体系中素描教学所用的专业术语，指具有一定形体结构和材质的物体受光源的影响，在自身不同区域所体现的明暗变化规律。

7.2.2 三大面与五调子

明暗光影关系中的三大面即亮面、灰面和暗面。我们以立方体和球体为例来分析物体在光影范畴中的各个因素，以期通过理解立方体和球体的明暗光影关系达到举一反三的效果。

亮面为物体的受光面，受到光线的直射，是形体上受光较多、较亮的部分，属于黑白灰关系中的白。灰面为物体亮面向暗面过渡的区域，属于黑白灰关系中的灰。暗面为物体的背面光，是形体上受光较少的部分，属于黑白灰关系中的黑。分析明暗光影关系时，只有区分出亮灰暗三大面，才能够建立起黑白画面中基本的黑。

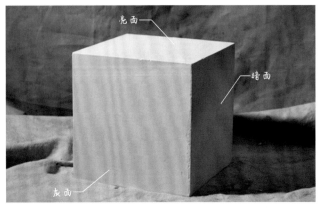

立方体三大面图示

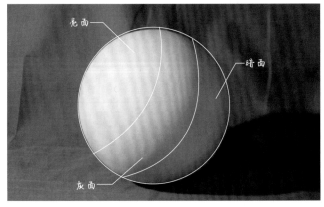

球体三大面图示

提示 在产品设计手绘中，安排产品的三大面时可以将产品的主要功能面作为亮面或灰面，避免将功能面隐没于暗面中，造成表达模糊，给人带来困扰。另外还要注意，灰面区域最能展示形体的固有色，而亮面和暗面区域分别对固有色进行了提亮和加重。且灰面空间位置相对靠前，根据前实后虚透视原理，灰面区域内的形体更加细致具体，可用来展示主要功能面。因此在设置三大面时，需要综合考虑实际需求和展示效果。

三大面又可以细分为五调子，具体包括高光、亮灰部、明暗交界线、反光和投影。

高光：亮面的一部分，是物体受光部分最亮的区域，表现的是物体直接反射光源的部分，多见于质感比较光滑的物体，质感粗糙的物体高光反射不太明显。

亮灰部：属于侧光面，是亮部与明暗交界线之间的灰阶过渡区域。

明暗交界线：背光面（暗面）的一部分，是区分物体亮部与暗部的区域，一般为物体的结构转折处。（明暗交界线不是指具体的哪一条线，它的形状、明暗、虚实都会随物体结构转折而发生变化。）

反光：背光面的一部分，是物体的背光部分受其他物体或物体所处环境的反射光影响的区域。

投影：背光面的一部分，是物体本身遮挡光线后在空间中产生的暗影。

形体中只要出现面的转折就会发生明暗光影变化，不同形体上的高光和明暗交界线的变化也会有所不同。在高光方面，立方体的高光位置为面的转折处，即转折棱线的上方，其高光形成一条明亮的"线"；而球体的高光会受光源影响形成一个椭圆形向外扩散的"白点"。在明暗交界线方面，当面与面转折呈明确角度时，如在立方体中，明暗交界线为由亮面向暗面转折的"线"，即在亮面转到灰面、灰面转到暗面处均会出现明暗交界线，只是明暗程度有所不同，请读者注意区分。球体的明暗交界线不再是一条"线"，而是一个两头尖中间粗的圆区域，向亮面和暗面柔和过渡。

立方体五调子图示　　　　　　　　球体五调子图示

提示 特殊形体、特殊材质的物体受光源影响不会发生明确的三大面、五调子的变化，如液体、玻璃和金属等。读者进行观察和表现时应区别对待，在整体关系的框架下找到物体的独特魅力。

7.2.3 虚实关系

空间透视规律中的近实远虚同样适用于明暗光影关系。距离眼睛越近的位置，我们观察到的细节越清晰丰富，明暗对比越强；距离眼睛越远的位置，我们观察到的细节越模糊，明暗对比越弱。这样，就产生了强烈的空间感和立体感。

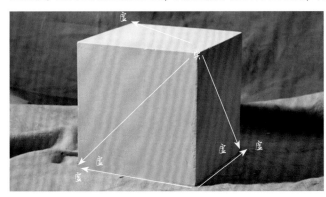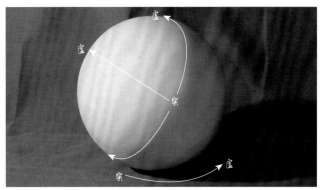

立方体虚实图示　　　　　　　　　球体虚实图示

通过观察石膏几何体可以发现，立方体距离我们最近的顶点最实，因此我们从顶点出发向后、向下进行虚化。球体离我们最近的鼓起部分最实，因此我们从鼓起向四周进行虚化。同时，还要注意物体的投影同样具备前实后虚的变化规律。

提示 值得注意的是，画面中物体的明暗光影关系受到两方面因素的影响。一是光源，距离光源越近，物体越亮，反之越暗；二是空间，空间位置靠前，明暗对比强烈，空间位置靠后，明暗对比弱。因此在实际应用中，我们需要分辨明暗光影关系具体受哪种因素的影响。

7.3 明暗交界线的表达

明暗交界线是产品设计手绘中凸显立体感的重要明暗要素，因此需要特别强调寻找不同形体明暗交界线的方法和规律。

下图设定的是左上方45°平行光源。通过观察可以发现形体的明暗交界线往往不止一条，我们将其划分为主明暗交界线和次明暗交界线。主明暗交界线为物体上由亮面向暗面转折产生的交界线，其颜色层次最深，是物体上明暗对比相对强烈的部分。次明暗交界线为物体上由灰面向暗面或由亮面向灰面转折产生的交界线，其颜色层次为次深。同时，还要注意当物体被放置在平面上时，明暗交界线结束的位置就是投影开始的位置。

不同形体的明暗交界线

立方体的明暗交界线有两条较重的线和一条较轻的线，从前往后呈现由实到虚的变化，因此明暗交界线的明暗关系呈现由深到浅的变化。这是由于距离我们最近的顶点对比度最高，虚实关系最实。注意，方正形体的明暗交界线特征都可以立方体为基础进行延伸。

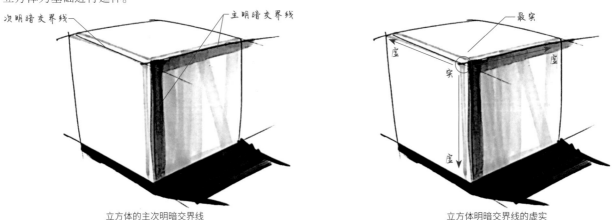

立方体的主次明暗交界线

立方体明暗交界线的虚实

圆柱体的明暗交界线有3条。第一条为顶部圆面与立面转折产生的"线"，最实且最重，从前端距离我们最近的点向两侧变虚。第二条为立面曲面背光区域内的一个曲面区域，有一定的宽度，自上而下由实转虚。第三条位于立面左侧由亮部向后面的灰部过渡的地方，为次明暗交界线。立面的明暗交界线向前平缓过渡至亮面，向后平缓过渡至暗面。

简单来说，圆柱体立面明暗交界线的位置可以概括为在1/3处，与之对应的高光区域则在另一侧的1/3处。此种方法最易于表现立体感。

圆柱体的主次明暗交界线

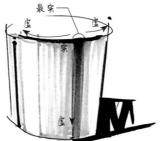

圆柱体明暗交界线的虚实

圆台体的立面明暗交界线根据结构发生倾斜变化，而圆锥体的明暗交界线为自上而下、由实转虚（由重到轻）的一个射线区域。与圆柱体的明暗光影关系相似，二者的高光都位于左侧受光面的1/3处，明暗交界线的虚实关系均为由上而下、由实转虚。

圆台体与圆锥体的明暗交界线位置及虚实

球体的明暗交界线可理解为两条明暗交界线的融合，呈现出两头尖、中间粗的"月牙"形，一条为从左到右转折产生的明暗交界线，另一条为从上到下转折产生的明暗交界线。明暗交界线的弧度应顺着球体结构，给人一种"包裹感"，虚实关系由距离最近的最实处向四周逐渐转虚。圆润形态的明暗光影关系都可以球体为参照。

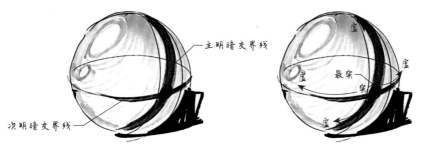

球体的主次明暗交界线　　　　　球体明暗交界线的虚实

在寻找曲面组合形体的明暗交界线时，需将两种形体的明暗交界线相结合，形成完整的明暗交界线。曲面形体的明暗交界线根据曲面流动方向发生曲度变化，因此会形成新的、起伏的明暗交界线。下图中的曲面由于向内凹陷，因此背光区域在曲面的上部分，新的明暗交界线出现在曲面的上沿，新的次亮高光出现在曲面的下沿。

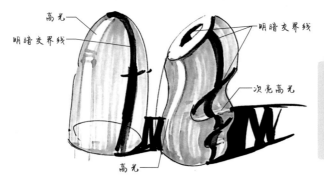

组合曲面形体的明暗交界线位置及虚实

提示 这里针对不同形体寻找明暗交界线的方法总结一个容易记忆的规律：当面的转折成一定角度时，明暗交界线为一条棱边处背离光源的"线"；当面的转折为柔和曲面时，明暗交界线为一个弧面区域。只要发生面的转折就会产生明暗交界线，但无论是成角度的干脆转折还是成弧度的柔和转折，明暗交界线都一定要顺应形体结构的发展。

7.4 投影的表达

投影对于塑造物体的立体感和空间感具有至关重要的作用。在不同属性和角度的光源下，投影会发生不同的变化。

7.4.1 投影产生的原因

投影是一种光学现象，其产生需要具备3个条件。首先是要有光（点光源、散射光），其次是物体不透明（遮挡物），最后是要有投影平面。第一个条件很好理解，没有光源就没有光，空间就会一片漆黑，自然也就观察不到物体。第二个条件是物体需要为不透明材质，对光线具有一定的遮挡作用，如果是完全透明的玻璃，在光的照射下就不会产生明显的投影。第三个条件是需要有投影的平面，也就是物体需要被放置在一定的平面上，如桌面或地面，如果物体漂浮在太空中肯定无法产生投影。

下图为在左上方45°点光源下的投影。我们可以发现点光源的光线呈放射状，且每条光线与地面的夹角都不同，通过连接光源和长方体的顶面4个顶点可以得到光线与地面的交点，将地面上的点连接即产生投影区域。在不同灯光下，由于光源的角度不同，与地面产生的交点位置不同，所以投影的面积也不同。在同一灯光下，改变物体的位置和方向，其投影也会跟着发生变化。

下图是在左上方45°平行光源下的投影。由于光线成平行关系，因此分别画出穿过长方体顶面顶点的4条平行线，得到光线与地面的交点，将地面上的点连接即产生投影区域。平行光源的投影容易寻找，产生的投影面积较小，更适合在画面中表现，因此在产品设计手绘中运用较多。

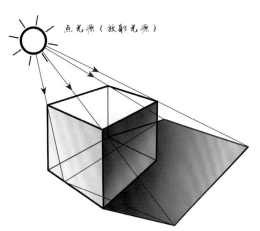

点光源（放射光源）投影的画法

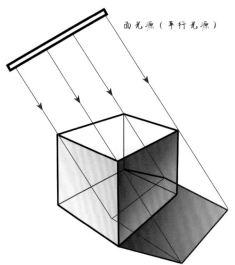

面光源（平行光源）投影的画法

提示 一定要注意光源与物体距离或光线角度对投影大小的影响：光源越近（角度越大），投影面积越小；光源越远（角度越小），投影面积越大。例如，我们走在路灯下时，距离路灯越近，影子越小；距离路灯越远，影子越大。因此我们在实际绘画中需自行设定合适的光源距离以表现投影面积的大小，这样就可以控制投影的面积，使其占用更少的画面空间。

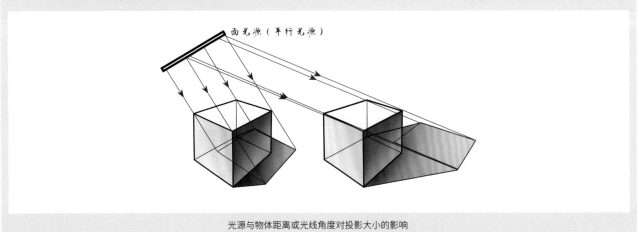

光源与物体距离或光线角度对投影大小的影响

7.4.2 不同投影的画法

根据不同的情况，我们可以将投影分为以下5类。

投影在平面上

投影在平面（桌面或地面）上时，按照光线的延长线与地面产生的交点绘制投影。投影区域全部落在平面上，会呈现平整的状态，在表现时应注意前实后虚（前重后轻）的关系。

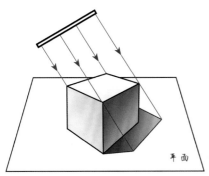

投影在平面上

部分投影在立面上

部分投影在立面（墙面）上时，需将该部分转换为竖直方向的立面投影。在平面上的投影保持不变，按照在平面上绘制投影的方法表现即可。

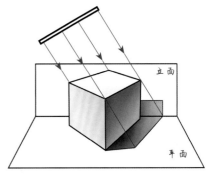

部分投影在立面上

部分投影在其他物体上

部分投影在其他物体上时，由于物体间的空隙较小，投影出现互相遮挡的现象。在绘制时，注意根据投影方向顺延至被投影物体表面。

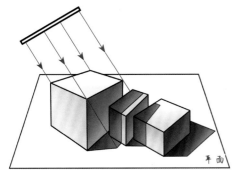

部分投影在其他物体上

物体自身产生的投影

物体因自身内部的凹凸、镂空而产生投影时，不仅需要绘制物体整体的投影，还需要绘制物体自身形体遮挡而产生的内部投影。在绘制时，注意内部与外部的投影方向与光线方向保持一致。

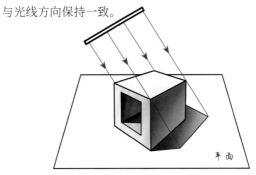

物体自身产生的投影

物体悬浮产生的投影

物体处于悬浮状态时，投影与物体底部会产生一段距离。在绘制时，注意投影会向着背光的一侧发生偏移。

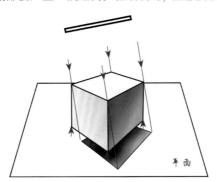

受空间透视与光源距离的影响，投影也具有前实后虚、前重后轻的规律。投影开始的位置在明暗交界线结束的位置，投影随光线和物体角度位置变化而变化。当我们想象不出具体的光影关系时，可以台灯为光源，自行摆放一些物体作为写生对象进行绘制。

7.5 光影的表达技巧

下面笔者以3种具有代表性的几何体为例，讲解明暗光影的表达技巧，带领大家了解平面形体、平面与曲面组合形体、曲面形体的光影规律。

7.5.1 立方体的光影表达

立方体是各种形体的基础形态，通过绘制立方体的明暗光影，可以帮助我们掌握最本源的三大面和五调子的明暗光影关系，进而概括和绘制其他延伸方体形态的明暗光影关系。

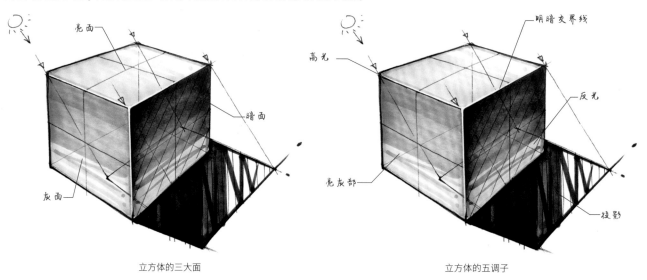

立方体的三大面　　　　　　　　　　　　　立方体的五调子

颜色：CG270　　　CG271　　　CG272　　　YG265　　　YG266

01 绘制立方体线稿。 下笔前先架设光源，这里我们选取最容易表达的左上方45°平行光源来绘制明暗光影。

02 绘制亮面和灰面。 先使用CG270　　对亮面进行初步铺色，将亮面后半部分留白，显示空间透视影响的前实后虚关系，注意使用"之"字线进行过渡，然后使用CG270　　以宽笔触对灰面进行均匀铺色。

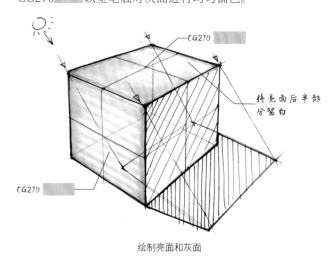

绘制立方体线稿　　　　　　　　　　　　　绘制亮面和灰面

> **提示** 可以将光源的方向标注出来，提醒自己时刻谨记光源对明暗光影关系的影响。根据光源的方向，确定亮面为顶面、左下面为灰面、右下面为暗面。暗面经过平行渐变的排线处理，概括了暗面光影关系，代表底部受反光影响，此时线稿对上色起到提示作用。

154

03 暗面铺色。 使用CG271▮▮▮对暗面进行摆笔触铺色处理。

04 灰面叠加过渡。 待墨水挥发后，使用CG271▮▮▮在灰面自上而下叠加笔触，在上侧边缘的明暗交界线处进行两遍加重，在下1/3处绘制"之"字线，留出底部反光，形成明暗关系由上而下的渐变过渡。

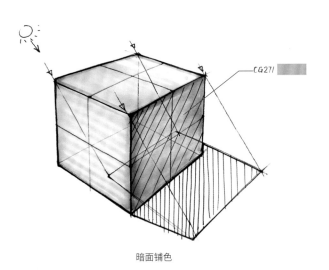

CG271▮▮▮

暗面铺色

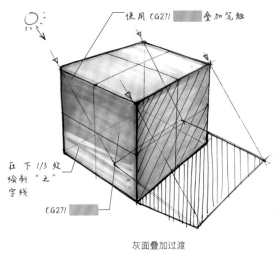

使用 CG271 ▮▮▮ 叠加笔触

在下1/3处绘制"之"字线

CG271▮▮▮

灰面叠加过渡

> 🔧 **提示** 之所以要进行整体铺色，是因为虽然暗部的底部会有反光，但是反光再亮也不会超过亮部的亮度，反光属于暗部的一部分，需要符合整体暗部光影关系。

05 暗面叠加过渡。 使用CG272▮▮▮在暗面叠加笔触，加重暗部颜色。在下1/3处绘制"之"字线，留出底部反光，形成由上而下的渐变过渡。待墨水挥发后，使用同一色号强调明暗交界线，利用"之"字线绘制出更加自然的颜色过渡。

06 绘制投影。 使用暖灰色系的YG265▮▮▮和YG266▮▮▮绘制投影，注意投影前实后虚的表达。先使用YG265▮▮▮进行竖直方向的摆笔触，向后过渡为"之"字线，然后使用YG266▮▮▮进行叠加，绘制出投影从前到后逐渐变浅的虚实效果。

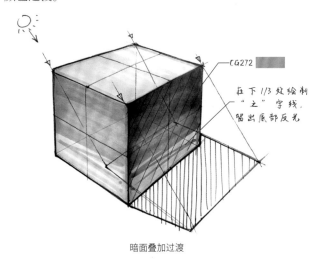

CG272▮▮▮

在下1/3处绘制"之"字线，留出底部反光

暗面叠加过渡

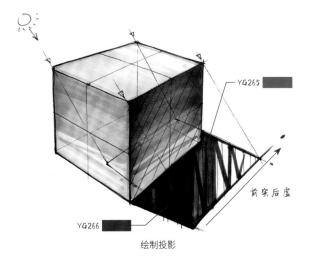

YG265▮▮▮

前实后虚

YG266▮▮▮

绘制投影

> 🔧 **提示** 在对立方体的灰面和暗面进行摆笔触上色时，可以进行横方向的摆笔触绘制，也可以进行竖直方向的摆笔触绘制。

> 🔧 **提示** 注意明暗光影关系的表达存在"牵一发而动全身"的关系，需要根据画面黑白灰关系的变化进行灵活调整。如果暗面画重了，就需要将灰面稍稍加重，以此来呼应整体关系。如果三大面的黑白灰层次没有拉开，就需要大胆地加重暗面、提亮亮面，使颜色层级更加明显；否则会造成画面偏灰，对比度不高，进而削弱立体感和空间感。

07 绘制高光。 使用高光笔在面与面的转折处添加高光。需注意高光产生于受光面，因此位于顶面棱线的上侧和最前方垂直棱线的左侧，与明暗交界线的位置呈相反的关系。高光能够增强对比，使整体画面更显精致，立体感更加强烈。

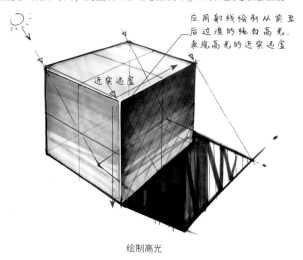

绘制高光

提示 在绘制立方体的顶面时，我们可以采用两种方式进行过渡。一种是前实后虚的过渡方式，代表空间透视影响的前实后虚。另一种是反方向前亮后暗的过渡方式，代表光源的影响，前侧受光较多，后侧受光较少。

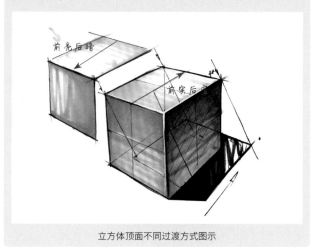

立方体顶面不同过渡方式图示

7.5.2 圆柱体的光影表达

圆柱体具有方圆结合的特征，其四周的立面围绕成圆形的曲面，因此会使三大面和五调子发生一系列的变化，产生新的明暗光影特征，这需要读者重点学习。

假设光源位于左上方，那么圆柱体的三大面可确定为：顶面为亮面，立面的光影从左至右依次为次灰面、亮面、灰面和暗面。立面的高光区域和明暗交界线区域遵循"1/3"原则，即高光在靠近光源的左侧1/3处，明暗交界线在背离光源的右侧1/3处，此种方式最易于表现物体的立体感。

扫码看视频

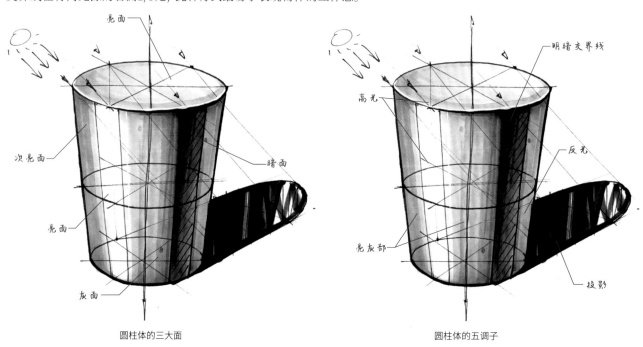

圆柱体的三大面　　　　　　　　　　　　　　圆柱体的五调子

颜色：CG270　　CG271　　CG272　　YG265　　YG266

01 绘制线稿。 在绘制线稿时，要将高光和明暗交界线的区域绘制出来。明暗交界线为一个曲面区域，可以通过平行渐变排线的方法概括光影，最右侧的留白代表后侧受到反光影响。

02 绘制亮面和灰面。 先绘制圆柱体的亮面，使用CG270▨▨铺色，预留出高光区域，表现顶面与立面转折处的线性圆弧形高光。然后使用摆笔触的方法铺色，在后1/3处进行留白处理，显示空间透视影响的前实后虚关系，注意使用"之"字线进行过渡。最后使用CG270▨▨对立面进行竖直方向的摆笔触均匀铺色，注意预留出高光区域并顺着结构透视的方向摆笔触铺色。

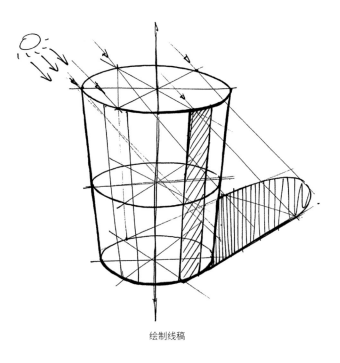

绘制线稿

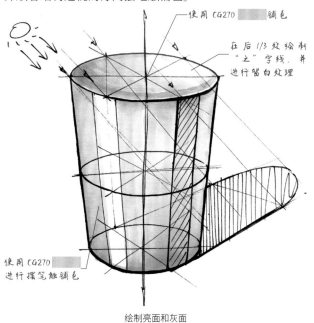

使用 CG270 ▨▨ 铺色

在后1/3处绘制
"之"字线，并
进行留白处理

使用 CG270
进行摆笔触铺色

绘制亮面和灰面

03 暗面叠色。 使用CG271▨▨对暗面（右1/3）颜色进行整体加重，与灰面产生明暗对比。

04 强调明暗交界线。 待墨水挥发后，使用CG272▨▨对立面的明暗交界线自上而下进行叠加笔触，向左右方向绘制"之"字线，代表颜色的过渡。待墨水干一些后，使用扫笔触进行二次叠色，制造出上重下浅的颜色变化。

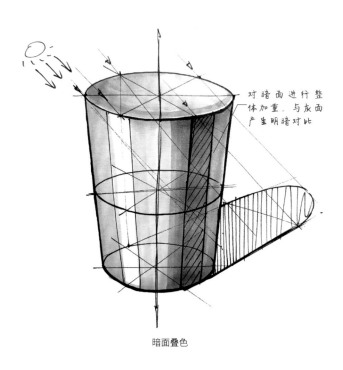

对暗面进行整
体加重，与灰面
产生明暗对比

暗面叠色

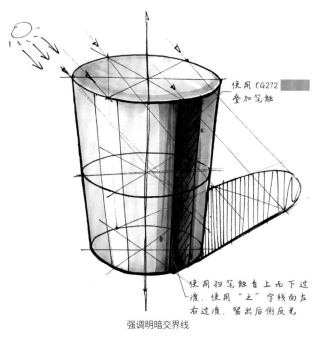

使用 CG272 ▨▨
叠加笔触

使用扫笔触自上而下过
渡，使用"之"字线向左
右过渡，留出后侧反光

强调明暗交界线

05 暗面与灰面叠加过渡。 由于立面为平滑过渡的围合曲面，因此需要对不同色号的笔触衔接处进行过渡。使用CG271▨进行暗面向灰面过渡的笔触叠加，可以在衔接处绘制"之"字线，使暗面的过渡更加自然。使用CG270▨进行灰面向亮面过渡的笔触叠加，使灰面的过渡更加自然。

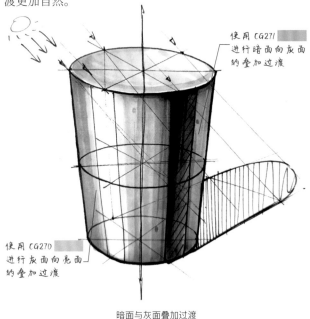

使用CG271▨进行暗面向灰面的叠加过渡

使用CG270▨进行灰面向亮面的叠加过渡

暗面与灰面叠加过渡

06 绘制投影。 使用YG265▨和YG266▨绘制投影，注意投影前实后虚的表达。先使用YG265▨绘制，再使用YG266▨叠加，绘制出投影从前到后逐渐变浅的虚实效果。

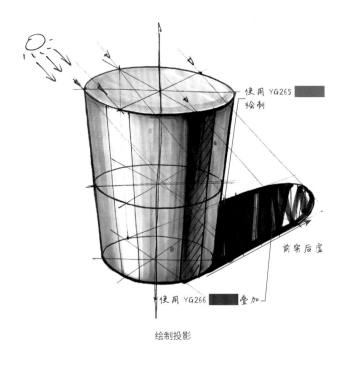

使用YG265▨绘制

前实后虚

使用YG266▨叠加

绘制投影

07 绘制高光。 此时若高光不够明显，可以使用高光笔在顶面与立面转折处添加高光。圆柱体具有两处高光，需注意高光产生于受光面，分别位于顶面棱线的上侧和左部立面的1/3处，与明暗交界线呈相反的关系。

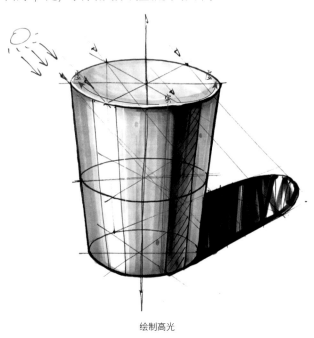

绘制高光

提示 如果是横向放置的圆柱体，其明暗光影表达原理和技法与竖直放置的圆柱体具有相似性。我们依然可以应用高光与明暗交界线的"1/3"位置原则进行绘制，但需注意底部投影形状变为矩形。

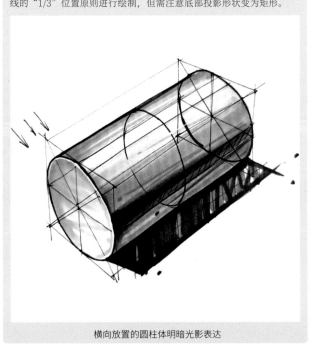

横向放置的圆柱体明暗光影表达

7.5.3 球体的光影表达

　　球体完全由曲面组成，因此从任意方向观察均为圆形。在球体的线稿绘制阶段，注意通过绘制剖面线和结构线来表现三维球体的立体感。在上色阶段，主要应用湿画法来表现其表面自然平滑的明暗过渡。

扫码看视频

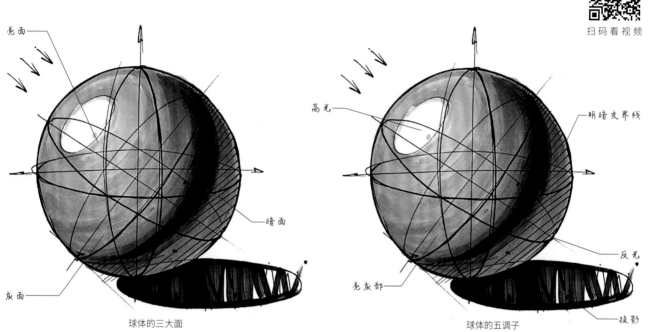

亮面

明暗交界线

高光

暗面

反光

灰面

亮灰部

投影

球体的三大面　　　　　　　　　　　　　　　　球体的五调子

颜色：CG270　　CG271　　CG272　　YG265　　YG266

01 绘制线稿。 假设光源位于左上方，那么被光线垂直照射的左上方的曲面区域为亮面，右下方的背光区域为暗面，中间过渡的曲面区域为灰面。在绘制线稿时就将三大面的区域绘制出来，明暗交界线为一个"月牙状"的曲面区域，可以使用排线的方法概括光影，注意底部受到反光影响。

02 整体铺色。 使用CG270　　从顶部左上方的亮面开始进行初步铺色，此时可通过留白将高光区域的小椭圆形预留出来。使用圆弧形的笔触进行铺色，需顺着球体的结构走向摆笔触，以包覆整个球体。

使用圆弧形的笔触进行铺色，需顺着球体的结构走向摆笔触

提示 在绘制球体时，需先练习一下"月牙状"的笔触。该笔触呈两头尖、中间粗的圆弧形，代表中间实两头虚的虚实关系。

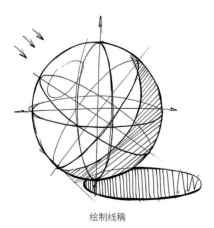

绘制线稿

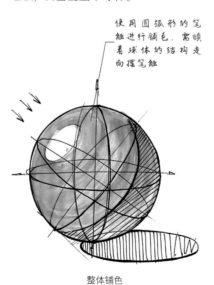

整体铺色

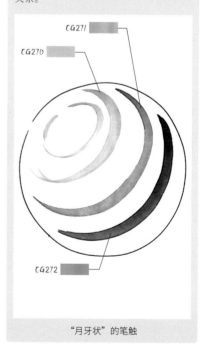

CG271

CG270

CG272

"月牙状"的笔触

03 加重灰面与暗面。 先使用CG271 ▨ 对灰面和暗面进行铺色，从明暗交界线的位置开始向上下过渡；然后使用CG270 ▨ 在笔触交界处进行二次叠加晕染，使颜色过渡更加自然。

04 加重明暗交界线。 使用CG272 ▨ 加重明暗交界线。待墨水干一些后，使用"月牙状"的笔触进行二次叠加强调，绘制出中间重、两头浅的颜色变化，代表中间实、两头虚的虚实关系，凸显立体感和空间感。

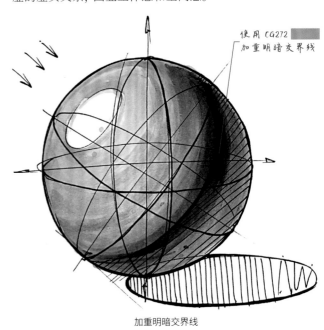

使用CG271 ▨ 对灰面和暗面进行铺色，从明暗交界线的位置开始向上下过渡

使用CG270 ▨ 在笔触交界处进行二次叠加晕染，使颜色过渡更加自然

加重灰面与暗面

使用CG272 ▨ 加重明暗交界线

加重明暗交界线

提示 由于球体整体为平滑过渡的圆形曲面，因此需要对笔触衔接处进行过渡，在这里应用湿画法。先使用CG271 ▨ 进行暗面向灰面的过渡，使暗面的过渡更加自然；然后使用CG270 ▨ 进行灰面向亮面的过渡，使灰面的过渡更加自然。

05 绘制投影。 使用YG265 ▨ 和YG266 ▨ 绘制投影，注意投影前实后虚的表达。先使用YG265 ▨ 绘制，然后使用YG266 ▨ 叠加，绘制出投影从前到后逐渐变浅的虚实效果。这里的高光已经通过留白的手法预留出来了，因此不需要再添加高光。

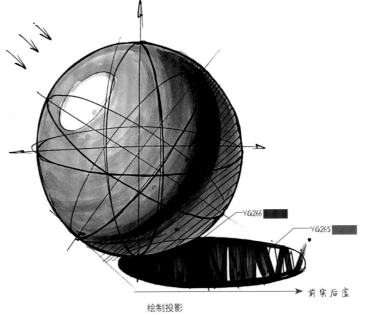

YG266 ▨

YG265 ▨

前实后虚

绘制投影

提示 如果暗面的反光太亮，就需要使用中间色号CG271 ▨ 进行加重，降低其明度，使整体画面关系和谐统一。

7.6 光影的训练方法

前面我们学习了光影的应用，接下来笔者以倒角形体、百变立方体、几何体组合与盒子打开图为例讲解光影的综合训练方法。

7.6.1 倒角形体的光影训练

无论对哪种形体进行明暗光影表达，其基本的三大面和五调子的表达方式都与立方体相同。下图依旧使用的是左上方45°平行光源，左侧形体为倒切角后的方正形体，右侧形体为倒圆角后的方正形体。右侧方正形体倒圆角后的立方面可视为45°斜面与1/4圆弧曲面的衔接组合，需注意此处的明暗交界线和高光位置会发生一定的位移和变化。

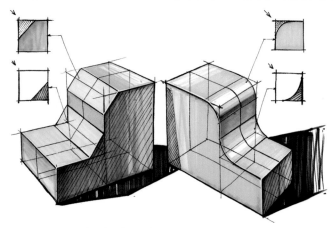

倒切角与倒圆角方正形体明暗光影表达

左侧倒切角形体的45°倾斜的倒角平面为亮面，顶面为次亮面。这是由于光线45°照射斜面，因此该区域应最亮。顶面与光线产生夹角，非垂直照射，因此为次亮面，其他明暗光影关系与立方体相同。

右侧倒圆角形体的倒角变化为1/4圆弧衔接的曲面，其明暗光影发生了改变，外倒角的曲面高光在上1/3处，明暗交界线在曲面的下1/3处，该区域的明暗光影表达等同于前期训练中的凸曲面表达。下方内倒角的明暗光影变化为从上到下进行由暗到亮的柔和过渡，实际上就是凹曲面与竖直方向的暗面和水平方向的亮面相衔接，需要表现出由暗转亮的过渡特征。

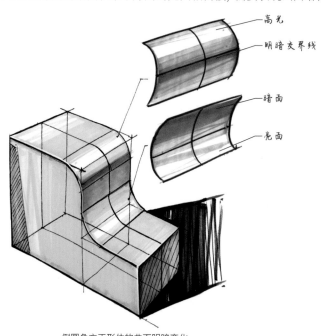

倒圆角方正形体的曲面明暗变化

了解了倒角的明暗光影变化的基本规律后，我们就可以对下图中各种倒角立方体的明暗光影表达进行训练。

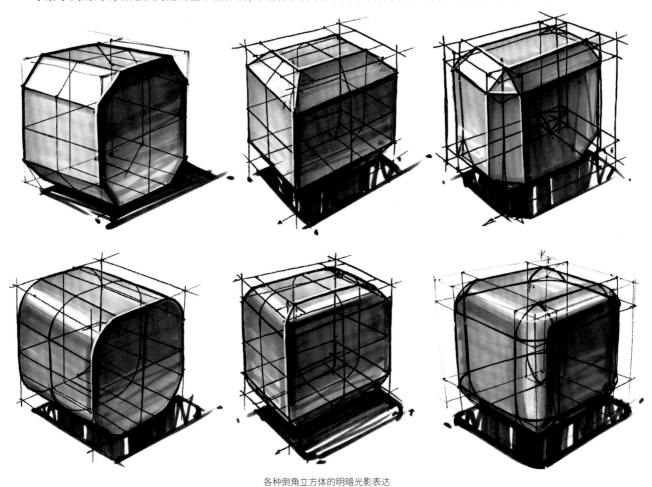

各种倒角立方体的明暗光影表达

值得注意的是，三边倒圆角的明暗光影表达会发生细微的变化。我们先来看左下图中高光的变化，原本立方体的高光出现在棱线转折处靠近光源的一侧，视觉呈现为一条很亮的"线"。倒角后的棱线变为1/4圆弧曲面，需要应用圆柱体曲面的明暗表达方式，高光区域会出现在1/4圆弧曲面受光面的1/3处，可使用留白的手法将高光预留出来。然后看明暗交界线的变化，原本的立方体的明暗交界线出现在棱线转折处背离光源的一侧，视觉上呈现为一条较暗的"线"。倒角后的棱线变为1/4圆弧曲面，需要应用圆柱体曲面的明暗表达方式，明暗交界线区域会出现在1/4圆弧曲面背光面的1/3处。两个面的明暗交界线连同为一个整体，发生近实远虚的变化。

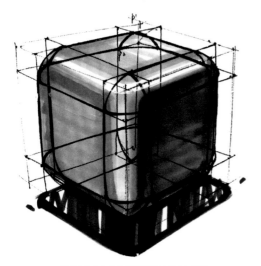

在绘制复合倒圆角形体时，其圆角光影的表达可以参考三边倒圆角立方体，但应注意复合倒圆角形体大小倒角的高光粗细程度有所不同，明暗交界线的位置也有所不同。

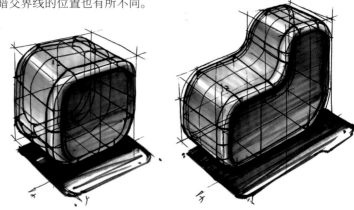

三边倒圆角立方体明暗光影表达示意图　　　　复合倒角形体明暗光影表达示意图

7.6.2 百变立方体的光影训练

作为立方体的衍生形体，百变立方体具有与立方体相似的特征。先确定光源来自左上方，然后确定每个形体的三大面和五调子，以明确明暗光影关系。下图中的三大面和五调子清晰明确，读者可以在绘制过程中有意识地进行标注，以加深理解。注意可以选择以留白的方式预留出高光，没能预留出来的再使用高光笔进行提亮。同时，还要注意投影透气性的表达。

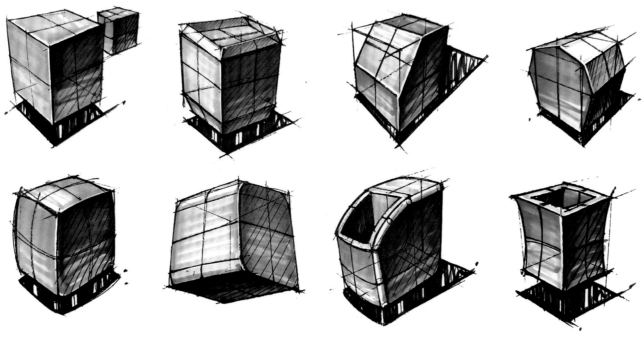

百变立方体明暗光影表达

7.6.3 几何体组合的光影训练

立方体加减法的明暗光影关系，本质上都遵循立方体的上色原理，因此只需注意形体间的相互遮挡关系。大立方体形体抠出小立方体后形成了新的形体转折，由此产生了新的亮灰暗三大面。确定光源来自左上方，通过对光源的分析可确定朝上的面为亮面、朝左的面为灰面、朝右的面为暗面。

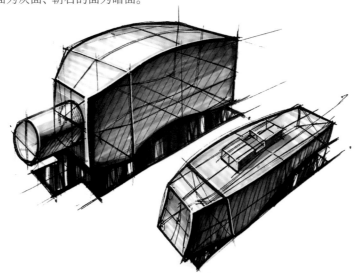

几何体组合明暗光影表达

提示 在刻画明暗光影关系时，距离光源越远的面越暗，就是遵循了近实远虚的规律。另外，在强调明暗交界线时，需要有意识地着重强调近处的明暗关系对比，对比越强，空间关系越靠前。因此距离我们眼睛最近的顶点处的明暗交界线最深，与亮部产生的对比最强。

7.6.4 盒子打开图的光影训练

下图是盒子打开图的明暗光影表达，整体主要应用了干画法的上色技法。分析形体特征，盒子的整体造型为对长方体进行了复合倒角处理。先运用立方体的基本明暗光影原理对形体进行三大面和五调子的区分，然后运用圆柱体的光影原理来表达倒圆角处的光影，注意高光和明暗交界线的位置变化。

上方盖子的打开方式为向上掀开，前侧下部分的小抽屉的打开方式为向外拉出，在其操作方式的表达上，我们用颜色鲜艳的箭头进行示意。背景采用宽笔头勾边处理的手法，勾边要注意粗细对比变化，距离光源近的一侧勾边较细，距离光源远的一侧勾边较粗，再添加一些点状笔触的点缀，使得背景灵活生动、富于变化，进而为整体画面增加层次感。

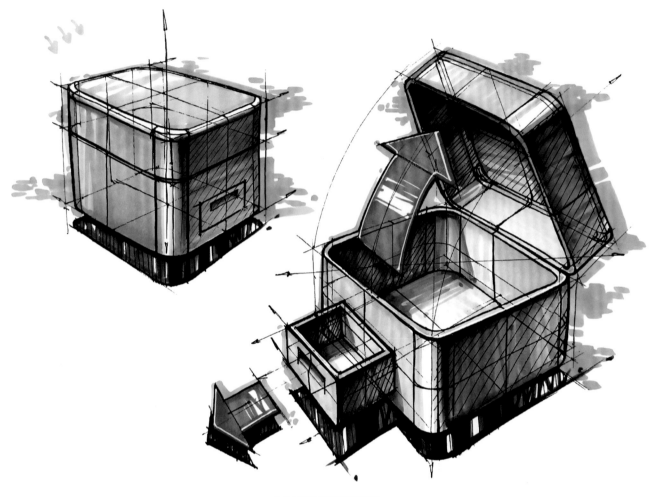

盒子打开图的明暗光影表达

提示 在刻画盒子打开图的明暗光影关系时，要注意盒子内部的暗面比外部的暗面重，由于物体自身的遮挡关系，会在盒子内部产生投影。

在刻画较为复杂的形体明暗关系时，每个面的色彩明暗层次都有所不同，只要面与面出现转折，就会发生或多或少的明暗变化。我们只需采用概括的手法进行表现，不用过分细致地刻画。

7.7 光影的实际应用

前面我们学习了光影的绘制要点和表现技法，接下来学习光影在实际产品中的应用，重点就是如何表现产品的明暗光影，增强其立体感。

7.7.1 冰箱的光影表达

冰箱的整体造型为典型的长方体，可应用立方体的明暗光影表达技巧。

扫码看视频

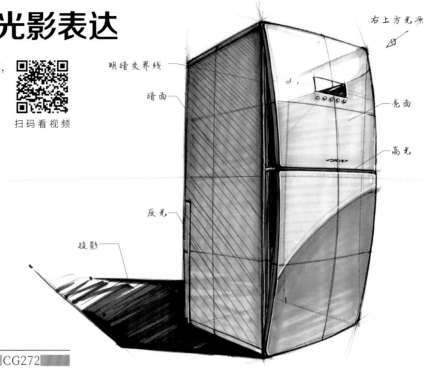

冰箱的光影表达

颜色：CG270☐☐ CG271☐☐ CG272☐☐ YG265☐☐ YG266☐☐

01 绘制亮面光影。 先使用CG270☐☐对右侧面进行铺色，在顶部留白。然后使用CG271☐☐对下半部分进行上色，表示底部的环境反射，主要使用"之"字线进行过渡。

02 暗面铺色。 先使用CG271☐☐对暗面（左侧面）进行铺色，然后使用同一色号从顶端向下进行二次叠色，绘制出上深下浅的光影过渡，在底部留出反光。

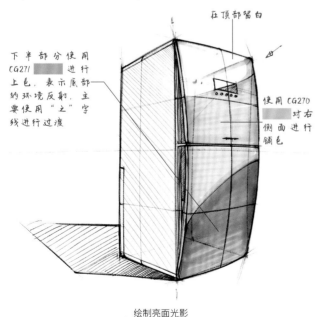

绘制亮面光影

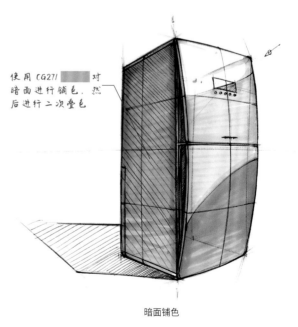

暗面铺色

提示 右侧面为受光面。为了丰富画面效果，我们可以将真实的环境光概括表达出来。

03 深入塑造。 待墨水挥发后，使用CG272▭加重整体明暗交界线、屏幕重色反光、冰箱门的厚度和把手处的凹陷阴影，注意把手凹陷处可进行多次叠色处理。

04 绘制投影。 先使用YG265▭进行斜方向摆笔触，向后过渡为"之"字线；然后使用同一色号进行叠加，绘制出投影从前到后逐渐变浅的虚实效果。

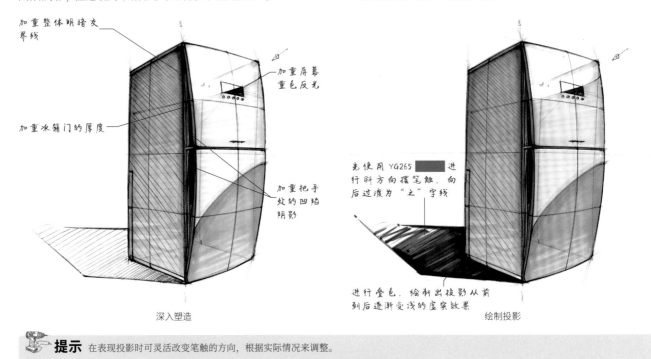

加重整体明暗交界线

加重屏幕重色反光

加重冰箱门的厚度

加重把手处的凹陷阴影

先使用 YG265▭ 进行斜方向摆笔触，向后过渡为"之"字线

进行叠色，绘制出投影从前到后逐渐变浅的虚实效果

深入塑造

绘制投影

提示 在表现投影时可灵活改变笔触的方向，根据实际情况来调整。

05 刻画细节。 先绘制面板屏幕下方按键的投影细节，然后使用高光笔添加高光，主要包括面与面转折处的高光、屏幕及冰箱门上的反射高光、背部面板的分型线小厚度高光，使画面更加真实、精致。

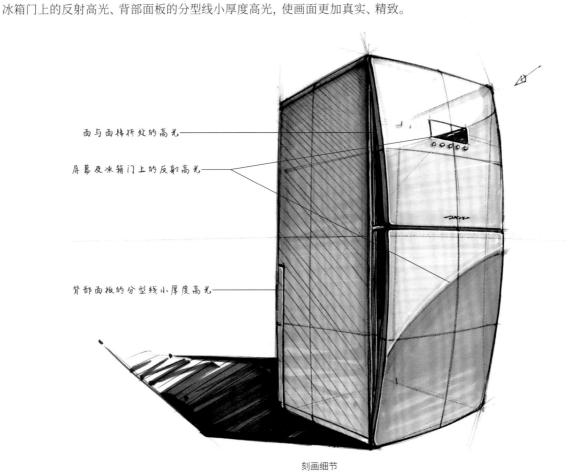

面与面转折处的高光

屏幕及冰箱门上的反射高光

背部面板的分型线小厚度高光

刻画细节

7.7.2 蓝牙音箱的光影表达

该款蓝牙音箱的整体造型为典型的圆柱体,可应用圆柱体的明暗光影表达技巧。

扫码看视频

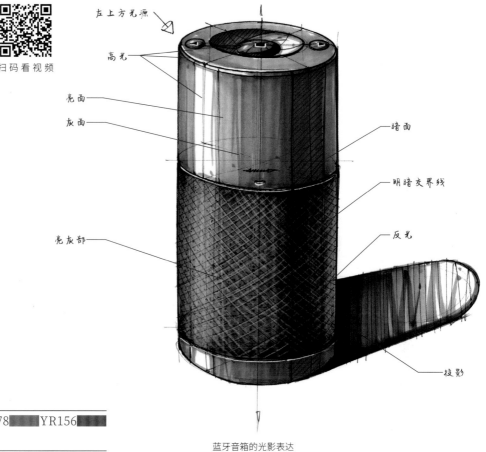

左上方光源
高光
亮面
灰面
亮灰部
暗面
明暗交界线
反光
投影

蓝牙音箱的光影表达

颜色: YR177　　 YR178　　 YR156　
YG264　　 YG265

01 铺大色调。首先使用YR177　　对外壳部分进行铺色,将高光区域留白,其余部分使用摆笔触进行统一铺色。然后使用YG264　 对音箱的下部进行均匀铺色。

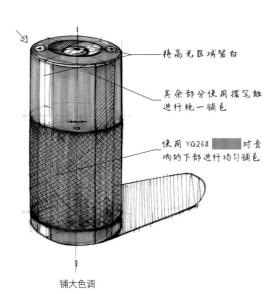

将高光区域留白

其余部分使用摆笔触进行统一铺色

使用YG264　 对音响的下部进行均匀铺色

铺大色调

02 加重灰面与暗面。先使用YR178　　加重外壳的灰面,主要应用较为干脆果断的干画法。然后使用YG265　 加重音响下半部分织物处的灰面和暗面,主要应用湿画法自然过渡。同时对顶部按键进行铺色,留出高光。

向亮部过渡处应用"之"字线

有意识地强调明暗交界线,对其进行多次叠加压重

应用湿画法进行自然过渡

加重灰面与暗面

🔧 **提示** 橙色塑料外壳较为光滑,主要采用干画法来表现;音响下半部分覆盖的织物较为粗糙,主要采用湿画法来表现。

03 加重明暗交界线。 先使用YR156▬▬加重顶部凹陷处的暗部及橙色外壳的明暗交界线，并绘制"之"字线进行过渡。然后使用YG265▬▬加重音响下半部分织物处的明暗交界线和顶部按键的暗部，增加整体对比度，增强立体感。

04 绘制投影。 先使用YG264▬▬绘制竖直方向的线条，然后使用YG265▬▬进行叠加，绘制出投影从前到后逐渐变浅的虚实效果，最后使用YG265▬▬表现音响织物的材质，绘制出不规则的点。

加重顶部凹陷处的暗部

加重明暗交界线

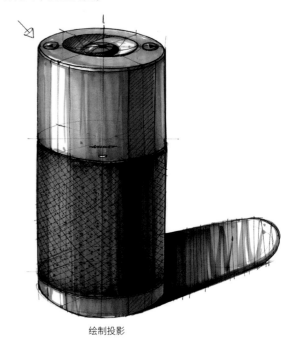

绘制投影

05 刻画细节。 使用高光笔添加高光，主要包括顶部按键的小高光、顶面与围合面转折处的小高光、分型线处的小高光，同时使用白色彩色铅笔刻画织物的肌理。

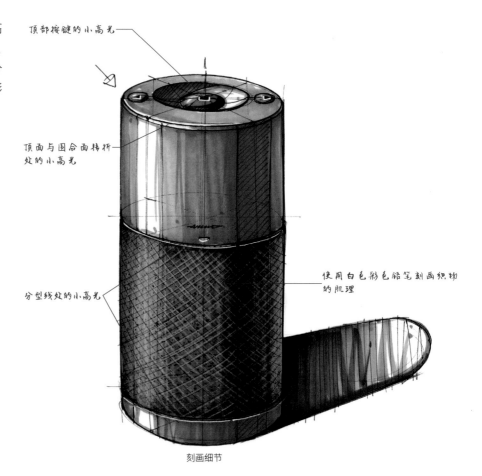

顶部按键的小高光

顶面与围合面转折处的小高光

分型线处的小高光

使用白色彩色铅笔刻画织物的肌理

刻画细节

7.7.3 摄像头的光影表达

该款摄像头的整体造型为球体与圆台体的组合，可应用球体和圆柱体的明暗光影表达技巧。

扫码看视频

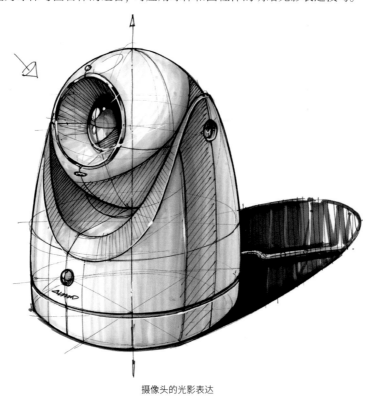

摄像头的光影表达

颜色：CG269　　　CG270　　　CG271　　　CG272　　　CG274　　　B234　　　B236　　　B238　　　Y225
YG265　　　YG266

01 铺大色调。 由于产品整体为白色，因此先使用 CG269　　　对亮部进行铺色，留白顶部球体的高光区域和底部云台左1/3的高光区域，然后使用CG270　　　对暗部进行铺色，注意球体底部和云台后方的反光较亮。

02 暗面加重。 首先使用CG271　　　加重球体和圆台体的暗面及凹陷处的投影。然后使用同一色号进行明暗交界线的二次叠色及光影过渡，留出反光。接着使用 B234　　　和B236　　　对镜头凹陷处进行光影表达。最后使用CG270　　　对内部镜头和电源线进行铺色。

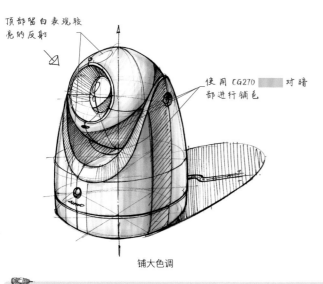

顶部留白表现较亮的反射

使用 CG270　　　对暗部进行铺色

铺大色调

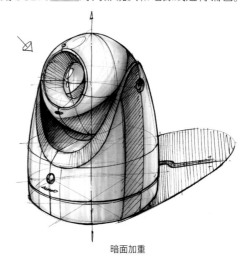

暗面加重

提示 在绘制球体时应使用"月牙形"笔触，在绘制圆台体时笔触要微微外鼓，随着形体的结构运笔。

03 深入塑造。 使用CG274▇▇▇加重镜头内部形成的重色投影，并刻画镜头的金属质感边框。在镜头内先使用CG272▇▇▇▇进行过渡，然后使用B238▇▇▇加重镜头凹陷处的暗部，增强立体感，接着使用Y225▇▇绘制底部指示灯，最后使用CG271▇▇加重分型线的缝隙及形体凹陷处等重色区域。

04 绘制投影。 先使用YG265▇▇▇▇进行竖直方向的摆笔触，向后过渡为"之"字线。然后使用YG266▇▇▇进行叠加，绘制出投影从前到后逐渐变浅的虚实效果。

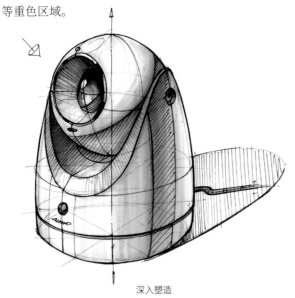

深入塑造

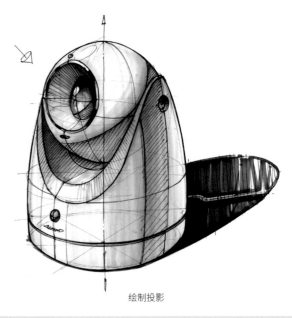

绘制投影

提示 使用较深的颜色对物体底部边缘进行强调，表现物体在桌面上的小投影，这样有利于刻画物体被置于平面上的效果。

05 刻画细节。 使用高光笔添加高光，主要包括镜头玻璃和金属圆环的高光、转折面的高光及底部分型线的高光。

镜头玻璃和金属圆环的高光

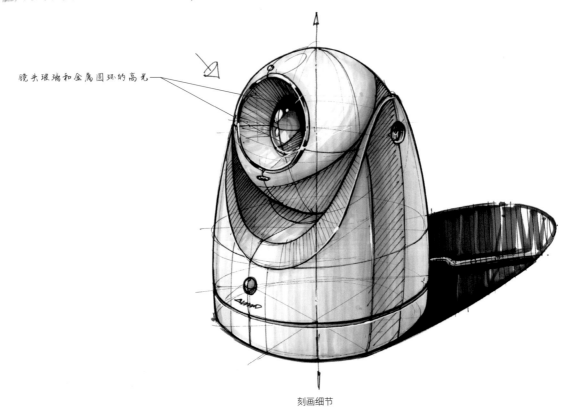

刻画细节

第 **8** 章

材质与色彩 的表现

材质与色彩的表现是学习产品设计手绘的重要内容。在光影表达的基础上，为产品赋予材质与彩色的皮肤，将使产品更显真实，进而吸引观者的视线。本章我们学习材质与色彩的表现。

8.1 材质表达的基础认知

材质表达是产品设计手绘中的重要部分。产品设计手绘的表现不仅要"有血有肉",还要有各种"皮肤",使画面效果更加生动逼真。

材质即材料质感。材料是指人类用于制造物品、器件、构件、机器或其他产品的各种物质,属于物理层面的描述对象。材料是物质,但不是所有物质都可以称为材料。材料又可分为自然材料和人造材料。自然材料是指自然界中本身就有的原始材料,如石材、木材、沙子和皮革等。人造材料是指经人为改变属性和人工合成的材料,如玻璃、陶瓷、水泥和碳纤维等。根据物理化学属性,可将材料分为金属材料、无机非金属材料、有机高分子材料和不同类型材料所组成的复合材料。

自然材料(石材、木材、沙子、皮革)

人造材料(玻璃、陶瓷、水泥、碳纤维)

质感是指材料带给人的质地感受,来自人们的生活经验积累,属于心理层面的描述对象。例如,人们看到木材会感觉到自然、充满生命力,看到毛皮会感觉到温暖,看到金属会感觉到冰冷等。

材质创新已经成为产品设计重要的组成部分和发展方向。人们一方面对旧材料重新思考,进行新的扩展、延伸和应用,使旧材料焕发新的生机;另一方面对新材料不断进行研究和开发,为材质创新注入新鲜血液,助力设计实现新的突破。例如,下图中的宝马GINA新材料概念汽车将纤维材料覆盖于金属车身之上,这种纤维材料如同布料一样会产生褶皱,由此展现出更多的情感和趣味性。

木材、毛皮、金属

宝马 GINA 新材料概念汽车

8.1.1 材质表达的作用

材质表达的作用体现在产品外观的视觉呈现方面,有利于设计师真实再现产品所用材料的质感,有助于观者直观地感受和识别手绘设计产品中的材料属性,提高设计师与客户之间的沟通效率。同时也能增强手绘图稿的艺术性和生动性,使画面更加精致、真实。

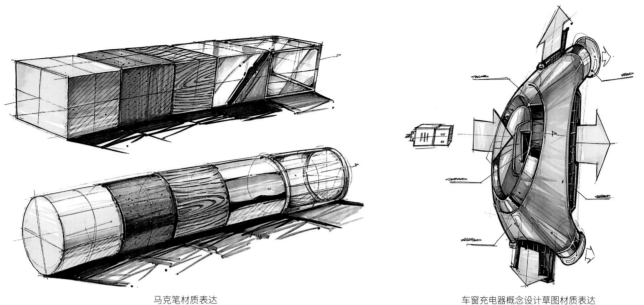

马克笔材质表达   车窗充电器概念设计草图材质表达

　　材质表达的作用还体现在生产加工方面,有助于提高设计师的材料应用意识和成本控制意识。一名合格的产品设计师在进行设计构思时,不仅需要对产品的外观进行优化创新设计,还需要熟悉构成产品的各种材料的特性、实际生产加工工艺和装配方式。只有在前期设计阶段充分考虑材料特性及加工工艺,才更有助于产品由设计师的想法转变为看得见、摸得着并可使用的实体产品。

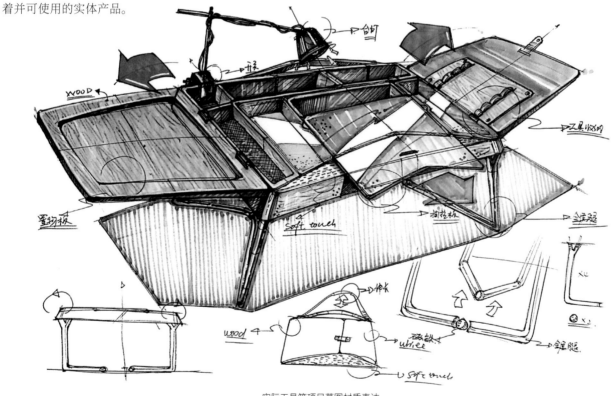

实际工具箱项目草图材质表达

8.1.2 材质表达的要素

　　影响材质表达的要素有固有色、透明度、粗糙度、软硬度、肌理与纹理。在绘制各种材质之前,先对材质的特征要素进行分析,可以帮助我们更深入地了解材质特性,把握绘制技巧。

- **固有色**

　　固有色是材质具有的固有颜色，如下图中木材的棕色、不锈钢的银色、塑料的彩色和橡胶的黑色等。这些材质的固有色显而易见，是影响材质表达的重要因素。在进行材质表达前，首先要观察某种材质的色彩特性，然后进行色彩表现。

木材的棕色、不锈钢的银色、塑料的彩色、橡胶的深灰色

- **透明度**

　　透明度是衡量材料通透程度的维度，它由材料的透光性决定。透明度大致可分为不透明、半透明和透明3种类别。不透明材质有石材、木材、金属及橡胶等不透光材料；半透明材质有磨砂玻璃、毛发及布料等具有一定透光性的材料；透明材质有高白玻璃、透明PVC塑料及液体水等高透光性材料。

不透明材质（石材、木材、金属、橡胶）

半透明材质（磨砂玻璃、毛发、布料）

透明材质（高白玻璃、透明 PVC 塑料、液体水）

- ## 粗糙度

粗糙度是衡量材料表面粗糙程度的维度。粗糙度越小，表面越光滑，颗粒感越弱，光线反射表现为镜面反射，主要受到环境的影响，会对周围环境进行反射；粗糙度越大，表面越粗糙，颗粒感越强，光线反射表现为漫反射，主要受到光源的影响，会形成自然柔和过渡的光影关系。根据粗糙度，材质可分为光滑材质和粗糙材质。光滑材质有金属不锈钢、高白玻璃、镜面烤漆和抛光大理石等；粗糙材质有橡胶、水泥、石材和原木等。

光滑材质（金属不锈钢、高白玻璃、镜面烤漆、抛光大理石）

粗糙材质（橡胶、水泥、石材、原木）

- ## 软硬度

软硬度是衡量材料内部结构稳定程度的维度。根据软硬度，材质可分为坚硬材料与柔软材料。坚硬材质的分子结构相对稳定，成型后不易发生形变，如金刚石、石材、玻璃和金属等。柔软材质的分子结构相对松散，成型后容易发生形变，如橡胶、木材、布料和皮革等。

坚硬材质（金刚石、石材、玻璃、金属）

柔软材质（橡胶、木材、布料、皮革）

- ## 肌理与纹理

肌理与纹理体现在某些材质表面的纹路起伏上。肌理是指材质表面具备的天然或人工添加的凹凸起伏的特征，如自然木材的木纹、石材的孔洞和人工金属的肌理、拉丝等。纹理是指材质表面的平面花纹，不具有凹凸起伏的特征，它也有自然和人工的区别，如自然大理石花纹和人工丝印贴花等。

肌理（自然木材的木纹、石材的孔洞和人工金属的肌理、拉丝）

纹理（自然大理石花纹和人工丝印贴花）

8.2 塑料材质的表现

塑料是日常生活中常见的材质，其颜色丰富，种类多样。塑料是一种化学合成物，会带给人们一种工业大批量生产的冰冷感。为改变这一感受，人们会主观地改变塑料的颜色和肌理，让其呈现出丰富多彩的外观。塑料材质在产品设计中的应用非常广泛，接下来我们学习塑料材质的表现方法。

8.2.1 塑料材质的特征分析

塑料的成分主要是树脂，其种类丰富、特性迥异。塑料是现代人造材料的代表，被广泛应用于家电产品、家居产品、防护产品、工程器械、工具和包装等领域。例如，意大利阿莱西（ALESSI）公司的经典家居产品，主要由各种塑料材质加工而成，被视为工业产品设计中的经典之作而畅销全球。再如，丹麦设计大师维纳尔·潘顿（Verner Panton）设计的潘顿椅（Panton Chair），使用塑料材质一体注塑成型，椅身造型采用流畅曲线，仿佛女性柔美的身材，同时摒弃四条腿的支撑，成为工业设计史上的经典。

阿莱西（ALESSI）公司的经典塑料产品

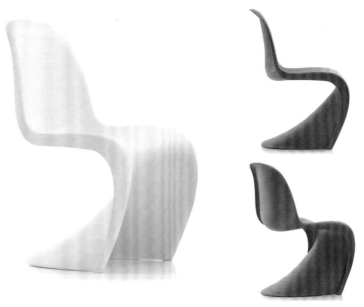

潘顿椅（Panton Chair）

塑料材质五要素分析表

材质五要素	特征	表现技法要点
固有色	各种颜色	线稿线条干脆利落，上色明暗光影对比较强烈，明暗交界线较重，高光可为纯白色（留白处理），反光较亮；以干画法为主，笔触运笔速度快，色彩表现丰富。可在表面采用丝印等工艺印制花纹或LOGO
透明度	不透明	
粗糙度	光滑	
软硬度	较坚硬	
肌理与纹理	丝印贴花等各种肌理与纹理	

8.2.2 塑料材质的表现技巧

　　前面我们分析了塑料材质的特征，接下来学习光滑高亮的塑料材质的表现技法。下面笔者以基本形体的材质表现为例，讲解具体绘制的技法及要点。

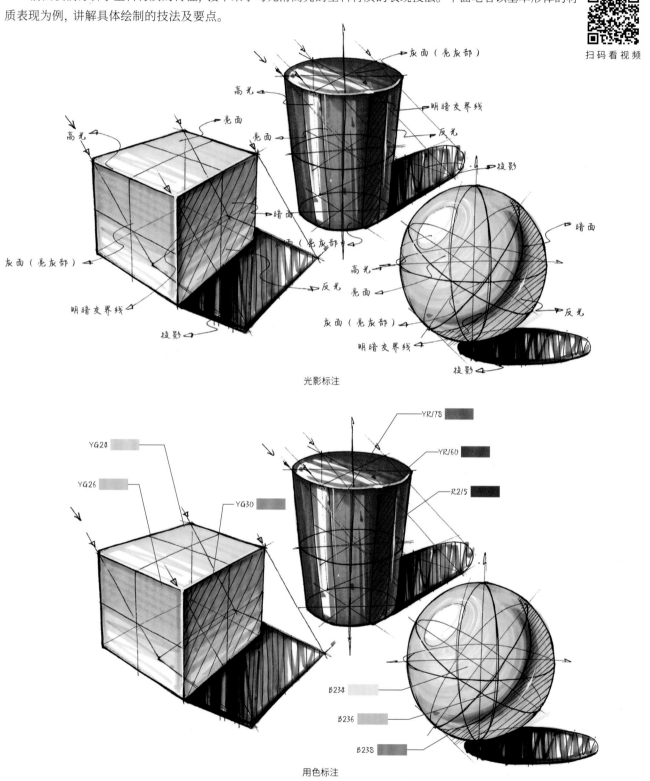

扫码看视频

光影标注

用色标注

颜色：YG24　　YG26　　YG30　　YR178　　YR160　　R215　　B234　　B236　　B238

01 绘制线稿。 使用0.5号针管笔绘制出立方体、圆柱体和球体的线稿。确定光源为左上方45°平行侧光源,使用排线的方法概括线稿的光影。注意保持线条的干净和流畅。

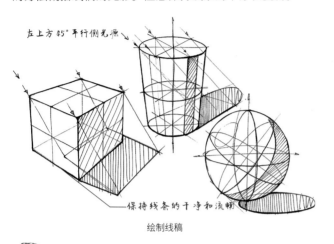

左上方45°平行侧光源

保持线条的干净和流畅

绘制线稿

02 铺设光影关系。 用彩色系铺设基本的明暗光影关系,以区分三大面和五调子,并注意其中的微妙变化。用暖灰色系绘制投影,可叠加两遍颜色,塑造前实后虚的画面效果。

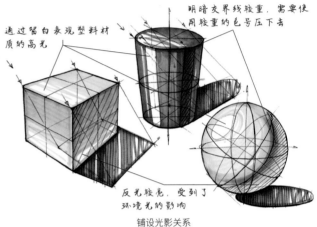

通过留白表现塑料材质的高光

明暗交界线较重,需要使用较重的色号压下去

反光较亮,受到了环境光的影响

铺设光影关系

🔧 **提示** 光滑高亮的塑料材质的高光可为纯白色,明暗交界线的颜色较重,整体明暗光影的黑白灰关系较强。

03 刻画细节。 用高光笔绘制高光,注意线条干脆流畅,尤其是在距离观者较近的位置进行绘制,以此来强调前实后虚的关系,使画面更精致。先用较重的色号加重强调明暗交界线,然后用较浅的色号调整反光,对画面整体效果进行调整,使其和谐统一。

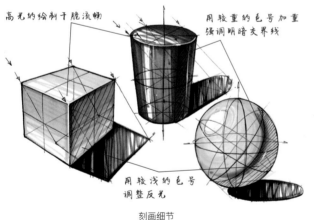

高光的绘制干脆流畅

用较重的色号加重强调明暗交界线

用较浅的色号调整反光

刻画细节

🔧 **提示** 这里介绍一下如何判断彩色形体的黑白灰关系(素描关系)。先将画面处理为黑白效果,然后观察画面是否发灰(对比度不够),进而进行调整,看是需要压重暗部和明暗交界线,还是需要提亮亮部。

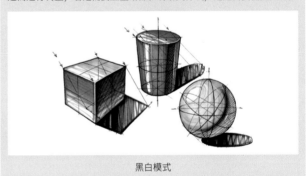

黑白模式

04 添加说明。 添加箭头和文字,对图中的光影关系进行说明。手绘图就像图文并茂的说明书,在产品设计手绘中引注附加文字说明至关重要,能帮助观者更好地理解图中所绘设计内容,提高设计师与客户的沟通效率,同时也能起到丰富画面的作用。

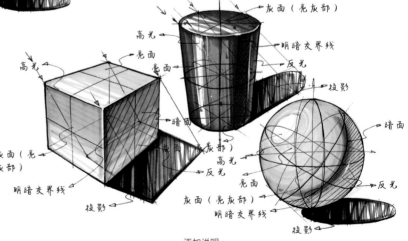

高光 亮面 高光 暗面 亮面(亮灰部) 反光 明暗交界线 投影 灰面(亮灰部) 灰面(亮灰部) 明暗交界线 投影 灰面(亮灰部) 明暗交界线 反光 暗面 亮面 反光 投影

添加说明

8.2.3 塑料材质产品应用：园艺喷头

本节以实际产品为例，讲解塑料材质园艺喷头的表现技法。

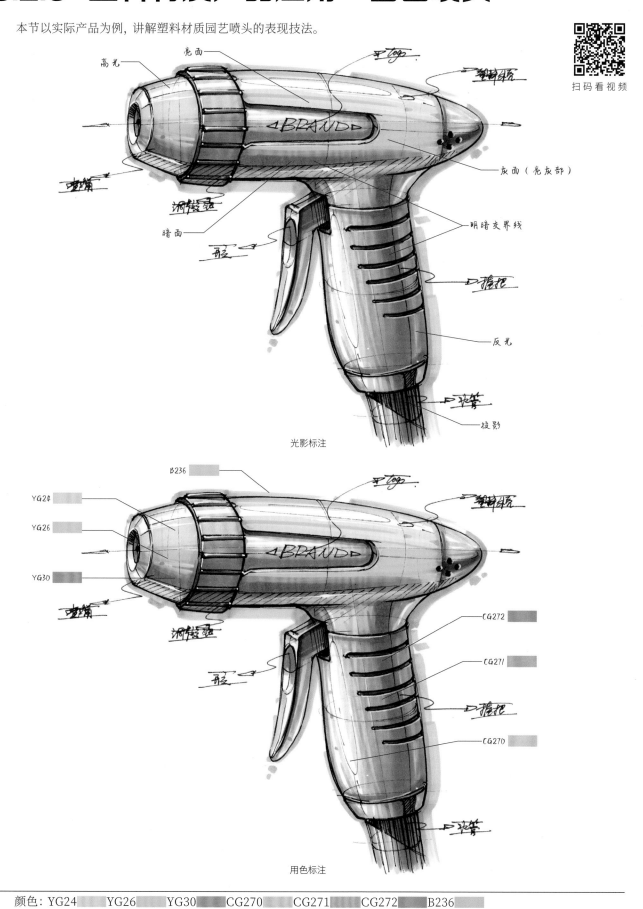

光影标注

用色标注

颜色：YG24　　YG26　　YG30　　CG270　　CG271　　CG272　　B236

01 绘制线稿。 先使用CG270▇▇▇▇起稿，然后使用0.5号针管笔绘制线稿。注意保持线条的流畅性和透视的准确性，并添加箭头和文字进行标注。

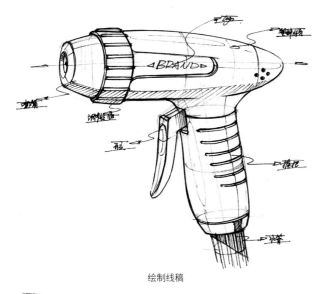

绘制线稿

02 铺大色调。 使用YG24▇▇▇和CG270▇▇▇铺色，初步明确明暗关系，可加重明暗交界线，塑造初步的立体感。注意亮部高光区域要留白，暗部要留出反光。

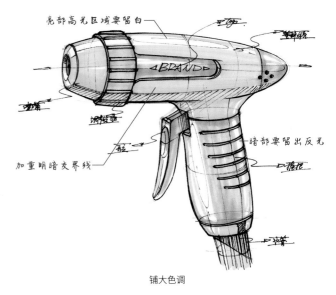

铺大色调

🔧 **提示** 铺色时运笔速度要快，笔触要干脆，并保留较明显的笔触痕迹。

03 深入塑造。 绘制部件上的投影，强调明暗对比度和塑造材质特点。使用YG26▇▇▇、YG30▇▇▇和CG271▇▇▇强调明暗交界线，并注意明暗交界线在形体上的贯通性，突出光滑塑料材质较高的对比度。

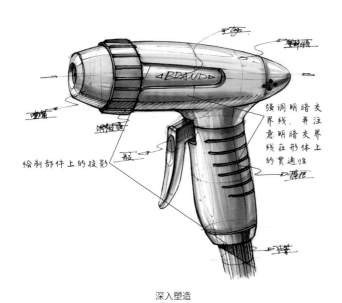

深入塑造

04 刻画细节。 先使用CG272▇▇▇绘制把手的细节，加重肌理的凹陷感，并用高光笔点出高光。然后使用B236▇▇▇绘制背景，此背景形式为勾边式，注意亮部线条较细，暗部线条较粗，中间使用点笔触自然点缀，并在产品亮部添加少量蓝色扫笔触，表现环境色的影响。

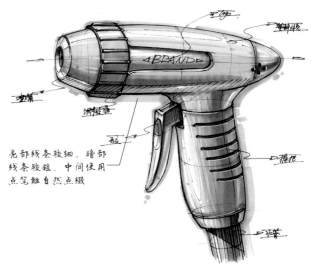

刻画细节

下面是其他一些塑料材质产品的手绘设计草图和效果图，供读者参考临摹。

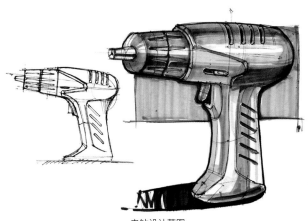

电钻设计草图

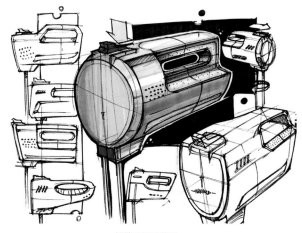

搅拌器设计草图

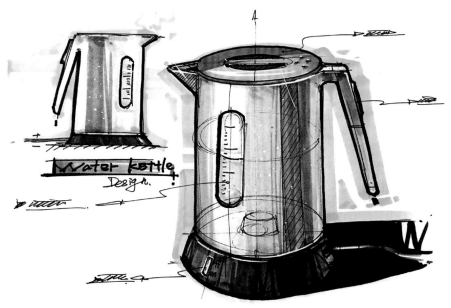

电水壶设计草图

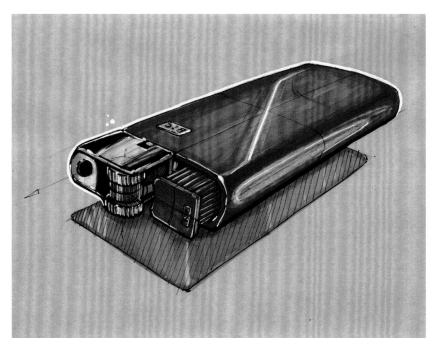

打火机设计效果图

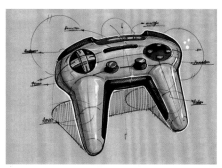

游戏手柄设计效果图

美工刀设计效果图

8.3 木头材质的表现

木材是日常生活中常见的自然材料之一。木材在工业产品、家具和建筑中应用广泛，其独特的肌理与纹理、柔和的色彩和天然的质感给人质朴自然和温暖的感觉。

8.3.1 木头材质的特征分析

木材根据其自身密度和树木生长年限的不同，可分为轻木（速生木材）与硬木（红木）两类。轻木的颜色较浅，一般有灰白色、浅黄色和浅棕色，质地松软，密度较小，木纹较疏，可浮于水面。硬木的颜色较深，一般有红褐色、深棕色和黑棕色，质地坚硬，密度较大，木纹较密，在水中可迅速下沉。

常见的轻木种类有松木（樟子松）、枫木、榉木、榆木和桦木等。常见的硬木种类有檀木、黄花梨木、胡桃木、樱桃木和橡木等。在进行产品手绘表现时，需要注意每种木材的颜色、纹理和特性均有区别，因此应根据实际应用情况进行选择和表现。

各种木材手绘图

木材的成型工艺主要包括锯割、刨削、凿削、铣削、贴片、复合、层压、胶合、蒸汽热弯成型、碎料模压成型、激光雕刻、干燥处理、碳化处理等。木材的表面处理方式主要有抛光、打蜡、磨砂、脱色、填孔、染色、喷涂、丝印等。下面是一些由木头材质制成的、具有代表性的经典家具产品，它们均出自设计大师之手。

蝴蝶椅（BUTTERFLY STOOL）

Z 型椅（ZIG ZAG CHAIR）

阿尔托椅（PAIMIO CHAIR）

木头材质五要素分析表

材质五要素	特征	表现技法要点
固有色	黄棕色	线稿线条可略微柔和，富于变化，明暗关系对比较弱，颜色过渡自然，高光反光均不明显。木纹亮部较浅，暗部较深，明暗交界线处最深。木纹需生动自然，灵活多变，并注意粗细和深浅变化
透明度	不透明	
粗糙度	粗糙	
软硬度	较坚硬	
肌理与纹理	自然木纹	

8.3.2 木头材质的表现技巧

前面我们分析了木头材质的特征,接下来学习木头材质的表现技巧,其中包括不同深浅固有色的木材、不同粗糙度的原木和抛光打蜡的木材。下面笔者以基本形体的材质表现为例,讲解具体的绘制技法及要点。

扫码看视频

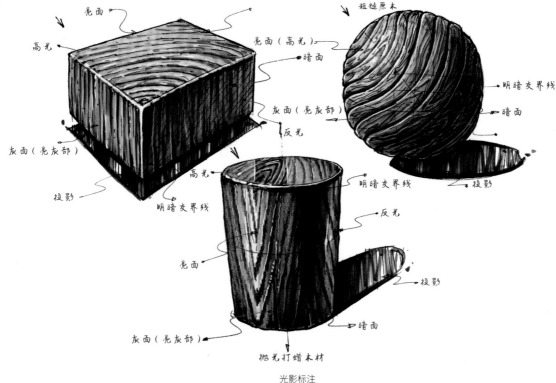

光影标注

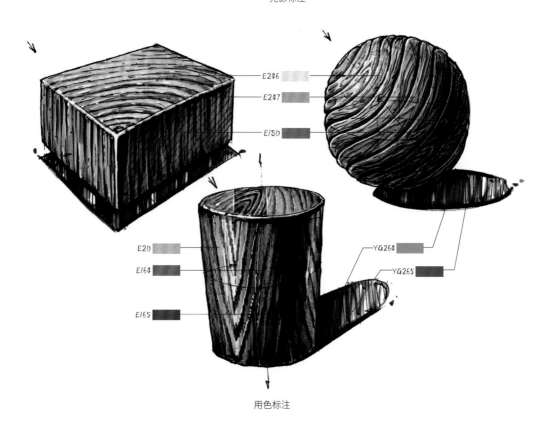

用色标注

颜色: E246　　E247　　E180　　E20　　E164　　E165　　YG264　　YG265

01 绘制线稿。 使用0.5号针管笔绘制线稿并添加木纹肌理。设定光源在左上方，用排线的方法概括暗部光影及投影。

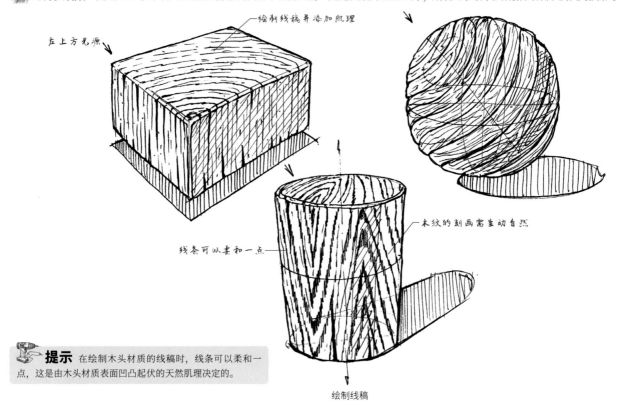

绘制线稿并添加肌理

左上方光源

木纹的刻画需生动自然

线条可以柔和一点

提示 在绘制木头材质的线稿时，线条可以柔和一点，这是由木头材质表面凹凸起伏的天然肌理决定的。

绘制线稿

02 铺设明暗关系。 使用棕色系铺设基本的明暗光影关系，区分三大面和五调子，并注意其中的微妙变化。在绘制方形和圆形木材时，选用E246███、E247███和E180███分别进行亮、灰、暗面的铺色；在绘制圆柱体木材时，选用E20███、E164███和E165███分别进行亮、灰、暗面的铺色；选用YG264███绘制投影，对物体底部的投影可进行第二遍铺色，并注意前实后虚的关系。

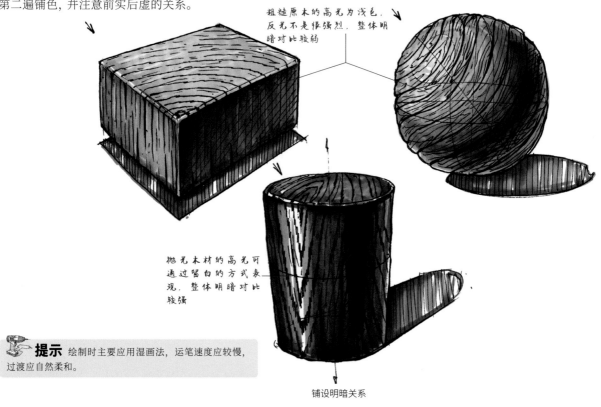

粗糙原木的高光为浅色，反光不是很强烈，整体明暗对比较弱

抛光木材的高光可通过留白的方式表现，整体明暗对比较强

提示 绘制时主要应用湿画法，运笔速度应较慢，过渡应自然柔和。

铺设明暗关系

03 刻画细节。 先使用较深的色号刻画木纹的细节，然后使用高光笔添加高光，尤其是在距离观者较近的形体转折处添加，以此来强调前实后虚的关系，使画面更精致。

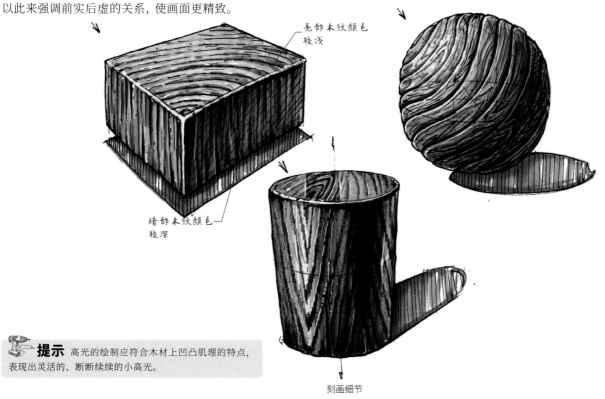

亮部木纹颜色
较浅

暗部木纹颜色
较深

提示 高光的绘制应符合木材上凹凸肌理的特点，表现出灵活的、断断续续的小高光。

刻画细节

04 添加说明。 对图中的木材种类及光影关系进行标注。用YG265██压重投影，进行前实后虚的表达，并进一步调整画面。

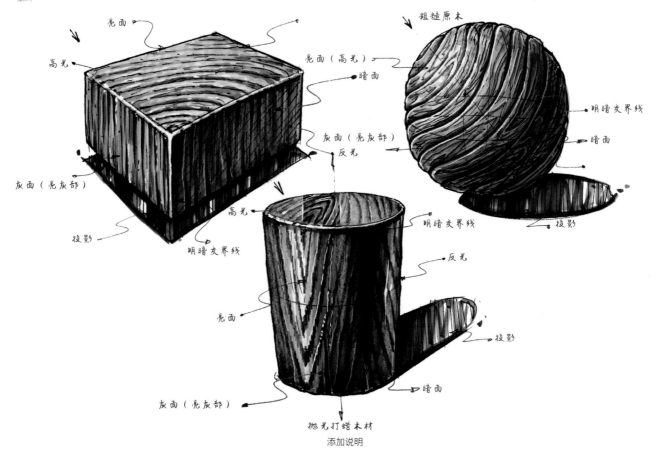

亮面
高光
灰面（亮灰部）
投影
高光
明暗交界线
亮面

粗糙原木
亮面（高光）
暗面
明暗交界线
暗面
投影

明暗交界线
反光
投影
暗面
灰面（亮灰部）

抛光打蜡木材
添加说明

8.3.3 木头材质产品应用：梳子

本节以实际产品为例，讲解木梳的表现技法。

光影标注、用色标注

颜色：YG260　　E20　　E164　　E165　　B236　　YG264

01 **绘制线稿。** 先使用YG260　　起稿，然后使用0.5号针管笔绘制线稿，在此阶段可以使用针管笔绘制出木纹，接着添加标注，最后在后方绘制方形边框作为背景。

02 **铺大色调。** 先使用E20　　对木梳主体进行铺色，然后使用YG264　　绘制投影，初步明确明暗光影关系。

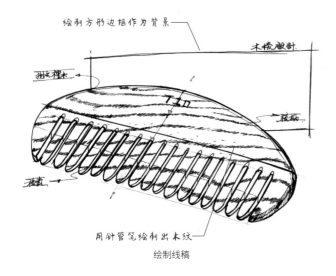

绘制线稿

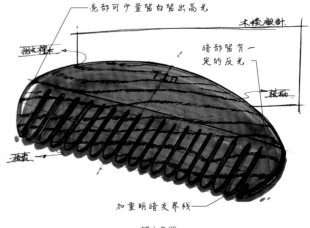

铺大色调

03 深入塑造。 强调明暗关系和材质特点，用E165████加重明暗交界线和暗部，压重梳齿的暗面，突出抛光木材较高的对比度。注意明暗交界线前实后虚的表达，同时注意对木纹进行细致刻画。用E164████绘制亮部，用E165████加重暗部。

04 刻画细节。 先用高光笔和白色彩色铅笔绘制木纹的高光，然后用B236████绘制背景。

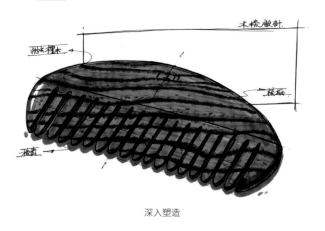

深入塑造

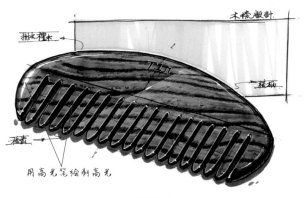

刻画细节

提示 在为背景上色时，可采用摆笔触的方法由左向右绘制，并进行颜色的叠加。

以下是其他一些木材产品的手绘设计效果图，供读者参考临摹。

木质蝴蝶凳手绘效果图

Z 型椅手绘效果图

木质花盆绿植手绘效果图

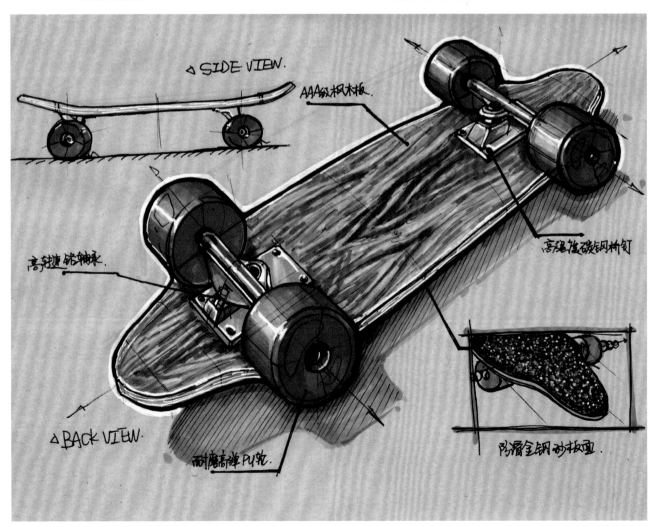

木质滑板设计效果图

8.4 金属材质的表现

　　金属包括自然金属矿产与人造合金，不同的金属有着不同的特点。金属往往给人一种冰冷感和分量感。金属材质在产品设计中的应用十分广泛，接下来我们学习金属材质的表现方法。

8.4.1 金属材质的特征分析

　　金属作为现代工业的代表性材料，在交通工具和家电等领域应用广泛。金属可分为纯金属和合金，常见的金属有不锈钢、锌合金、钛合金、铝合金、镍片、镁合金、液态金属、铁、铜、银和金等。

各种金属

　　金属的主要成型工艺有铸造、热压、冲压、压延、锻造、切削、焊接、折弯、塑金和电铸等。金属的表面处理工艺主要有热喷涂、喷丸、表面滚压、表面胀光、离子镀、激光表面强化、抛光、拉丝和网纹等。

　　下面是金属材质的应用案例，它们都是阿莱西（ALESSI）公司的产品，分别是金属不锈钢的海狸旋笔刀、小鸟水壶和由飞利浦·斯塔克设计的外星人榨汁器。

阿莱西（ALESSI）海狸旋笔刀

阿莱西（ALESSI）小鸟水壶

阿莱西（ALESSI）外星人榨汁器

金属材质五要素分析表

材质五要素	特征	表现技法要点
固有色	灰色	线稿线条干脆流畅，明暗关系对比极强，颜色属于跳跃式过渡，高光为纯白色，紧靠明暗交线位置。反光较亮，极易受到环境影响，产生镜面反射。亮部可添加淡蓝色表示受到自然光的影响，暗部可添加淡土黄色表示受到地面的反射
透明度	不透明	
粗糙度	光滑	
软硬度	坚硬	
肌理与纹理	凹凸、拉丝、网纹等	

8.4.2 金属材质的表现技巧

  不锈钢金属作为光滑坚硬材质的代表，是我们在材质表达中主要的学习对象。下面笔者以基本形体为例，讲解金属材质的具体绘制技法及要点。

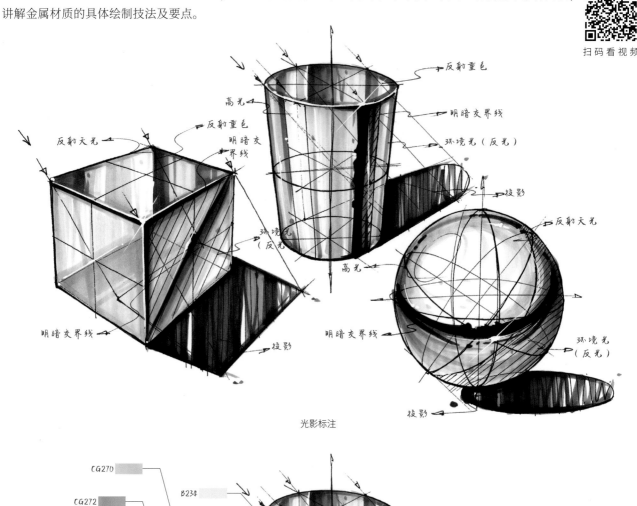

光影标注

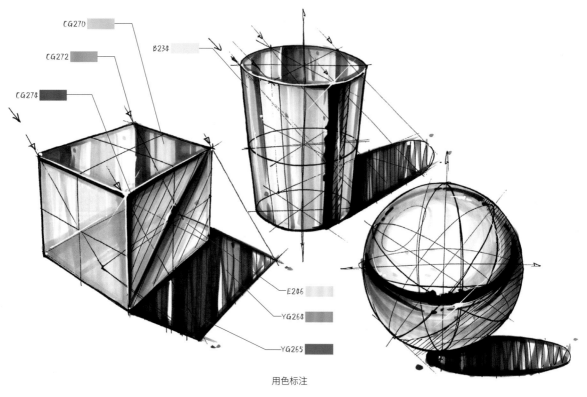

用色标注

颜色：CG270　　CG272　　CG274　　YG264　　YG265　　B234　　E246

01 绘制线稿。 由于金属材质表面光滑、质地坚硬，线条需保持干脆流畅。采用排线的方法概括光影关系，塑造立体感和空间感。

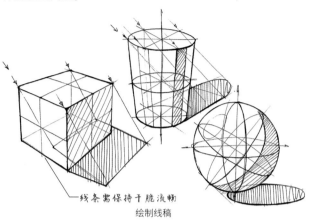

线条需保持干脆流畅
绘制线稿

02 铺大色调。 先用CG270▨▨▨▨表现金属的固有色，然后用YG264▨▨▨▨绘制投影，这里可以对投影进行重复强调。

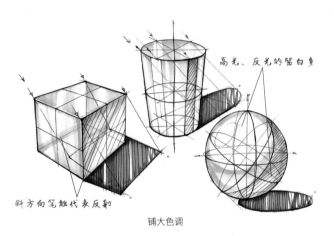

高光、反光的留白处

斜方向笔触代表反射
铺大色调

提示 注意不锈钢金属为典型的镜面反射材质，其明暗光影极易受环境影响，因此不完全遵循三大面、五调子的传统规律。但是我们在概括表达时，脑海中需对其三大面和五调子有清晰的认识。

03 深入塑造。 待底色干透后，用CG272▨▨▨▨增加对比度。

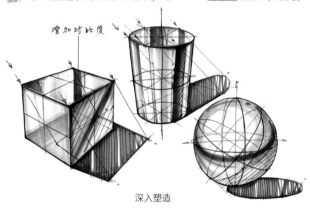

增加对比度
深入塑造

提示 金属材质形体中的明暗交界线其实是对周围环境中深色景物的反射概括，如下图中的芝加哥千禧公园的不锈钢雕塑反射的就是周围的景物。

芝加哥千禧公园的不锈钢雕塑

04 刻画细节。 先用CG274▨▨▨加深明暗交界线，增加对比度。然后添加高光，并用绘制高光的线条强调前实后虚的关系。接着用B234▨▨▨▨叠加亮部，代表反射的天光，用E246▨▨▨▨叠加暗部，代表反射的环境光。最后用YG265▨▨▨压重投影前部，表现投影前实后虚的关系。

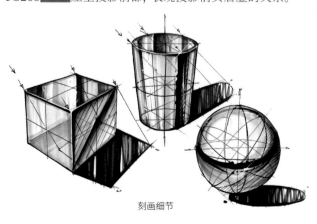

刻画细节

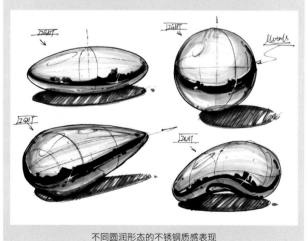

不同圆润形态的不锈钢质感表现

05 **添加说明。**用箭头和文字对光影关系进行说明，并进一步调整画面，完成绘制。

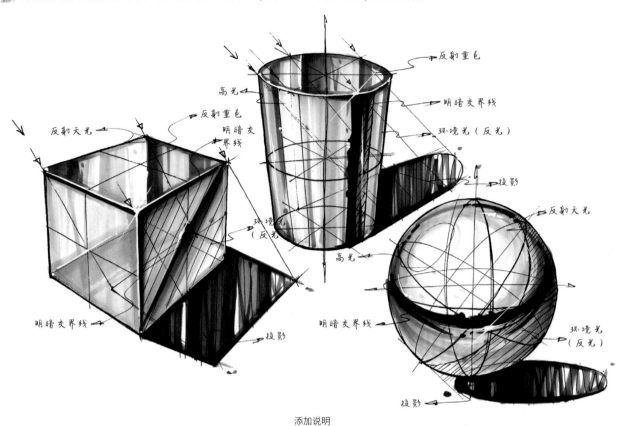

反射重色

明暗交界线

环境光（反光）

投影

反射天光

环境光（反光）

投影

高光

反射重色

明暗交
界线

反射天光

反射重色

明暗交界线

环境光
（反光）

高光

明暗交界线

投影

添加说明

🔧 **提示** 不锈钢金属材质会将周围的景物反射在自身形体上，就像照镜子一样，形体表面起伏会引起各种形变。

不锈钢金属镜面反射

8.4.3 金属材质产品应用：水壶

本节以实际产品为例，讲解金属材质水壶的表现技法。

扫码看视频

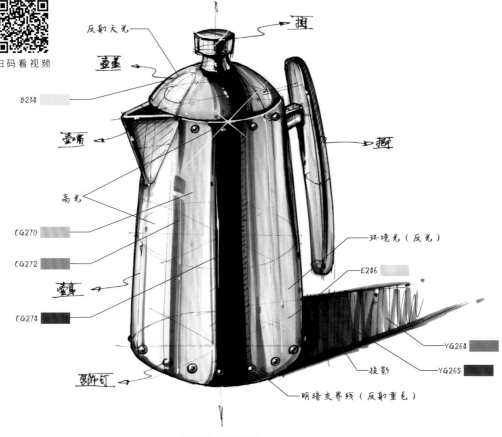

反射天光

撞

壶盖

B234

壶嘴

高光

CG270

CG272

壶身

CG274

铆钉

环境光（反光）

E246

撞

YG264

YG265

投影

明暗交界线（反射重色）

光影标注、用色标注

颜色：CG270　　CG272　　CG274　　YG264　　YG265　　B234　　E246

01 绘制线稿。 先用0.5号针管笔绘制线稿，注意保持线条的干脆流畅，然后用排线的方法概括光影，最后标注出功能部件和材质。

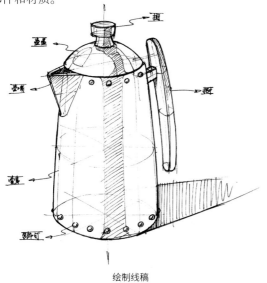

绘制线稿

02 铺大色调。 先用CG270　　对水壶进行铺色，注意在高光和反光处留白。然后用YG264　　绘制投影，初步明确明暗光影关系。

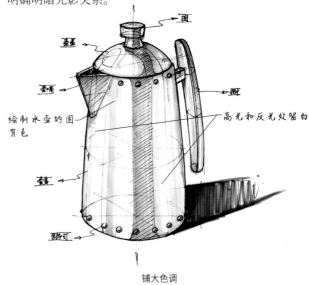

绘制水壶的固有色

高光和反光处留白

铺大色调

提示 在绘制金属材质时，多用干画法，速度要快，笔触要干脆清爽，以体现金属坚硬、光滑的质感。

03 深入塑造。 强调明暗关系和材质特点，注意明暗交界线的边缘要干脆、硬朗。用CG272▨▨▨加重明暗交界线，突出不锈钢较高的对比度，并用YG265▨▨▨加重前端。

04 刻画细节。 先用高光笔点出高光，对大面积的高光留白处理，然后用B234▨▨▨和E246▨▨▨绘制环境光，最后整体调整画面，使整个画面更加和谐。

深入塑造

刻画细节

明暗交界线的边缘要干脆、硬朗

绘制星芒高光，对不锈钢金属的强烈反射加以表现

提示 注意不锈钢金属的高光一般在转折面的位置，紧靠明暗交界线，体现极强的对比。

在实际产品的应用中，要根据具体金属的种类进行明暗光影和细节的刻画。表面越光滑的金属，对比度越高，应用干画法表现；表面越粗糙的金属，对比度越低，应用干画法和湿画法结合表现。

以下是其他一些金属材质产品的手绘设计效果图和草图，供读者临摹参考。

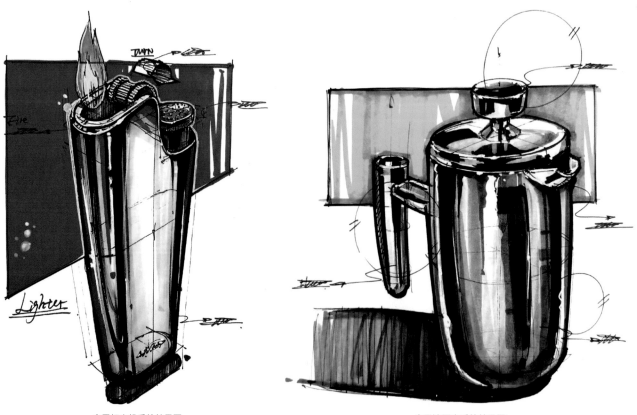

金属打火机手绘效果图　　　　　　　　　　　　　　　金属法压壶手绘效果图

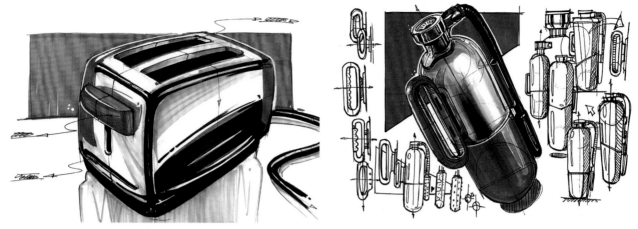

金属质感多士炉手绘效果图

金属灭火器设计草图

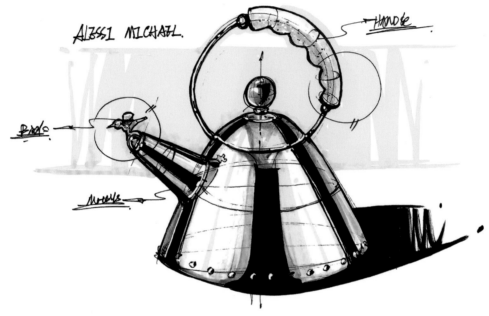

不锈钢小鸟水壶手绘效果图

在表现表面有磨损或划痕的金属时，可将针管笔与高光笔结合使用。由于划痕具有随机性，因此我们的用笔也应随意、自由一些，制造出斑驳的肌理效果。同时要把握好整体明暗光影关系和材质特点的表现，保证画面的整体效果。

磨损金属质感头盔手绘效果图

8.5 橡胶材质的表现

橡胶材质是粗糙哑光材质的代表，我们日常看到的橡胶、硅胶、磨砂塑料等材质都可以概括为粗糙哑光材质。由于橡胶材质表面有细小的凹凸起伏颗粒，对比度较低，高光和反光均不明显，整体明暗光影关系平缓、柔和。

8.5.1 橡胶材质的特征分析

橡胶是具有高弹性的高分子化合物，因其具有很强的耐磨、耐腐蚀、耐溶剂、耐高温、耐低温等性能，已成为重要的工业材料之一，被广泛应用于交通运输、工业制造和土木建筑等领域。

橡胶制品

橡胶按原料可分为天然橡胶和合成橡胶。天然橡胶是从植物中制取的橡胶。合成橡胶分为通用橡胶和特种橡胶，各种橡胶制品加工的基本工序包括塑炼、混炼、压延或压出（即挤出）、成型和硫化等。橡胶的表面处理工艺包括粗化、胶合、酸蚀、黏接、编织、喷涂和丝印等。

橡胶材质五要素分析表

材质五要素	特征	表现技法要点
固有色	黑色	线稿线条可略微柔和，明暗关系对比较弱，颜色过渡自然，高光反光不明显，受环境光影响小。可以用暖灰色通过湿画法来表现，并用点画的方式增加肌理
透明度	不透明	
粗糙度	粗糙	
软硬度	柔软	
肌理与纹理	各种肌理	

8.5.2 橡胶材质的表现技巧

下面笔者以基本形体为例，讲解深色橡胶材质的具体绘制技法及要点。

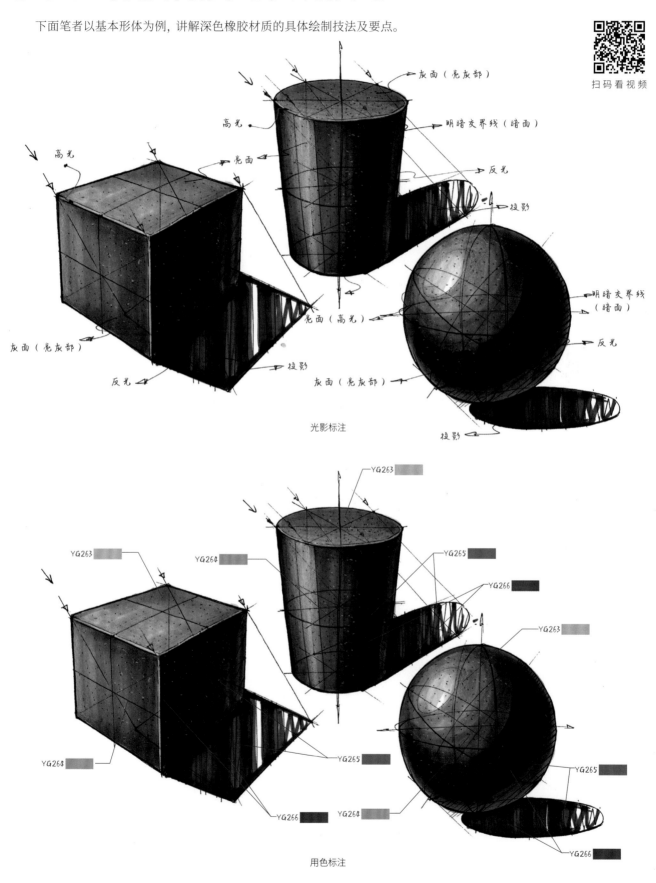

光影标注

用色标注

颜色：YG263　　YG264　　YG265　　YG266

01 **绘制线稿。** 这里仍使用基本形体线稿来进行材质的表达。先用点来表现橡胶表面磨砂的质感，然后采用排线的方法概括光影关系，塑造立体感和空间感。

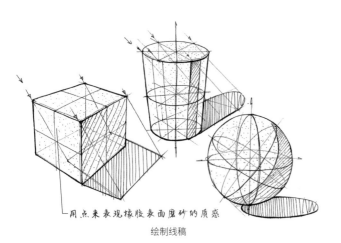

用点来表现橡胶表面磨砂的质感

绘制线稿

02 **铺设光影关系。** 使用YG263████、YG264████和YG265████表现基本的明暗光影关系。高光区域用YG263████覆盖，反光不明显，整体对比度很低。由于橡胶具有不透光性，并且反射很弱，因此投影较重，可使用YG266████绘制投影。

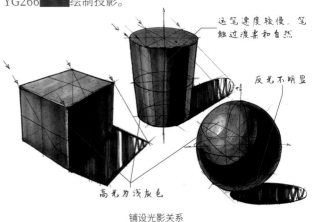

运笔速度较慢，笔触过渡柔和自然

反光不明显

高光为浅灰色

铺设光影关系

🔧 **提示** 可预先留出高光区域，用浅灰色铺色。为了保证笔触过渡柔和自然，可重复叠色。

03 **刻画细节。** 先叠加颜色让画面过渡更自然，然后使用白色彩色铅笔表现高光和亮部。

🔧 **提示** 橡胶材质的明暗光影关系受周围环境的影响不大，因此只需刻画明暗光影关系。

用白色彩色铅笔添加高光

刻画细节

04 **添加说明。** 对图中的光影关系进行说明，并进一步调整画面，完成橡胶材质的表达。

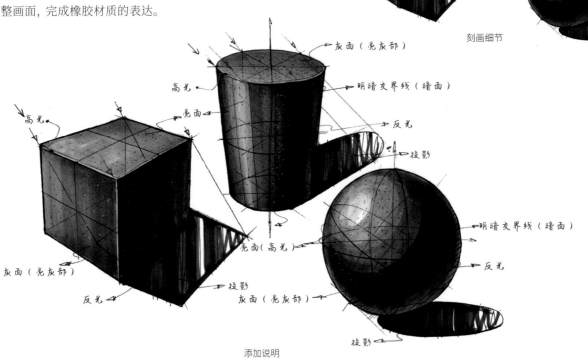

灰面（亮灰部）

明暗交界线（暗面）

反光

投影

高光

亮面

高光

明暗交界线（暗面）

反光

亮面（高光）

灰面（亮灰部）

反光

投影

灰面（亮灰部）

投影

添加说明

8.5.3 橡胶材质产品应用：自行车把手

本节以实际产品为例，讲解橡胶材质的自行车把手的表现技法。

光影标注、用色标注

颜色：YG264 　　 YG265 　　 YG266 　　 CG270 　　 CG272 　　 CG274 　　 B234 　　 B236

01 绘制线稿。 使用0.5号针管笔绘制线稿。首先绘制出整体形态，然后在形体上进行分割，接着添加凹凸肌理，表示防滑功能，最后绘制剖面线。

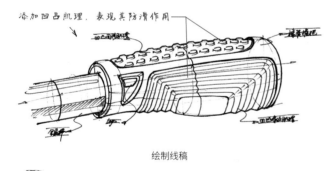

绘制线稿

02 铺大色调。 先使用CG270 　　 对金属杆进行铺色，然后使用B234 　　 对标签细节进行铺色，接着用YG264 　　 对橡胶握把进行铺色，大致区分形体亮、灰和暗面。高光为浅灰色，反光不明显，整体对比很弱。

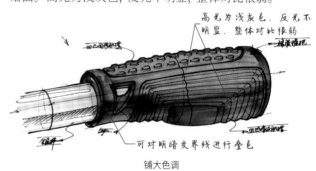

铺大色调

提示 绘制凹凸肌理时，需要将凹凸形态及厚度刻画清楚。

03 深入塑造。 先使用CG272 　　 加重金属杆的明暗交界线，然后使用YG265 　　 加重橡胶握把的暗面，趁画面湿润时进行叠色，最后使用YG266 　　 加重凹凸肌理的暗面，塑造立体感。

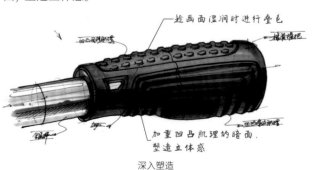

深入塑造

04 刻画细节。 先使用CG274 　　 加重金属杆的明暗交界线，然后使用B236 　　 加重标签的颜色，接着使用白色彩色铅笔提亮高光和反光部分，凸显其粗糙、磨砂的特点，最后使用针管笔添加点状肌理，体现粗糙感，并进一步调整画面。

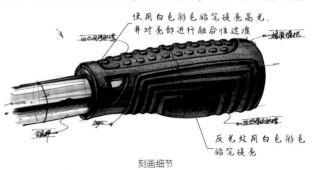

刻画细节

通过学习橡胶材质的表现技法，可以发现橡胶材质基本上就是用湿画法表现，相对比较简单。注意在实际产品的应用中，要根据具体使用的橡胶种类进行明暗光影和细节的刻画。

以下是其他一些橡胶材质产品的手绘设计效果图和草图，供读者参考临摹。

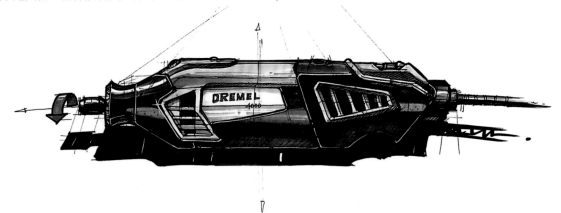

电动打磨机手绘效果图

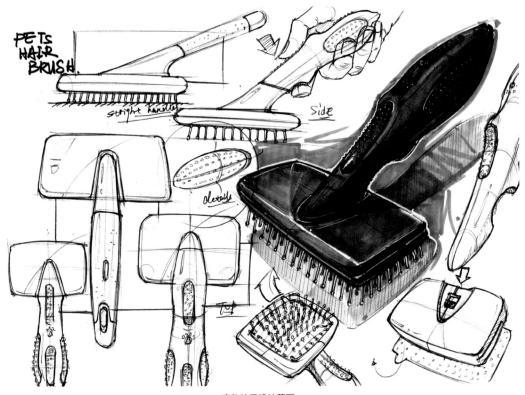

宠物梳子设计草图

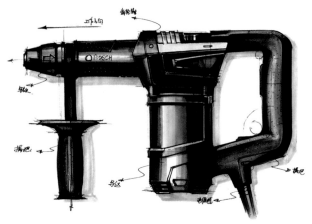

冲击钻手绘效果图

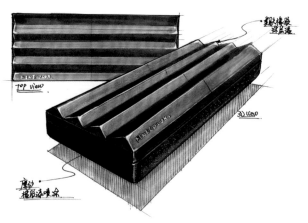

文具盒手绘效果图

8.6 透明材质的表现

透明材质在日常生活中也十分常见，如玻璃、透明塑料和透明亚克力等。玻璃等透明材质往往给人一种冰冷清脆之感，能让人联想到水和冰块。其透明性导致其视觉质量轻，给人一种漂浮感和轻盈感。接下来我们学习透明材质的表现方法。

8.6.1 透明材质的特征分析

透明材质中比较有代表性的就是玻璃材质，下面我们主要讲解玻璃材质的特征。玻璃的种类有高白玻璃、有色玻璃、钢化玻璃和有机玻璃等。玻璃经混合、高温熔融、匀化后加工成型，再经退火而得，被广泛应用于建筑、日用、艺术、化学和电子等领域。

玻璃的主要成型方式有压制成型、吹制成型、拉制成型和压延成型，主要的表面处理工艺有研磨、抛光、磨边、喷砂、车刻、蚀刻、彩饰和丝印等。由于其表面光滑，光线反射为镜面反射，具有反光和折射的特点，容易受环境影响，光影变化十分丰富。玻璃基本不受光源的影响，因此不能产生明确的、传统意义上的三大面、五调子。

下面是一些经典的玻璃材质设计作品。下图中的甘蓝叶花瓶由模具压制而成，其优美的曲面展现了北欧设计的浪漫情怀。下图中的iMac台式计算机，其后盖由彩色有机玻璃（透明塑料）制成，为计算机设计开辟了新道路，其透明感暴露出内部的结构，展现出十足的科技感和未来感，在当时引起很大的反响，受到广泛欢迎。

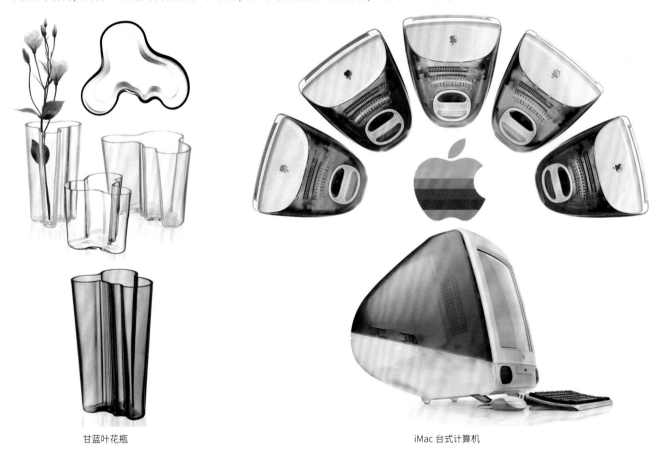

甘蓝叶花瓶   iMac 台式计算机

透明材质五要素分析表

材质五要素	特征	表现技法要点
固有色	无色	线稿线条干脆流畅，透明度高，可透过形体看到后面被挡住的结构。明暗关系对比较强，颜色属于跳跃式过渡，高光为纯白色，反光较亮，极易受环境影响，产生镜面反射。亮部可添加淡蓝色，代表自然光影响，体现玻璃通透纯净之感。多用干画法表现，运笔速度要快，清爽、干脆
透明度	透明	
粗糙度	光滑	
软硬度	坚硬	
肌理与纹理	可印花	

8.6.2 透明材质的表现技巧

前面我们分析了透明材质的特征，下面笔者以基本形体为例，讲解透明材质的具体绘制技法及要点。

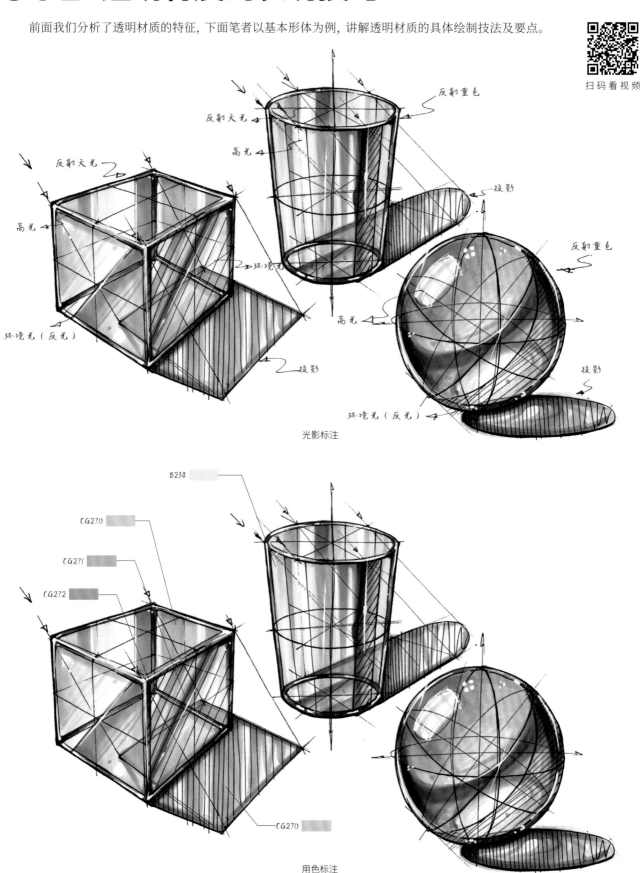

光影标注

用色标注

颜色：CG270 　　CG271　　CG272　　B234

01 绘制线稿。 使用0.5号针管笔绘制几何体线稿，注意透明玻璃材质的线稿要干脆、流畅，同时要刻画出玻璃的壁厚及后面被挡住的部分结构，以此来表达其通透性。

02 铺大色调。 使用CG270▢▢▢对几何体进行铺色，表现玻璃的固有色及基本明暗光影关系，高光和反光要留白，这样有利于表现材质的通透感，对投影进行初次铺色。

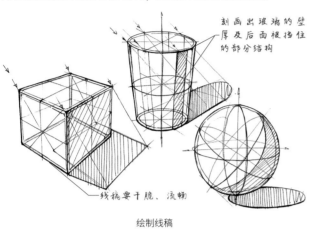

绘制线稿

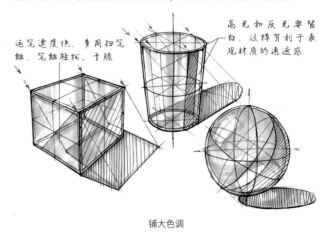

铺大色调

提示 在绘制时主要用干画法，运笔速度要快，笔触要轻松、干脆，并且可通过大量的留白来表现光线的反射。

03 增强对比。 先使用CG271▢▢▢和CG272▢▢▢加重玻璃表面的重色和玻璃壁厚的重色，然后使用CG271▢▢▢加重投影的前端，增强虚实对比。

04 刻画细节。 先使用高光笔添加高光，然后使用射线强调前实后虚的关系，接着使用B234▢▢▢进行叠色，代表反射天光，这样也可以使玻璃材质显得更加通透、洁净。

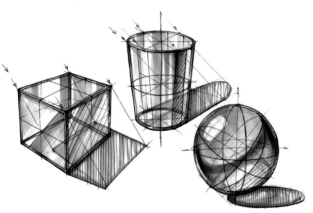

增强对比

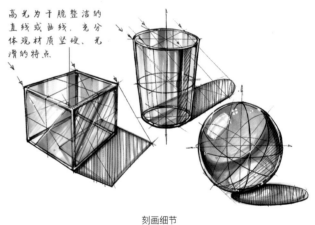

刻画细节

提示 由于玻璃本身为透光性材料，周围环境对物体的影响较大，导致透明材质的明暗光影发生丰富的变化，因此需要对其进行概括性表达，突出其通透性。

05 添加说明。 对图中的光影关系进行标注说明，并进一步调整画面。

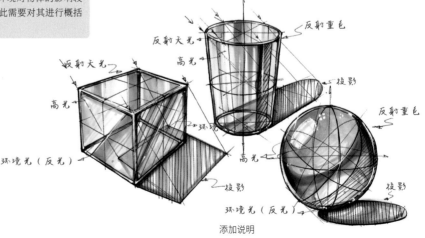

添加说明

8.6.3 透明材质产品应用：玻璃杯

本节以实际产品为例，讲解透明玻璃杯的表现技法。

扫码看视频

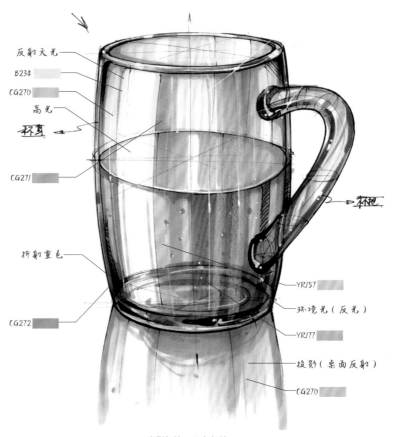

反射天光
B234
CG270
高光
杯身
CG271
折射重色
CG272
YR157
环境光（反光）
YR177
投影（桌面反射）
CG270

光影标注、用色标注

颜色：CG270　　CG271　　CG272　　YR157　　YR177　　B234

---

01 绘制线稿。 使用0.5号针管笔绘制线稿，并刻画出玻璃的壁厚及后面被挡住的部分结构，以此来表达其通透性。添加液体的水平面，并进行剖面线分析和光影概括。

提示 后面的结构受到光线折射的影响会变虚，因此尽量用单线表达，以表现出透明玻璃材质的特点。

02 铺大色调。 先使用YR157　　　对液体进行铺色，注意留白要多。然后使用CG270　　　对玻璃杯进行铺色，表现玻璃的固有色及基本明暗光影关系。接着将高光和反光留白，突出材质的通透感。最后对投影（桌面反射）进行铺色，预留出底部光斑。

杯身
杯把
玻璃杯的线稿中线条需干脆、流畅

绘制线稿

大量的留白代表光线的反射和映透
杯身
杯把
运笔速度要快，多用扫笔触，笔触轻析、干脆

铺大色调

03 深入塑造。 先使用CG271▨▨▨▨加重杯身的明暗交界线, 增加对比度。然后使用CG272▨▨▨▨加重玻璃壁厚的重色。接着使用CG271▨▨▨▨加重投影边缘, 表现壁厚的投影。再使用YR177▨▨▨▨加重液体的暗部。最后使用YR157▨▨▨▨对投影中的光斑进行铺色, 代表光线透过液体后的投射。

04 刻画细节。 玻璃杯身表面及转折处均会产生高光, 可使用高光笔添加星芒高光, 并使用射线强调前实后虚的关系。先使用B234▨▨▨▨进行笔触的叠加, 代表反射天光, 使玻璃材质更加通透。然后使用白色彩色铅笔绘制反光, 并调整整体画面。

加重明暗交界线, 增加对比度和立体感

加重玻璃壁厚的重色

深入塑造

添加星芒高光

添加液体内气泡细节

刻画细节

提示 杯内液体的上部为亮面, 需保持较亮的颜色; 底部为暗面, 需根据圆柱体的光影规律进行塑造, 同时留出较亮区域。

提示 由于光在杯壁厚度处的折射会产生较重的颜色, 大胆压重会提升玻璃的通透感和真实感, 也能使整体画面更亮。

掌握了透明材质的概括画法后, 我们再来看一些实际应用案例以加深理解。读者注意在生活中仔细观察玻璃制品的光影变化, 并通过写生进行概括归纳。

玻璃瓶手绘草图

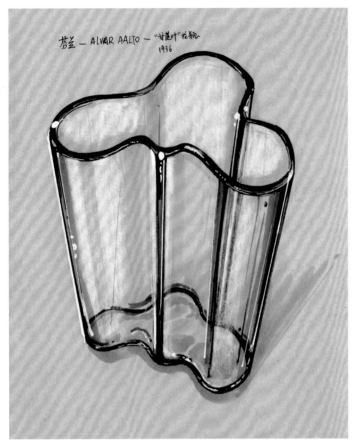

芬兰 — ALVAR AALTO — "甘蓝叶"花瓶
1936

甘蓝叶花瓶手绘效果图

伊姆斯椅透明版手绘效果图

透明 PVC 充气沙发手绘效果图

电动旋笔刀设计效果图

8.7 色彩的基础认知

在学习产品设计色彩应用前，我们首先要了解并掌握一系列色彩的基础知识。这有利于设计师形成基本的色彩观念，以便后期熟练应用。

8.7.1 色彩的基本概念

世间万千种颜色都是由几种原始颜色构成的。第一种是光学三原色，应用于电子屏幕显示的色彩显示情况；第二种是颜料三原色，应用于真实绘画的颜料调和情况；第三种是印刷四基色，应用于打印机印刷时的颜色调和情况。

光学三原色

光学三原色是指红、绿、蓝3种颜色，英文缩写为RGB（RED/GREEN/BLUE）。光学三原色在混色时为叠加模式，即红色加绿色产生黄色，绿色加蓝色产生青色，红色加蓝色产生洋红色，3种颜色相加产生白色。此原理与现实生活中光线颜色叠加的规律具有一致性，白色的物体之所以会显示为白色，是因为反射了所有颜色的光。

颜料三原色

颜料三原色是指红、黄、蓝3种颜色，在实际绘画创作中应用的就是此种原色。三原色通过不同比例的混合，产生其他各种不同的颜色。我们在使用马克笔、水彩颜料、油画颜料绘画时都应用的是颜料三原色的混合模式。其中红色加黄色产生橙色，黄色加蓝色产生绿色，红色加蓝色产生紫色，3种颜色相加产生黑色。

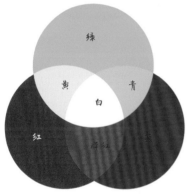

光学三原色示意图

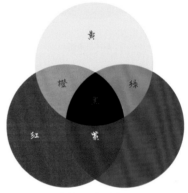

颜料三原色示意图

印刷四基色

印刷四基色是指洋红、青、黄、黑4种颜色，英文缩写为CMYK，是传统油墨打印机内部的墨盒中颜料的4种颜色。打印机通过抽取墨盒中4种颜色的油墨，进行不同比例的调配而产生各种各样的颜色打印在纸上，从而实现所谓的"全彩印刷"。这也是Photoshop中的一种颜色模式，专门应用于打印的情况。

颜色的三维度

我们将描述颜色特征的维度概括为3个方面，即色相（色调）、明度（亮度）和饱和度（纯度）。色相是指颜色本身的相貌，又叫色调。明度是指颜色的明亮程度，又叫亮度。饱和度是指颜色的浓度、鲜艳程度，又叫纯度。

色相（色调）

明度（亮度）

饱和度（纯度）

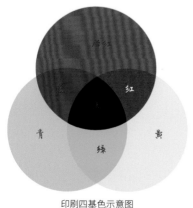

印刷四基色示意图

颜色的三维度示意图

色环

色环又叫色盘或色轮。将三原色（红、黄、蓝）两两等比混合后会产生3种间色（橙、绿、紫），再将不同比例的紧邻颜色两两混合又能产生其他间色。最终，由产生的新颜色构成了常用的12色环。12色环为我们提供了基础的色彩选择，如果继续向下细分，并进行颜色混合，又会产生更加丰富的颜色变化，如24色环，直至构成颜色过渡平缓的渐变色环。

色环中两两相对间隔180°的颜色为互补色，互补色的差异度最高，如黄对紫、红对绿、蓝对橙。间隔30°的颜色为同类色，同类色的差异度最低。间隔90°的颜色为相近色，相近色具有相似性。间隔为120°的颜色为对比色，对比色的差异性和对比性较大。

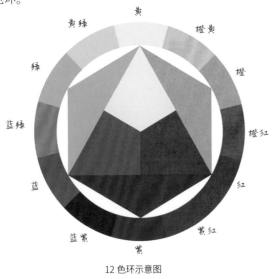

12色环示意图

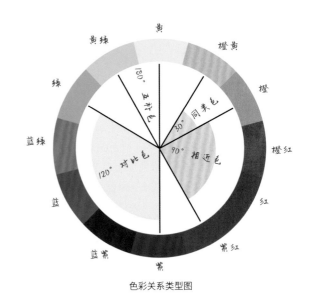

色彩关系类型图

颜色的冷暖

不同色相的颜色会给人不同的冷暖感受，颜色据此可分为冷色和暖色两类。冷色会给人一种谨慎、宁静、冰冷和冷静的感觉，空间位置相对靠后。暖色会给人一种活跃、激情、温暖和富有表现力的感觉，空间位置相对靠前。颜色的冷暖具有相对性，每种颜色的冷暖都是在比较中产生的，如同属于冷色调中的绿色和蓝色相比较，绿色更偏暖，蓝色更偏冷，同属于暖色调中的粉红色和红色相比较，粉红色更偏冷，红色更偏暖。所有颜色中的橙色为暖极，带给人最暖的感受；蓝色为冷极，带给人最冷的感受。

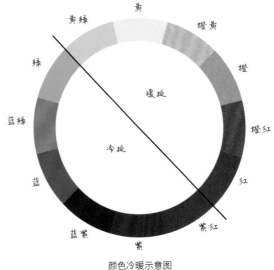

颜色冷暖示意图

8.7.2 色彩的作用

色彩是产品外观设计中的重要因素，往往能够第一时间映入观者的眼帘，起到引人注目的作用。

对产品类别的作用

产品色彩与产品类别属性有着密切联系。例如，在消防产品设计中，灭火器和消防车通常使用红色作为主要颜色，原因在于红色能够使人联想到火焰，同时能够造成人视觉紧张，进而引发大脑中"危险"的意识；在安全类设备产品设计中，如安全帽、安全头盔、电动工具等，通常会使用黄色、橙色作为主要颜色，这是因为黄色和橙色的穿透性强，能够引人注目；在专业机械设备类产品的设计中，常使用较深沉的暗色，这是为了表现产品的稳重感和专业性。因此，在实际产品设计中，我们可以通过产品上应用的主要颜色来进行产品类别的大致区分。

消防产品色彩应用

对外观形态的作用

产品色彩与外观形态同样密切相关，外观造型中的产品形态具有一定的情感倾向，色彩亦是如此。例如，在造型夸张的跑车设计上，时常应用鲜艳的红色、张扬的流线型造型共同展现出极具攻击性、速度感和张力的产品特征；在形态圆润有机的家居产品设计上，时常应用黄色、橙色和棕色等暖色系，为的是表现其温暖、温馨、柔软的特质；在形态方正规矩的机械设备设计上，时常应用灰色和蓝色，以强调其稳重、专业、可信赖的产品特征。所以我们在进行产品色彩与形态匹配时，需要注意将二者的气质相统一，共同发挥表现产品特性的作用。

兰博基尼跑车红色应用

对品牌形象的作用

产品色彩对品牌形象的塑造具有重要的作用。在竞争日益激烈的市场环境中，企业为了提高品牌的竞争力，越来越重视色彩在产品营销中发挥的作用。企业通过确立产品的"品牌色"，使其生产的产品形成统一的色彩视觉语言，通过色彩上的视觉强化，在消费者的脑海中形成品牌色彩烙印，加深消费者对产品的印象，从而进一步树立企业的品牌形象。

各种品牌色

8.7.3 色彩搭配的原则

在进行色彩搭配时，需综合考虑各方面的因素。设计色彩学和色彩心理学的发展为我们提供了丰富的理论知识，接下来笔者重点讲解产品设计手绘领域的配色。

合理性

配色有道，我们要从产品功能、外观形态、使用环境、用户人群、时代文化特征、行业属性等方面进行综合考虑，选择最适合的配色方案，突出产品的特性。同时需充分考虑客户和企业的要求，选择适合客户特色和符合企业品牌色的配色方案。市场上的实际产品以灰色调为主，同时添加少量的彩色。全部为彩色配色的产品较为少见，如儿童玩具、游乐设施等。

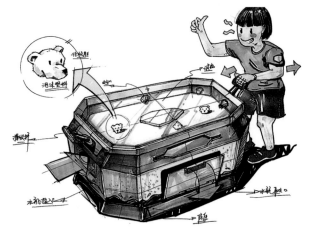

儿童游乐设施设计草图

- **整体性**

在整个产品上或整张产品手绘中，我们可设定"主色+辅色+点缀色"的整体色彩搭配模式。首先需要确立整体色调，即确立一种主色，其面积占比较大。然后确定辅色，其面积占比较小。最后需添加少量的点缀色，三者的比例大致为7∶2∶1。将多种颜色搭配使用，才不会使产品或画面过于单调乏味。配色需注意局部细节服从整体，即辅色要与主色搭配和谐统一，形成统一的整色调。一般在手绘中建议采用一种主色，搭配1~2种辅色，整组颜色种类（色相）不要超过3种，避免整体颜色过多造成杂乱感。主色一般用于大面积的产品表现，塑造整体色彩特征，辅色多用于关键的功能模块、引人注目的操作部分和重要的形态结构处，点缀色多用于标记、箭头等说明性、功能性细节部分。同时需注意，黑、白、灰不算彩色，可利用灰色调来统一画面，添加少量彩色进行点缀。

椅子设计手绘图

- **层次性**

在产品设计手绘中需注意色彩的层次感，要有主次，突出重点。我们可以利用颜色自身具备的胀缩感和进退感来突出层次感。"亮胀暗缩"是指高明度颜色具有扩张感，适合安排在前面；低明度颜色具有收缩感，适合安排在后面。"艳进灰退"是指高饱和度颜色，更加引人注目，具有前进感，空间位置靠前，低饱和度颜色，具有后退感，空间位置靠后。"暖进冷退"是指暖色具有前进感，空间位置靠前，冷色反之。另外，面积也是重要的影响因素，面积大具有前进感，面积小具有后退感。因此，在进行多颜色搭配时，要有意识地将不同色相、明度、饱和度和面积的颜色置于不同位置，增加产品的空间感和立体感。

儿童桌面摄像头设计效果图

- **平衡性**

配色时需注意色彩的冷暖、轻重、纯度的平衡，从色相、明度、饱和度三维度寻找整体色调的平衡关系。暖色具有前进性，冷色具有后退性，因此小面积的暖色与大面积的冷色容易达到冷暖的平衡。在进行亮色与暗色的配色时，亮色添加于产品的上部分，暗色添加于产品的底部，可使产品具有稳定性，反之则富有动感；在进行大面积彩色配色时，可有意识地选择色相对比小的同类色系进行搭配，提高颜色的明度，降低饱和度，以达到整体配色的平衡。另外，还可以选用大面积的无色调颜色（黑、白、灰）与小面积的高明度、饱和度的彩色进行搭配，达到灰色与彩色的平衡。

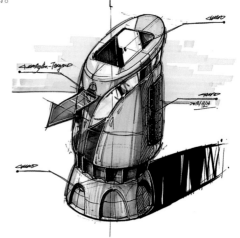

查询机设计手绘图

- **节奏性**

在产品设计手绘中还需注重配色的节奏感，使产品的色彩富有节奏，变化生动。产品的造型特征和色彩会如同音乐中的节拍一样呈现出规律性变化。通过不同的面积、位置、形状及过渡方式的应用，使颜色呈现有目的、有规律的节奏变化，使产品外观富有变化，使产品更具魅力。颜色的面积不能相同，否则会给人一种呆板、过于均衡的印象。颜色的过渡方式分为渐变过渡和跳跃过渡两种，渐变过渡即为柔和的、逐渐的变化，更加细腻自然；跳跃过渡即为干脆的、分隔的变化，有明显的界线，更加果断、干净利落。

鞋子设计效果图

8.8 色彩的实际应用：早餐机

前面我们学习了产品色彩的基础知识，接下来通过一个早餐机的案例具体讲解产品的色彩表现方法，带领大家了解绘制流程。

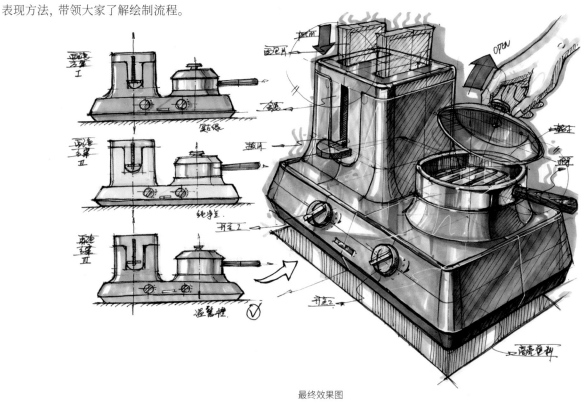

最终效果图

颜色：G46　　G48　　B234　　B236　　YR157　　YR177　　YR156　　E165　　Y226
CG270　　CG271　　CG272　　CG274　　YG260　　YG262　　YG264　　YG265

01 起稿。 先使用YG260，将早餐机的平面图和立体图大致勾勒出来，确定形体大小和透视关系。然后使用0.5号针管笔起稿，绘制出初步的线稿。

02 细化线稿。 绘制指示箭头及产品细节，如产品的按钮和开关等。利用排线的方法表现明暗光影关系，使线稿更加详细、精致。

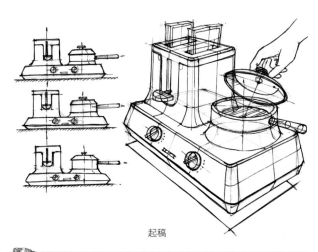

起稿

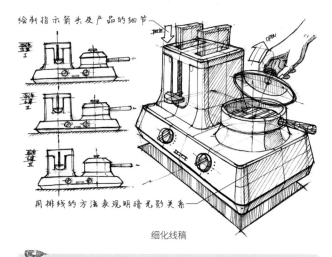

细化线稿

提示 在使用马克笔起形时，需根据画面主体色调的冷暖选择灰色的冷暖倾向，冷色调用冷灰来画，暖色调用暖灰来画。

提示 在线稿阶段，可以多画几个平面图来展示配色方案，从3款配色方案中选择一款进行放大。在平面图中进行配色尝试是一种很好的试色手段，具有快速高效的优点，能为客户提供更多的配色选择。

03 初步铺色。 使用马克笔进行初步铺色,确定产品的色彩关系和材质特点。在平面图中我们进行3种配色的展示,即复古绿色、清新蓝色和温馨黄色,分别使用到的颜色为G46 ▊、G48 ▊、B234 ▊、B236 ▊、YR157 ▊、YR177 ▊、CG270 ▊、CG271 ▊、YG264 ▊、YR156 ▊。最后选定的是温馨黄色的配色方案,因为它更能突出早餐机的温馨感。

04 深入塑造。 先使用更深色的马克笔对选定的配色方案进行深入塑造,使用到的色号有YR177 ▊、E165 ▊、CG272 ▊、CG274 ▊和YG265 ▊。这一步要压重暗面和明暗交界线,增加画面对比度,塑造立体感并表现材质质感。然后使用YG262 ▊表现投影,与底座的深灰产生对比。

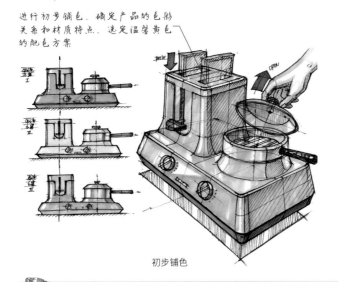

初步铺色

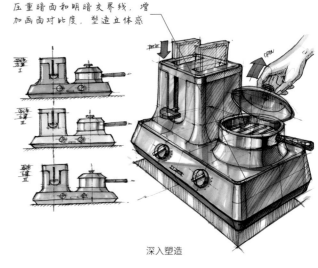

深入塑造

提示 注意,自然的留白比后期使用高光笔再提亮要自然,并且可提升我们的绘图效率。

05 刻画细节。 用高光笔添加高光,用针管笔补充一些遗漏的细节,并补充文字注释。用Y226 ▊绘制背景,用同色系暖色调来烘托出温馨、充满元气的氛围,体现出产品的特质。

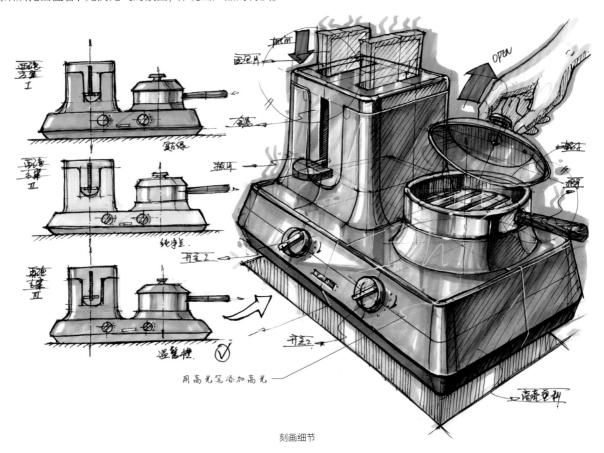

刻画细节

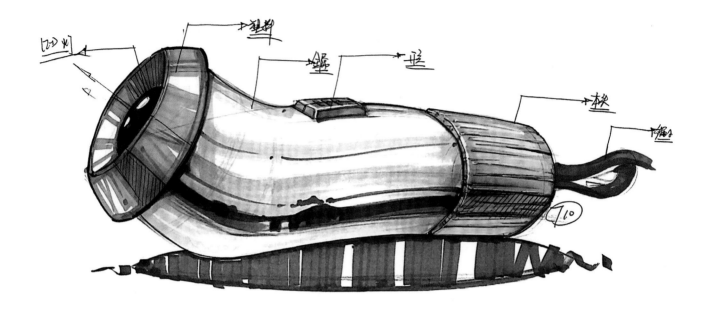

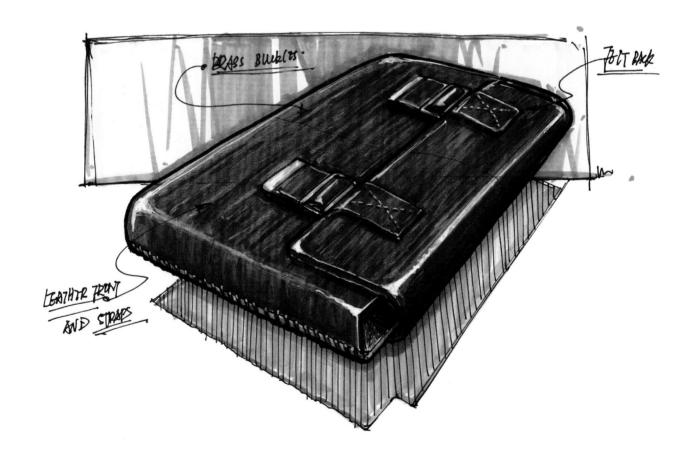

BRASS BUCKLES

BOLT BACK

LEATHER FRONT AND STRAPS

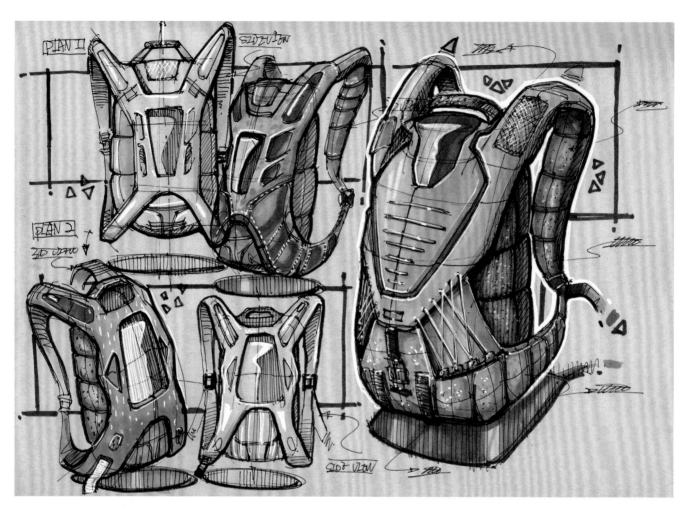

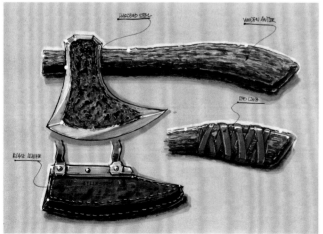

插口

电地合

ELm V-7

Power line

塑料

ELM V-7

储屑盒

树位调节

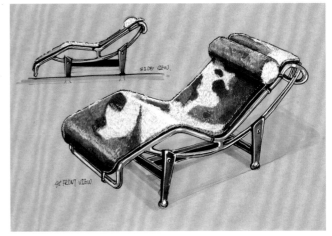

SIDE VIEW.

FRONT VIEW

STEAM BUTTON.

SPRAY

BRAUN

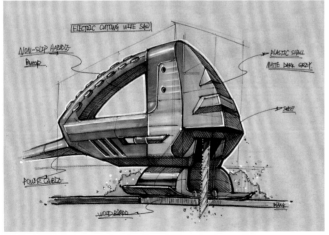

ELECTRIC CUTTING WIRE SAW

NON-SLIP HANDLE
Bump

PLASTIC SHELL
MATTE DARK GREY.

POWER CABLE

WOOD BOARD

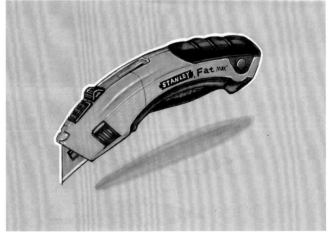

STANLEY Fat Max

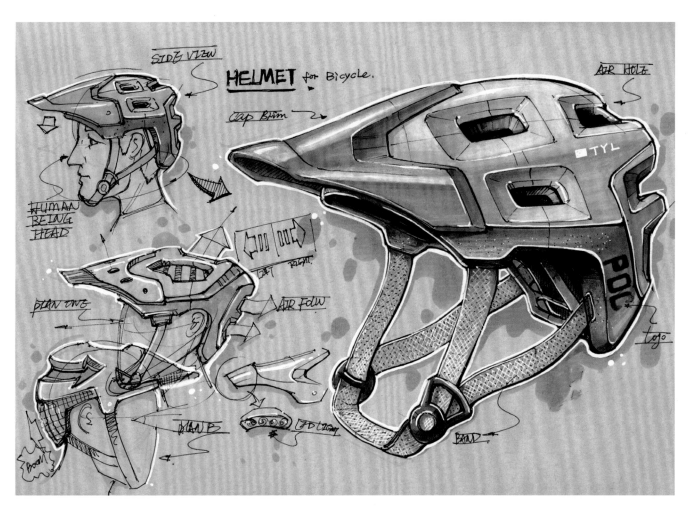

HELMET for Bicycle.

SIDE VIEW

AIR HOLE

Clap Brim

TYL

POC

logo

HUMAN BEING HEAD

LEFT RIGHT.

AIR FLOW

PLAN ONE

BAND.

PLAN B

LED LIGHT

SIDE VIEW

HANDLE

LOGO

cowhide

loop button

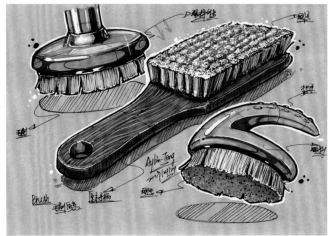

Nylon-Tong

Brush

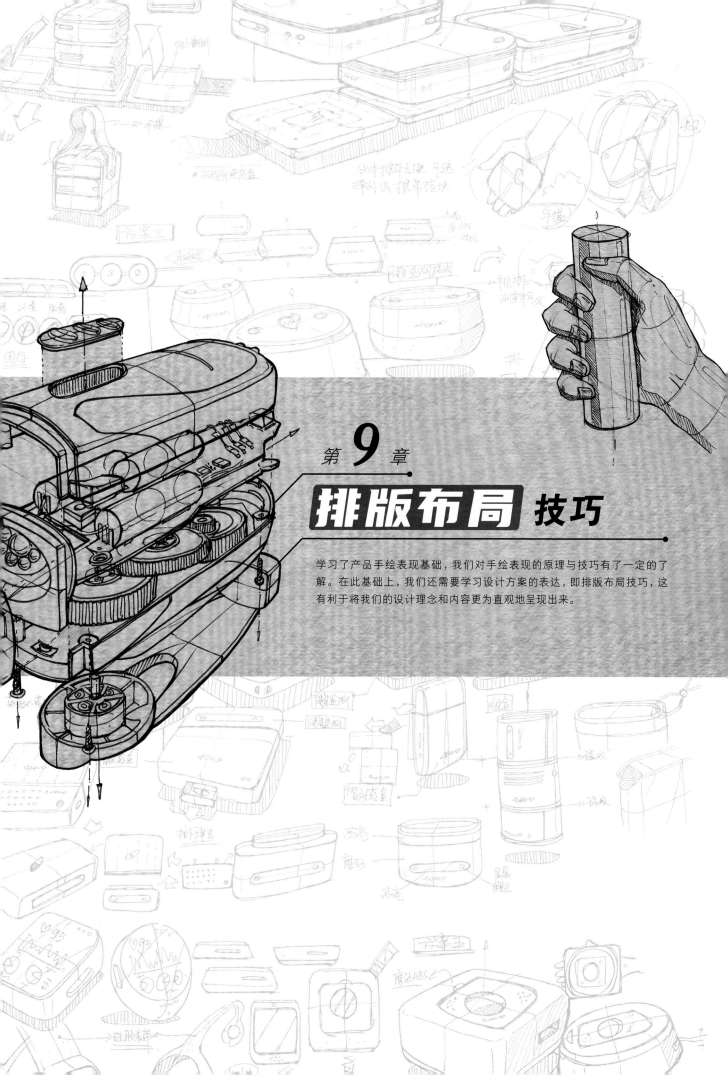

第 9 章

排版布局 技巧

学习了产品手绘表现基础，我们对手绘表现的原理与技巧有了一定的了解。在此基础上，我们还需要学习设计方案的表达，即排版布局技巧，这有利于将我们的设计理念和内容更为直观地呈现出来。

9.1 产品设计手绘版面的分类

版面是指将图画和文字呈现在纸面上的形式，其需要通过相关人员的规划和布局才能达到整体的和谐。根据不同的需求和目的，版面可被分为不同的种类。本节将对日常训练版面、方案发散版面、考研快题版面与项目汇报版面进行讲解。

9.1.1 日常训练版面

在日常训练中，我们往往会把看到的好的作品保存下来，也会随时记录自己的灵感和创意。

日常训练版面可用于产品平面图、立体效果图、结构原理图和人机关系图的绘制。我们要充分地分析与学习积累对象的创意、造型、CMF设计、结构、功能和人机关系等要素，丰富自己的素材库。

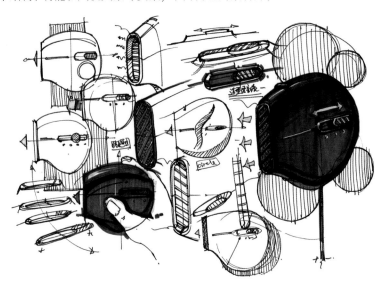

日常积累版面

在日常训练中，我们还可以进行单独的造型训练，不断强化自己的造型能力。我们可对临摹对象进行多种变形训练，并在临摹或写生的同时对产品的造型进行思考分析，明白其中的设计原理，做到知其然，并知其所以然。

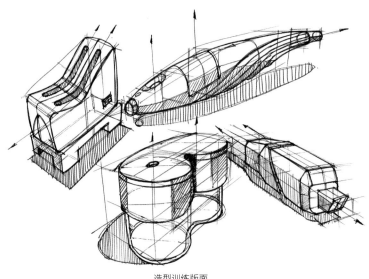

造型训练版面

提示 在日常训练时，也需要对画面进行控制，进行合理的布局规划。在一张二维纸面上，通过改变图形的大小和位置来营造三维立体空间感，增强视觉效果。

9.1.2 方案发散版面

　　方案发散版面对日常的手绘和思维训练具有重要意义。图稿一般按照一定逻辑和发展顺序来排列，方式多种多样。我们称这样的草图为草图风暴，它类似于产品外观造型、交互方式等方面的头脑风暴。同时，我们把推演的每个步骤清晰地记录于纸面上，以呈现推敲造型时的思路。

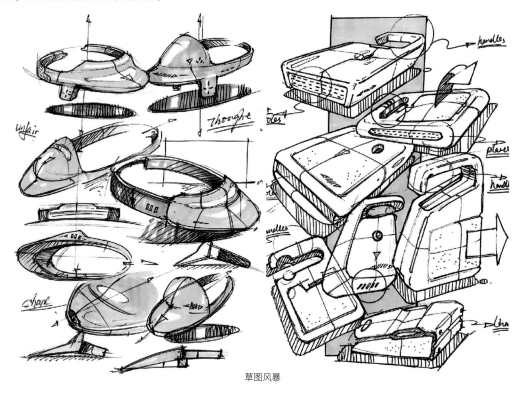

草图风暴

　　在进行平面正等测产品造型发散时，我们可以平面图推敲为主，对其他产品则可采用平面图与立体图结合的方式。上色以单色法为主，选择一到两个颜色进行快速概括表达。

鞋子设计草图风暴

水壶设计草图风暴

　　在草图推敲版面训练中，我们要注意版面构成的饱满度和丰富度，尽量使不同的造型方案铺满整个纸面。可通过大小对比、添加背景、深入刻画等方式区分主次方案，突出最终选择的可优化方案，然后进入下一步的效果图绘制。

　　在考研手绘中一般要求绘制3款以上的小方案，此时草图风暴版面就派上用场了。在日常积累中多多进行草图风暴图绘制，有利于我们在考场上绘制出多种不同的方案。

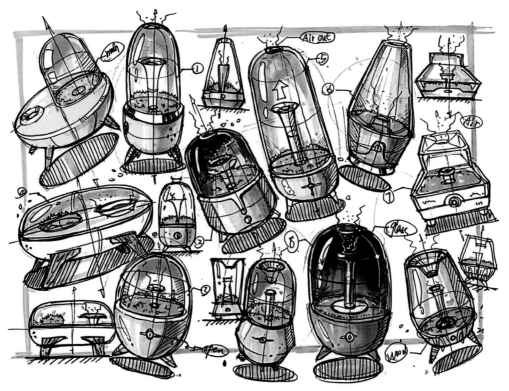

加湿器风暴草图

9.1.3 考研快题版面

　　在众多国内高校的考研手绘快题中，考查的都是学生的综合设计能力，因此在考研快题版面构成要素上的差别不大，一切有利于设计方案的阐述、表达的工具都可以应用。考研版面的要求根据不同院校、不同专业有所变化，会出现不同大小、数量的纸张和不同的考试内容。

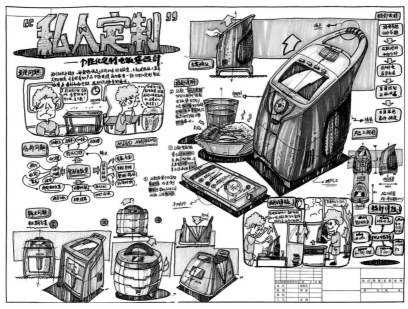

考研初试版面（A2）145 分

　　几年前的传统工业产品设计专业考研版面内容为一个主方案加两个小方案，再加一个标题。现在的快题版面增加了前期的设计分析部分、后期的设计评估和辅助设计说明等内容，以测验设计学科学生完整的设计思维过程和设计研究能力，同时快题版面的内容和版式也越来越丰富。

　　现在主流版面将设计流程高度浓缩于一张或多张版面上，包括主副标题、设计分析、方案推敲与发散、最终方案效果展示（效果图群）、细节图、原理图、尺寸三视图、人机关系图与故事板、文字设计说明与设计评估等内容，根据设计工作开展的流程和思维发展的先后顺序来排版。

提示 在前期备考训练中，我们可选择绘制小版面，主要对产品造型和创意进行表现，使用 A3 纸绘制即可。在中后期再选择增加前后展现设计思维的工具和内容，绘制丰富的大版面，也可尝试使用 A2 大小的纸张或考试院校规定的纸张进行排版训练。

前期小版面（A3）

9.1.4 项目汇报版面

在实际的设计项目或课程作业的汇报中，我们一般会结合使用两种手绘形式，即传统纸笔手绘和数字手绘。在进行初期方案汇报时，可使用传统纸笔进行汇报演示，与客户交流。在纸笔手绘的情况下，一般需要绘制手绘效果图和结构说明图，清晰明确地表达出设计信息，以减少沟通成本。在中后期方案汇报时，可采用数字手绘进行汇报演示。数字手绘效果逼真，同时继承了手绘的生动性，能够显示出设计师的基本功和专业度。另外，数字手绘能随时进行方案的调整与优化，可极大地提高工作效率。

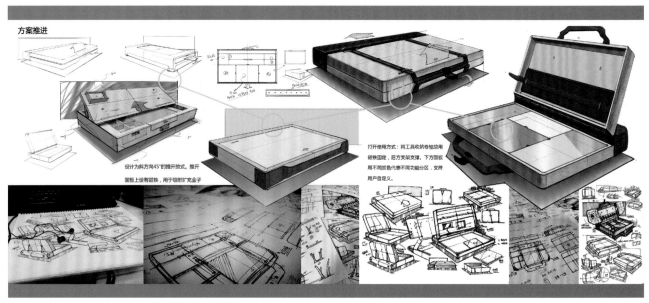

实际项目汇报版面1

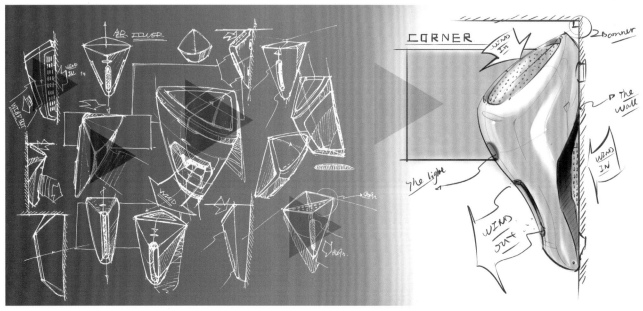

实际项目汇报版面2

在实际项目汇报草图中，我们可以先扫描手绘草图，然后用软件处理，通过实际项目汇报排版，显示出设计方案推导的逻辑，增强视觉效果。

9.2 标题的表现方法

在考研快题版面中,我们需要对标题进行设计。标题可以起到概括主题大意、表明设计方向的作用,是必不可少的。

9.2.1 标题书写原理

标题一般位于版面的开头,需要吸引人注意。考研版面中的标题有主标题、副标题、背景和相关元素。其中主标题在整个标题中占版最大,起着吸引人们注意与概括主题的作用,多应用比喻、化用、替换等方式,体现文采。副标题一般位于主标题下方的破折号之后。副标题是为了避免理解误差而对主标题做出的解释说明,以便观者弄清楚设计的主题和内容,一般采用陈述性语言来介绍设计方案。关于副标题的书写,我们可以采用关键词法,对用户、环境、产品和创新点等方面的关键词进行提取。例如,用户是儿童,环境是游乐场,产品是空气净化器,创新点是安全高效,再将这些关键词串联成句即可组成副标题——针对儿童游乐场的一款安全高效的空气净化器设计。背景起到衬托主标题和烘托氛围的作用,一般以单色为主,不宜过于复杂。

我们可选择冷暖对比、明度对比、繁简对比等方式来突出主标题,形成空间感和层次感,增强画面效果。相关元素的添加可以体现设计的生动性、艺术性。可采用笔画替换、材质替换、添加元素等方式进行字体创新,突出主题氛围,增强整体标题的设计感。

标题参考

对于主标题的字体选择,没有特殊要求,中英文及其他字体均可,但不管是什么字体,都需使观者轻松联想到设计主题。在起中文标题时,字数尽量控制在2~5个字,以保证版面的美观。在拟英文标题时,单词数控制在2~3个为宜,可选择简单的短语组合或单独的长单词,应避免使用很长的、晦涩难懂的词汇。

中文标题　　　　　　　　　　　　　　　　　英文标题

9.2.2 标题的表现

在整体版面中，要注意对主标题立体感的表达。标题应该如浮雕一般，与产品的立体感相呼应。同时注意丰富细节，添加与主题相关的元素，加强视觉效果。在颜色选择上，需要呼应主题，一般选择与主体色相同的颜色来书写主标题，用辅助色来绘制背景。

扫码看视频

标题绘制效果图

颜色：YR178 ■■■■ YR156 ■■■■ BG68 ■■■■ BG70 ■■■■ YG265 ■■■■

01 书写文字。 首先使用YR178■■■马克笔的宽头书写文字，然后使用颜色更深的YR156■■■为文字添加立体效果。假设光源来自左上方，则在每个笔画的右侧与下侧进行加重处理，制造立体效果，同时注意笔画之间的遮挡关系。

02 针管笔勾边。 使用0.5号针管笔对字体进行勾边处理，使整个标题更加精致。

书写文字

针管笔勾边

🔧 **提示** 保持文字的笔画清晰，每个字的大小统一，高度平齐。

03 添加高光及绘制背景。 使用高光笔添加高光，根据光源方向，高光应出现在每个笔画的左上方。使用BG68■■■绘制背景，注意留白表现透气性。

04 添加相关元素及书写副标题。 为标题增添与主题相关的元素——绘制博士帽和画笔，突出主题。同时添加副标题，对主标题进行详细解释。使用BG70■■■加重文字在背景上的投影，再使用YG265■■■为底部投影和学士帽上色。

添加高光及绘制背景

添加相关元素及书写副标题

🔧 **提示** 在绘制相关元素时，需要在绘制标题文字前提前构思，对文字笔画进行替换，以达到和谐自然、重点突出的画面效果。

9.3 背景的表现方法

产品手绘中的背景可理解为在产品背后设置的背景板，它主要具有衬托主体、烘托氛围及增强空间感的作用。背景的添加一方面可以使画面更加和谐饱满，突出主题；另一方面可以交代场景或对主体物产生环境色影响，提升主体物的表现力和画面的视觉感染力。

9.3.1 背景的分类

根据形状的不同，背景可分为方形背景、圆形背景和不规则形状背景等。另外还有直接用马克笔进行勾边处理的线性勾边式背景及结合产品使用场景绘制的场景式背景。它们呈现方式各不相同，起到的效果和作用也存在差异，需要我们多加了解，灵活应用。

- **方形背景**

方形背景由于形状简单、适用性强，成为最容易掌握，运用也最为广泛的一种传统背景板形式。其原理类似于在物体的后方放置一块方形背景板，背景板的颜色不同，起到的作用也不同，如纯白色的背景板起到补光作用，彩色背景板起到烘托氛围和增加环境光的作用。

- **圆形背景**

圆形背景的原理与方形背景一样，只是形状发生了变化。圆形背景更加活泼，适合表现富有活力、生趣盎然的主题。我们可借助尺规或以徒手画圆的方式来绘制圆形背景。圆形背景在应用于方正形态的产品上时，可削弱产品的呆板感和稳定感，增添动感和活泼感，有利于画面的动静平衡。

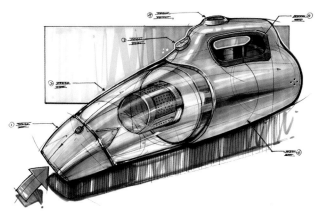

单个效果图方形背景的应用

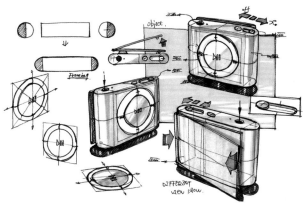

多个草图方形背景的应用

提示 注意，单个效果图和多个草图都可应用方形背景，在多个草图后添加方形背景有利于画面元素的统一，形成整体感。

圆形背景的应用

• 不规则形状背景

不规则形状背景的变化多样，可衍生出各种形状的背景，如以马克笔宽头笔触组成的参差错落式背景、水滴式背景和气泡式背景等，适合表现不同的产品品类和主题场景。参差错落式背景类似于背景墙上的砖块，有一定的肌理感，适合表现靠墙放置的产品，一般采用单一方向的摆笔触表现，以水平方向居多。水滴式背景适合表现与水相关的产品类别或主题，可使用马克笔制造填色均匀的墨滴效果，填色尽量自然一些；还可直接使用补充液滴墨，但使用这种方法具有一定的不可控性和随机性。气泡式背景适用于与空气和风相关的产品类别或主题，以手绘气泡或云朵等形式作为背景，突出产品的功能特性和使用场景。

参差错落式背景的应用　　　　　　　　　　　水滴式背景的应用

提示 在进行不规则形状背景应用时，要注意把握整体的节奏和疏密，做到有主有次、疏密有致，控制背景整体的复杂程度和秩序感，避免背景因过于复杂而抢了前面主体物的风头，也要避免笔触过于杂乱，影响画面效果。

• 线性勾边式背景

线性勾边式背景是最简单的背景处理方式，原理类似于产品的部分投影投射到背景板上时产生的效果。我们可使用马克笔的宽头直接对产品的外轮廓进行勾边处理。注意勾边线条的粗细变化，应遵循亮部较细、暗部较粗的原则或只对暗部进行勾边处理，突出光源对产品光影的影响。可添加点状笔触活跃画面，使画面形成点、线、面的视觉元素组合，起到丰富画面、增添活力的作用。

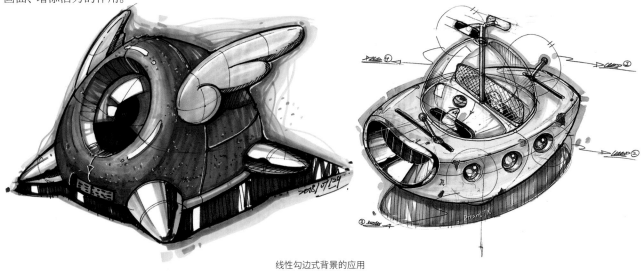

线性勾边式背景的应用

• 场景式背景

场景式背景是将产品的真实使用场景进行简化作为背景的一种方式。我们需要在绘制前确定产品的使用环境，利用环境中的元素来布置，形成透视空间统一、前实后虚的场景。场景式背景相对比较复杂，要把握好前后的主次关系和整体空间的透视关系。绘制场景式背景虽然具有一定的难度，但是若绘制好了，不仅能使画面具有更好的空间感和层次感，还能交代产品的使用环境，提高画面的生动性和丰富度，增强手绘图的叙事性和代入感，一举多得。

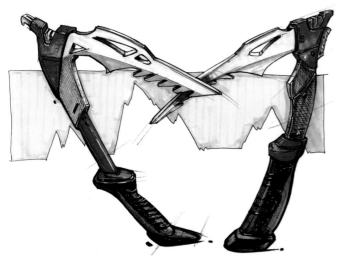

冰镐场景式背景的应用

种植机场式背景的应用

9.3.2 背景的对比手法

背景与主体物的关系属于对比关系。背景的主要对比方式有色彩对比（冷暖对比）、明度对比和繁简对比。

- **色彩对比**

色彩对比主要是选择具有不同冷暖感觉倾向的颜色进行主体物和背景色的应用，暖色调为由红色、橙色、黄色、暖灰色系组成的色调，冷色调为由蓝色、青色、冷灰色系组成的色调。如果主体物为暖色调，可选择以冷色调为背景，如果主体物为冷色调，可选择以暖色调为背景色。冷暖互补，相互衬托，起到平衡画面冷暖的作用，可概括为"以冷衬暖"和"以暖衬冷"。色彩对比中不只有冷暖对比，还有色相关系的对比。善于利用互补色（黄与紫、蓝与橙、红与绿）和对比色（黄色与蓝绿色、粉红色与蓝绿色）进行对比应用，能有效区分主体物与背景，达到突出前方主体物的目的。

> **提示** 如果使用同类色系或相近色系组成画面，会使画面的氛围感更加突出，但需适当调整明度，产生对比，并添加辅助色进行冷暖平衡。例如，主体物采用红色，背景色采用黄色时，整体氛围是热烈喜庆的，而为了避免画面太暖，可添加冷色或中性色来进行冷暖的平衡。

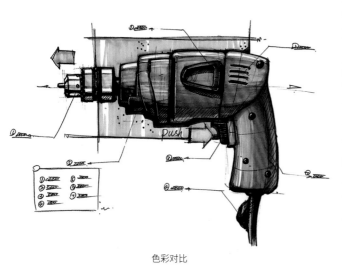

色彩对比

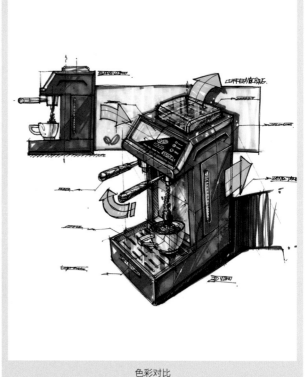

色彩对比

- **明度对比**

　　明度对比是通过调整主体物与背景的颜色明亮程度而产生的对比关系，可概括为"以黑衬白"和"以白衬黑"。由于一般我们都是在白纸上绘画，默认背景是白色的。当主体物上整体色调偏重、偏暗时，可考虑将背景留白或添加明亮的颜色作为背景，来衬托前方的重色。当主体物整体色调偏浅、偏亮时，会出现形体不突出的情况，此时我们可采用较重的背景色压住画面，来对比和衬托前方浅色物体。尤其是在画白色的物体时更需要压重背景，以显示出物体的亮和白。

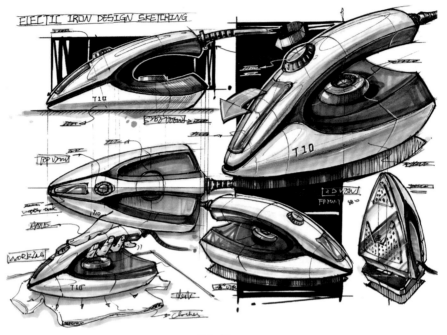

明度对比

- **方圆对比**

　　产品的整体形态有方圆之分，背景板也有方圆之分，因此方与圆之间就会产生对比关系。方形具有稳定感和安静感，使人感到理性、刻板。圆形具有动感，使人感到充满活力、富于生机。当圆形的背景用于表现方正形态的产品上时，可降低产品的方正感和冷峻感，有利于整体画面调性的平衡，可概括为"以圆衬方"。圆润形态的产品则适合使用方形背景，方形背景可减弱圆润形态带来的滚动感，加强画面的稳定性，可概括为"以方衬圆"。

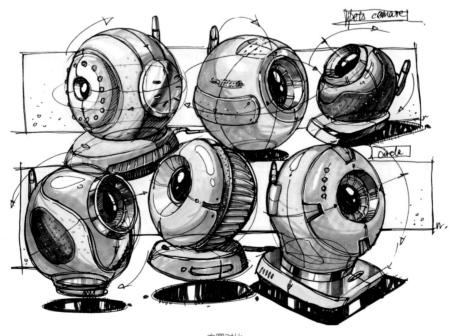

方圆对比

- **繁简对比**

　　繁简对比指的是以轮廓形的复杂程度为依据的前后对比关系。如果前方的主体物自身形态足够复杂，轮廓形的变化十分丰富，本身就比较引人注目，那么应对背景进行简化。如果主体物自身形态不够复杂，为比较平淡呆板的几何形态，就可添加较为复杂的背景增强画面的丰富度，起到提升吸引力的作用。繁简对比可理解为"以繁衬简"和"以简衬繁"。

提示 在具体绘制时，将不同类型的背景和不同的对比方式互相结合，相互融合使用，能制造出更加丰富的层次，起到更好的衬托作用。

繁简对比

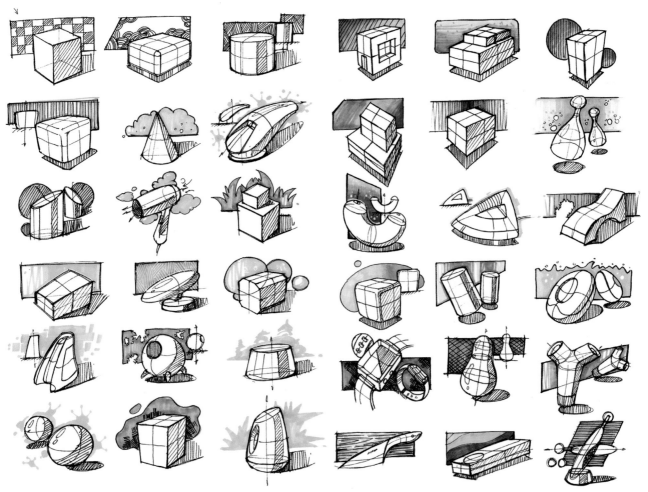

背景案例参考

9.4 箭头的表现方法

在产品设计手绘中,箭头具有一定的功能性和专业性,它并非我们熟知的、传统意义上的箭头,因此我们需要了解并掌握其绘制技法。

9.4.1 箭头的分类

在生活中常见的产品广告海报招贴和说明书中,会出现各种箭头。产品设计手绘中的箭头是设计表达的重要组成部分,有十分重要的作用。箭头根据作用的不同可分为功能指示箭头、操作方式箭头、视觉导向箭头和文字标注箭头。它们各自的呈现形式不同,功能和作用也不同。

- **功能指示箭头**

功能指示箭头的作用是指示产品的主要功能,提醒观者注意产品的重要功能,如吹风机的进风与出风、加湿器的水蒸气喷出、电饭煲的加热等功能。此时用箭头表现空气流动和热量发散的现象,可以将原本看不见的虚幻对象具象化,能加深观者对产品的认识与理解。另外,我们还可以对产品自身的变化或动作进行箭头指示,如摄像头的旋转、电钻钻头的转动等,展现产品固有的机械运动,增强画面的可读性。

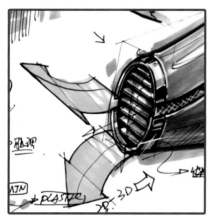
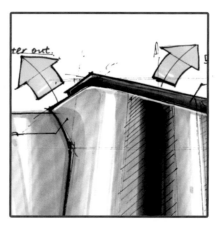
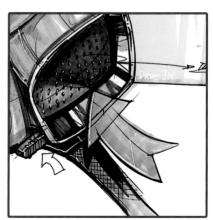

功能指示箭头图示

- **操作方式箭头**

操作方式箭头用于对产品上需要用户自行操作的部分进行箭头指示,如掀开、拉出、推入、滑动、按下、提起、穿过、挤压及旋转等一系列用户在操作使用产品时的实际动作,这些动作能够与产品的某些功能部件产生交互关系。利用箭头指示这些动作,能使观者对产品的操作使用、人机交互方式一目了然,加深了人(用户)与产品之间的关系,突出了设计的可读性和产品的易用性。

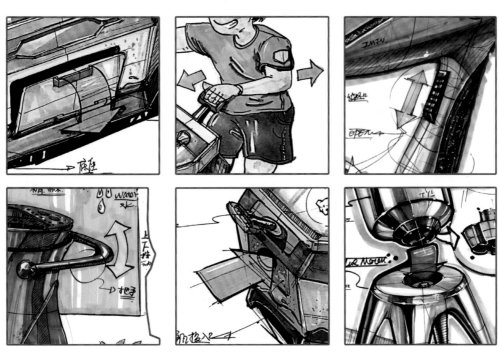

操作方式箭头图示

- 视觉导向箭头

　　视觉导向箭头可起到引导观者视觉流动、提示版面中重要内容的作用，如细节放大的指引、平面向立体图转化、产品旋转角度展示等。同时，我们也可利用箭头引导产品设计逻辑和流程，通过在各个阶段或每个方案图稿之间添加带有方向的箭头，形成视流和逻辑链，让观者能够洞察设计师的思路和设计流程。

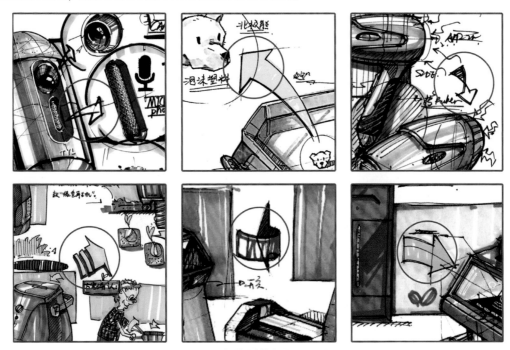

视觉导向箭头图示

- 文字标注箭头

　　文字标注箭头主要用于标出产品的功能部件、使用的材质和特殊的功能点等内容，并加以文字解释。在产品手绘图上直接添加文字会使画面看起来混乱，为了保证图稿的完整和文字的清晰，需要使用线条加箭头的方式将需要标注的内容加以文字注释。一般来说标注的方向有两种：一种是由产品部件出发，箭头向外指向文字，另一种是由文字出发，箭头指向产品部件。拉出的线条可选择直线、曲线或折线，但要注意整个版面的引注线条样式需保持统一，不要在同一版面混用不同样式的线条。同时引注的箭头也有多种样式，包括实心箭头、空心箭头、线性箭头和小圆点等。文字标注箭头的添加具有丰富画面、帮助观者理解设计细节的作用。

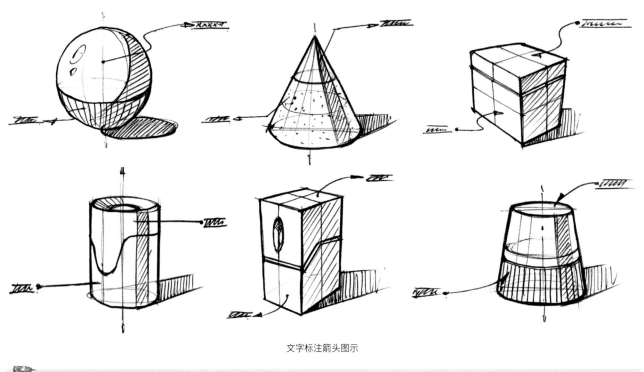

文字标注箭头图示

提示 标注的文字不需要写得太大，保证可读性即可。

9.4.2 箭头的绘制

在绘制应用功能指示箭头和操作方式箭头时，我们要对其进行立体化处理，增强箭头与画面中产品的立体感、空间感的统一性。对其他种类的箭头可做平面化处理。在此，我们主要学习立体箭头的绘制技法，一个箭头可以理解为由两个部分组成，分别是后端的扁长方体和前端的三棱柱，在绘制时需根据近大远小的透视规律画出几何体的组合。下面演示直线箭头、曲线箭头和旋转箭头的绘制，3种箭头分别代表推拉、翻转和旋转360°。

扫码看视频

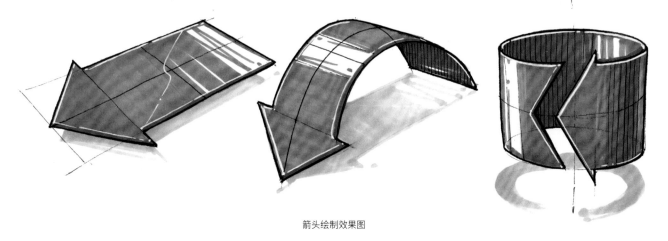

箭头绘制效果图

颜色：YR178 ████ YR156 ████ CG270 ████

01 起稿。 根据透视规律绘制出3种箭头的平面和曲面形状。在绘制前方的箭头形态时，需先找到矩形的中分线，延长后截取顶点，再连接三角形的两个底点。

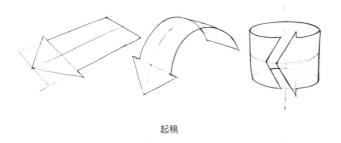

起稿

02 确定线稿。 在确定形态后，对外轮廓线进行复描，区分线条的属性，并通过排线的方法对形体的光影进行概括表达，增强立体感。

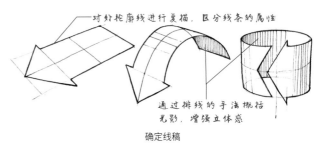

对外轮廓线进行复描，区分线条的属性

通过排线的手法概括光影，增强立体感

确定线稿

03 初步上色。 首先用马克笔对3种箭头进行铺色，选择YR178███进行第一遍上色，然后通过留白和叠色来表现箭头的明暗光影和立体感。

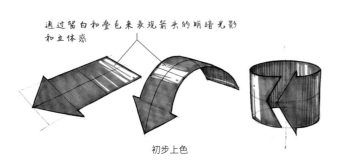

通过留白和叠色来表现箭头的明暗光影和立体感

初步上色

04 添加厚度。 使用YR156███进行第二遍上色，加重箭头的厚度和暗部，表现箭头的立体感。

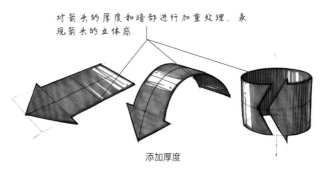

对箭头的厚度和暗部进行加重处理，表现箭头的立体感

添加厚度

提示 在对箭头进行上色处理时，尽量使用鲜艳、醒目的颜色（黄色、橙色和红色等）或与产品主体色差异较大的颜色，使其在画面中足够突出，引起观者重视。

05 添加细节。 使用高光笔添加高光，然后使用CG270███绘制投影，进一步塑造立体感，增强视觉吸引力，使画面更加精细。

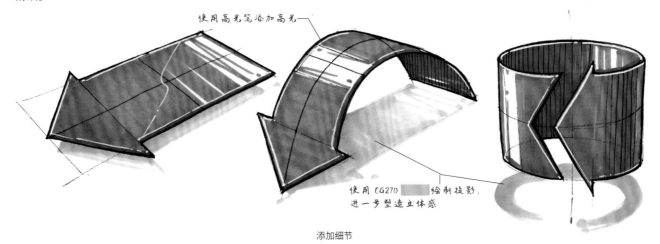

使用高光笔添加高光

使用CG270███绘制投影，进一步塑造立体感

添加细节

箭头的绘制需与产品图进行搭配，希望读者在后续训练中能够重视箭头的作用，分清不同种类箭头的使用情况，更好地进行设计表达和方案阐述。以下为不同的箭头形式，供读者参考。

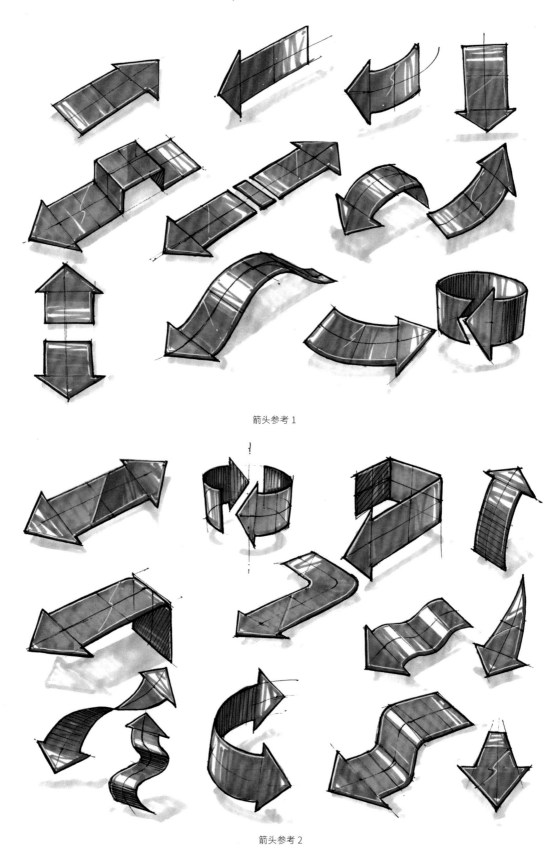

箭头参考 1

箭头参考 2

9.5 多角度图的表现方法

在产品手绘版面中，为了让草图和主效果图的展示效果得到进一步提升，我们还需要学会产品不同视角和角度展示效果的绘制。

9.5.1 多角度图的展示原理

一般的多角度、多视角展示包括平面视角展示（平面正等测图）、前45°立体展示（正面）、后45°立体展示（背面）等。选择45°展示角度的原因是从这个角度看，物体最具立体感，更易进行立体感和空间感的表现，产品的视觉冲击力和感染力能够得到更好的呈现。

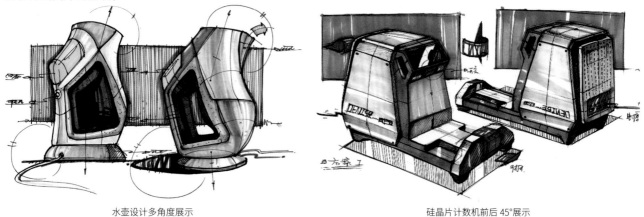

水壶设计多角度展示　　　　　　　　　　　　　　　　　硅晶片计数机前后45°展示

多角度、多视角展示需要根据实际应用情况来进行选择。对于某些具有对称形态和旋转成型的产品来说，左右、前后或上下等相对功能面的形态和细节具有一致性，在这种情况下只需绘制一个立体视角即可展示比较全面的设计信息。但对于6个功能面均不同的产品来说，就需要绘制多视角、多角度的展示图了。

前面我们提到过，一个产品总共包含6个展示面或功能面，在平面图中常以三视图和六视图来表示。在立体视角下，我们通常会选择前45°俯视视角（正面）来展示设计对象，但是在一个视角中观者只能看到产品的3个功能面，势必会存在一定的局限性。因此，我们还需对产品的后45°视角（背面）进行展示，增加其余两个功能面的展示。如果底面也有设计点需要展示，那么我们还需绘制仰视视角下的后45°展示图。

背包设计前后45°展示

在进行多角度展示时，还可以展示不同的状态，如前方的主图为产品正在使用的状态，后方的副图为产品关闭的状态，两个状态的角度或视角可发生变化。另外，我们还可以结合其他种类的设计表达图来进行全面的产品说明。在下面的手持电钻设计草图中，我们选择前45°作为主图，搭配平面侧视图和后45°图并结合人机关系图来进行展示。在下面的超市购物车设计草图中，我们从另外一个视角进行产品爆炸图的展示、介绍购物车的装配方式，更加全面地交代设计信息和产品使用方法。

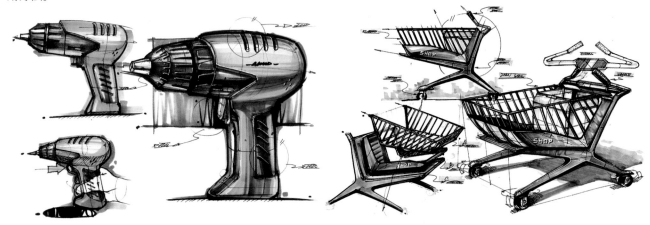

手持电钻设计多角度展示　　　　　　　　　　　　　超市购物车设计多角度展示

提示 在绘制多角度展示图的过程中，要保持立体图的透视系统统一，使之构成一个统一的透视空间。可将主图与副图的前后距离拉开，并控制好大小，形成近大远小的效果，有效地在二维纸面上构建起三维空间，加强空间的纵深感和物体的立体感。

9.5.2 蓝牙音箱多角度图的绘制

接下来以蓝牙音箱多角度展示图为例，讲解多角度展示图的绘制流程及注意要点。

蓝牙音箱多角度效果图

颜色：CG270　　CG271　　Y5　　E164　　YG264　　YG265　　YR160　　RV211

01 绘制前45°视图。 使用0.5号针管笔在纸张左侧绘制出蓝牙音箱的前45°视图,对功能面进行展示,在右侧为后45°视图预留空间。

02 绘制后45°视图。 使用0.5号针管笔将蓝牙音箱后45°视图绘制出来,进行后方3个功能面的展示,可添加箭头指示及矩形背景框,使画面产生联系,构成一个整体,完成线稿绘制。

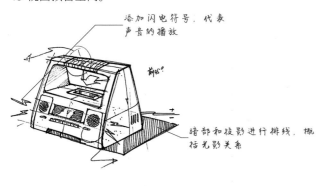

绘制前 45°视图

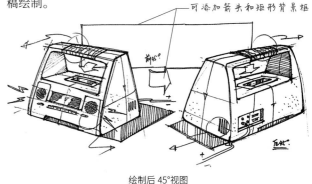

绘制后 45°视图

03 初步上色。 先使用CG270███和CG271███对灰色塑料部分进行上色,然后使用Y5███对木头部分进行上色,并添加E164███颜色,以表现立体感和肌理感。

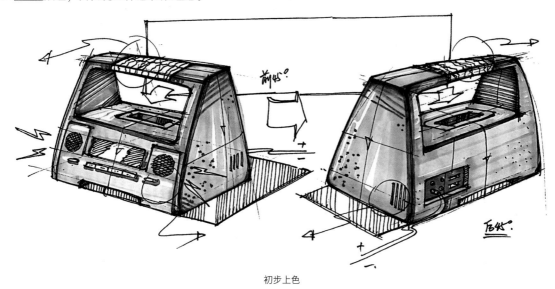

初步上色

04 深入刻画。 先使用YG264███和YG265███对把手和投影进行上色,为画面添加重色,然后使用YR160███对箭头进行上色,接着使用RV211███进行背景的填充,最后使用0.5号针管笔刻画木纹。

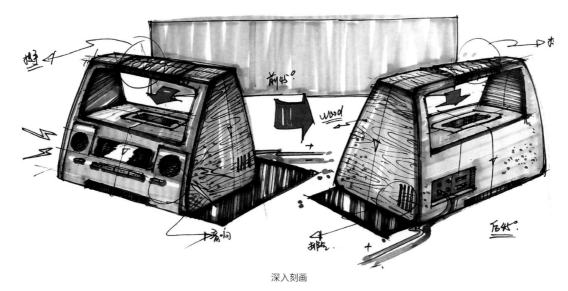

深入刻画

9.6 细节图的表现方法

产品的细节设计往往是产品品质感的重要体现，忽视细节必将导致消费者对产品产生粗制滥造的印象，对产品整体的气质和品质产生负面影响。

9.6.1 细节图的展示原理

细节图是版面构成元素中必不可少的部分，细节图可理解为局部放大图，原理类似于使用放大镜观察产品上的某些局部的细节。产品的细节刻画内容包括产品局部形态展示、材质肌理区分、微小倒角与转折面（美工槽）的明暗刻画、微小功能部件（灯珠、按钮等）的放大及产品上的文字信息等。这些内容在产品整体上常常比较微小，容易被人忽视，因此采用细节图将上述内容进行放大处理，清晰直观地展示出微小的局部，使观者一目了然，获取细节处的设计信息。另外，细节图还包括产品局部功能阐述、功能状态切换、具体操作方式交代、局部造型变化等，这些都是我们用来更加全面介绍设计方案的有效手段。当细节图用于展示局部功能状态切换时，可在细节图中进行局部不同的功能状态展示，如下图中空调展示工作状态的界面，而原图上界面为关闭状态。

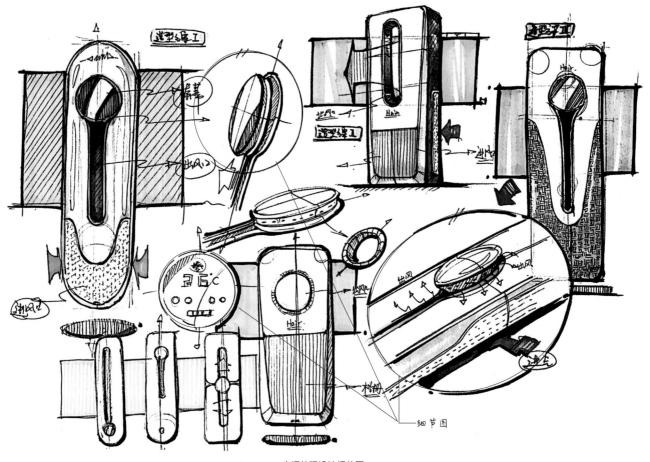

空调外观设计细节图

在绘制产品细节图时，首先要注意相近性原则，要求放大的部分靠近原本产品上的细节来源，两者的空间位置应相对较近。其次要注意放大性原则，需保证细节图中被放大的部分比原稿中的细节大，如果细节图画得比原图中的细节小，就丧失了放大的必要性。再次要注意指向性原则，可利用视觉导向箭头对细节的来源和展示位置进行指示，使观者清楚地知道细节的来源，避免产生歧义。最后要注意上色统一性原则，图中的形态、色彩和光影应对应表现在细节图中，两者要保持统一。

会议摄像头设计细节图

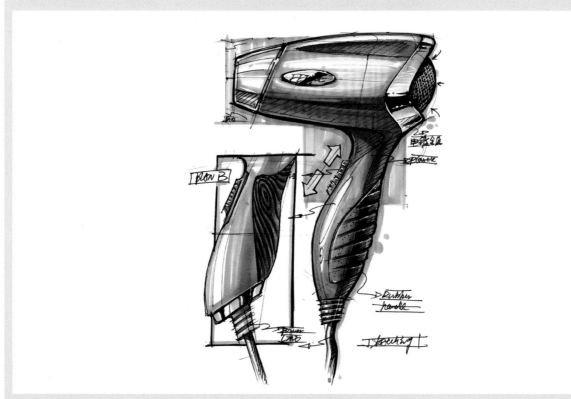

吹风机细节图

9.6.2 额温枪细节图的绘制

产品细节图依托于产品主效果图或草图，一般不会单独出现，而且需要围绕在完整产品图的周围对局部细节进行注释，补充设计信息。接下来笔者以额温枪的细节图为例，向读者展示产品细节图的绘制流程及注意要点。

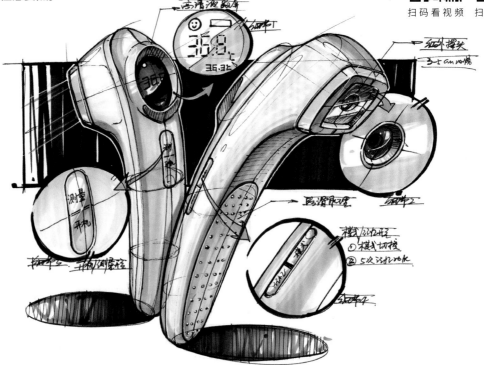

额温枪细节图最终效果图

颜色：CG269 ⬜⬜　BG68 ▨▨　YG264 ▨▨　CG270 ▨▨　CG271 ▨▨　BG70 ▨▨　CG273 ▨▨　CG274 ▨▨　Y225 ⬜
R137 ▨▨　191 ⬛⬛

---

01 起稿。 使用CG269 ⬜⬜ 进行构图起稿，再使用0.5号针管笔进行线稿确认。

02 深入刻画线稿。 使用0.5号针管笔，绘制产品的细节，并通过排线的方法交代光影关系。通过折线箭头引注进行文字注释，增强画面的说明性和可读性。

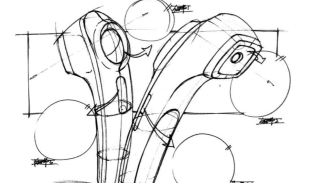

起稿

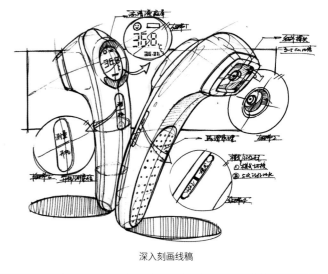

深入刻画线稿

🔧 **提示** 图中的额温枪展示了前后两个角度，共有4处细节放大图。

03 初步上色。 由于该产品外观颜色大部分为白色,因此先使用CG269▨▨进行铺色,然后使用BG68▨▨进行局部辅助色的上色,最后使用YG264▨▨绘制投影,注意前实后虚的概括表达。

04 深入塑造。 加重画面的颜色,注意白色塑料外壳的自然留白。先使用CG270▨▨和CG271▨▨加重暗部和明暗交界线,然后使用BG70▨▨加重头部的暗部,塑造立体感,接着使用CG273▨▨和CG274▨▨表现背后的液晶屏幕,再使用Y225▨▨表现点亮后的屏幕细节,并对箭头上色,力求醒目,最后使用R137▨▨进行红外探头的上色。

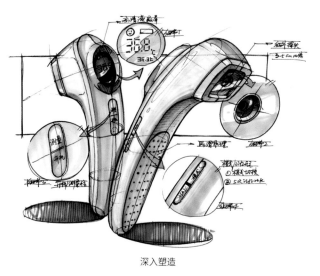

使用 CG269▨▨ 进行铺色

使用 BG68▨▨ 进行局部辅助色的上色

使用 YG264▨▨ 绘制投影

初步上色

深入塑造

提示 在刻画白色物体时,应多使用较浅的色号绘制,但暗部仍需要适当压重。

05 刻画细节。 先使用191▨▨绘制背景,将画面压重,衬托前方的白色物体,然后添加高光,接着提亮前方产品与背景的交接的位置,使前方产品更加突出。

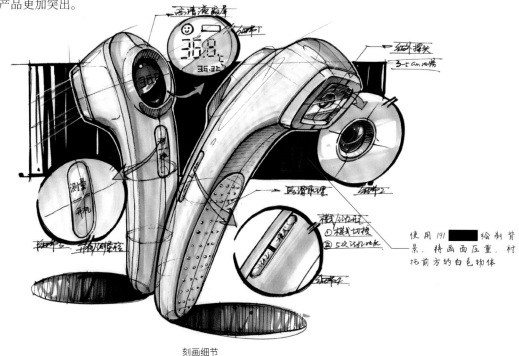

使用 191▨▨ 绘制背景,将画面压重,衬托前方的白色物体

刻画细节

提示 注意可利用背景的重色将白色物体对比突出出来,有了强烈的明度对比才能凸显白色物体。

9.7 爆炸图的表现方法

　　产品爆炸图，又叫产品装配图、产品拆解图和产品分件图。一个产品由若干部件组成。人们将这些部件按照一定的顺序进行装配，组装成一个完整的整体。产品爆炸图是产品结构工程师常用的工具，用于在产品外观设计结束后，对产品的结构和装配方式进行示意，主要展示产品各个部件的结构形态、材料应用、部件名称和装配关系等信息，使加工操作人员一目了然，提高工作效率。

9.7.1 爆炸图的展示原理

　　对于产品设计师来说，在前期手绘阶段绘制产品爆炸图，有利于便捷高效地与结构工程师进行沟通，增强产品的可实现性。产品爆炸图的绘制方法是，在一个假定的三维空间内按照组装的顺序，将各个配件围绕一个中心向四周展开，形成发散的画面效果。我们一般使用建模软件建模并将其拆解开，再使用渲染软件进行渲染，以呈现出逼真的产品爆炸图效果。

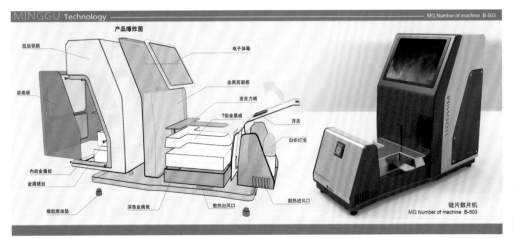

硅晶片计数机爆炸图　　　　　　　　　　　　　　　　助眠灯爆炸图

　　产品爆炸图的绘制具有一定的难度，要求设计师对产品的内部构造和组装方式足够了解。在学习产品设计的过程中，对产品结构的研究是不可忽视的。进行产品爆炸图的绘制训练有利于提高设计师对产品结构的理解与掌握，尤其是透视的应用。不过对产品设计师而言，绘制爆炸图不必过于精细、面面俱到，绘制重点在于对外壳组装的示意，对内部元器件的概括表达，以便于结构工程师和工厂加工人员之间的沟通。

鞋子爆炸图

9.7.2 手电筒爆炸图的绘制

接下来我们通过一个手摇式发电手电筒爆炸图为例, 讲解产品爆炸图的绘制步骤和方法。

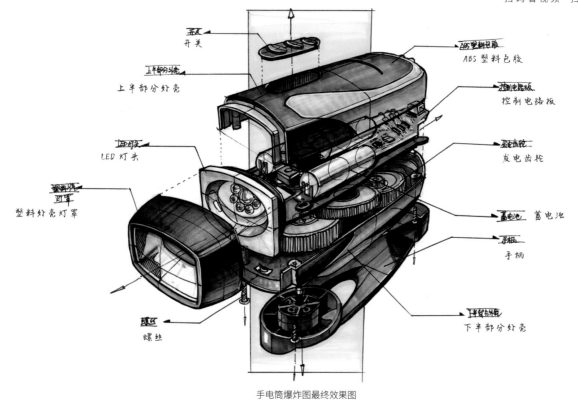

手电筒爆炸图最终效果图

颜色: CG269 ▨ Y225 ▨ YG264 ▨ G46 ▨ CG270 ▨ Y226 ▨ Y5 ▨ YG265 ▨ YG266 ▨
CG271 ▨ CG272 ▨ B234 ▨

01 起稿。 使用CG269 ▨ 起稿, 笔触不能太重。后期上色会覆盖住, 不会影响最终效果。

02 确定形体。 使用0.5号针管笔绘制线稿, 添加箭头指示爆炸方向。此案例为双轴爆炸图, 只有两个爆炸方向(上下与前后), 绘制过程中要注意内部零部件与整体透视的统一。

使用 CG269 ▨ 起稿

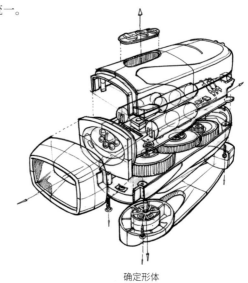

起稿

确定形体

🔧 **提示** 在起形阶段采用概括手法, 轻松地确定透视和勾勒大形, 无须面面俱到。

第 9 章 排版布局技巧 239

03 初步上色。 使用Y225 ▢、YG264 ▢、G46 ▢ 和CG270 ▢ 进行第一遍铺色，确定整体的色调关系。

提示 在绘制时要注意区分各种不同材质的表现，高亮光滑材质的高光要自然留白，主要用干画法来表现；磨砂粗糙材质的高光不明显，主要用湿画法来表现。

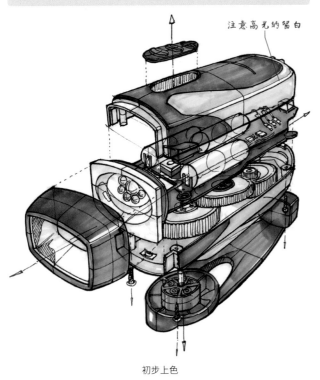

注意高光的留白

初步上色

05 刻画细节。 使用高光笔添加高光，主要绘制近处的高光。使用白色彩色铅笔对塑料外壳需要提亮的部位进行提亮，加强对比度、立体感和精致度。

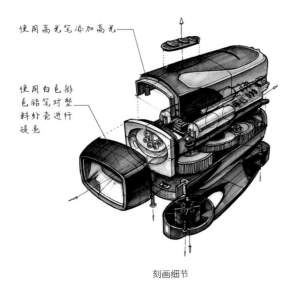

使用高光笔添加高光

使用白色彩色铅笔对塑料外壳进行提亮

刻画细节

04 深入塑造。 进一步表现立体感和材质，先使用Y226 ▢ 和Y5 ▢ 绘制黄色塑料外壳的明暗光影，然后使用YG265 ▢ 和YG266 ▢ 加重深灰色塑料外壳的暗部，最后使用CG271 ▢ 和CG272 ▢ 加重白色零部件的暗部，使整体的光影关系及材质的表现更到位。

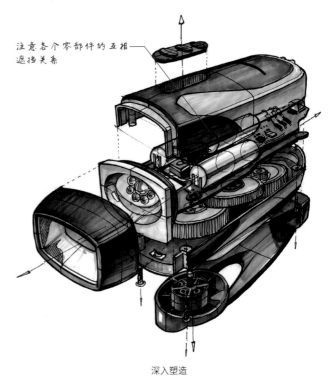

注意各个零部件的互相遮挡关系

深入塑造

06 添加背景及标注。 使用B234 ▢ 在爆炸图背后绘制矩形背景，使零碎的部件呈现出统一的效果。利用"暖进冷退"的原理形成前后空间层次关系，然后添加折线箭头，标注部件名称。

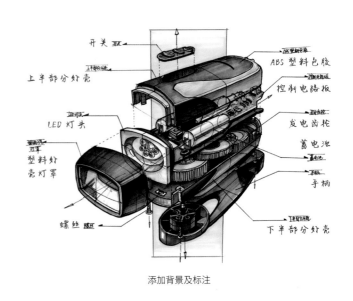

开关
上半部分外壳
LED 灯头
塑料外壳灯罩
螺丝
ABS 塑料包胶
控制电路板
发电齿轮
蓄电池
手柄
下半部分外壳

添加背景及标注

9.8 三视图的表现方法

产品三视图一般用于产品的尺寸标注，其以平面图为主要的展示手段，对产品的长、宽、高及细节部分尺寸的正投影进行展示，具有一定的规范性，属于工程制图的范畴。三视图也是结构工程师常用的工具，产品设计师在绘制三视图时，对产品具体的尺寸和结构进行示意，也有利于与结构工程师沟通，增强产品的可实现性。

9.8.1 三视图的展示原理

产品三视图作为工程图的常见形式，一般包括3个视角的平面图，即主视图（前视图）、侧视图（左视图或右视图）和俯视图（顶视图）。主视图是从对象正前方进行观察，侧视图是从对象侧面进行观察，俯视图是从顶面进行观察，三者均为不带透视的平面图展示。

三者在纸面上的排布顺序如下图所示，首先在左上方绘制主视图，接着在右侧绘制侧视图，然后在主视图的下方绘制俯视图，3个视图要做到"主视图与侧视图高对齐、主视图与俯视图长对正、俯视图与侧视图宽相等"。除了三视图，常用的还有四视图、五视图和六视图，它们对产品进行更多位面的展示和尺寸标注。

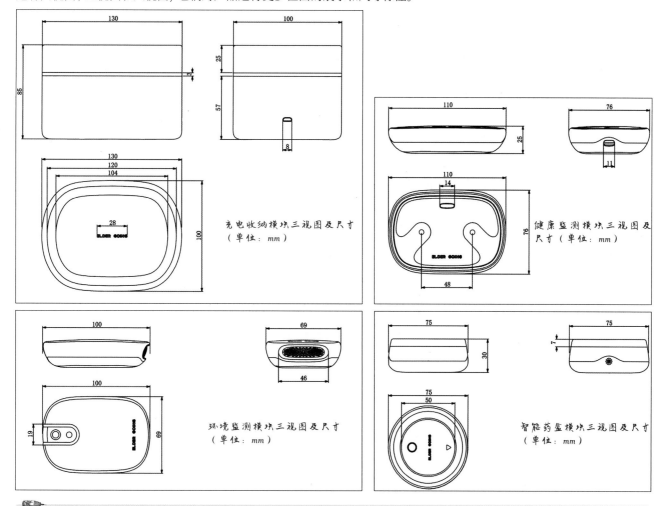

充电收纳模块三视图及尺寸（单位：mm）

健康监测模块三视图及尺寸（单位：mm）

环境监测模块三视图及尺寸（单位：mm）

智能药盒模块三视图及尺寸（单位：mm）

提示 在设计产品时，我们需要具备体量意识和尺度概念。体量意识是指对产品的大小、体积等具有清晰的概念，并能对其进行合理把握，使产品的体量与使用环境、用户的人机关系准确和谐，避免过大或过小。尺度概念是指对产品的整体和细节尺寸有大致预估，头脑中有具体的尺寸数值。

在绘制三视图时，需格外注意其规范性，体现工程思维。为保证其规范和严谨，我们可借助尺规辅助制图，对于一些无法使用尺规制图的自由有机形态则可采取徒手画的形式。手绘三视图只需要表现产品外观，不需要表现内部结构。产品设计中都是以mm为单位的，包括汽车设计，只有建筑和大型雕塑设计中才会以m作为单位。在时间较为紧迫的情况下，可只标注产品外轮廓型的主要长、宽、高尺寸和一些重要部分的尺寸，无须标注公差和加工精度。在版面中呈现时，可保留线稿也可略施颜色，上色不要喧宾夺主，应与主图的颜色保持一致。

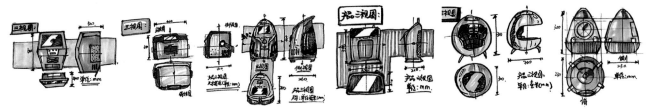

版面中的产品三视图

设计师在绘制三视图时经常会犯一些错误，如尺寸未标注或单位标注错误、3个视图摆放顺序和位置错误、缺少某一视图的错误、出现带透视的错误、内部细节对应不上的错误等。这些错误都会导致三视图无法起到交代形体的作用，带来认知误差，无法体现三视图的规范性和专业性。

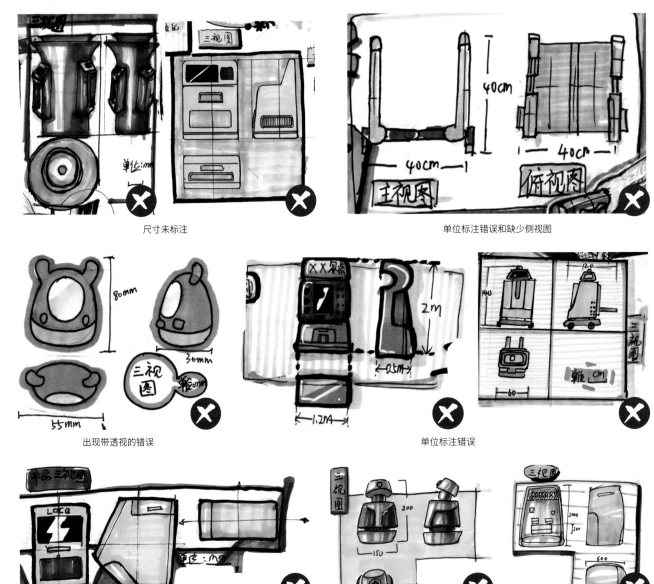

尺寸未标注　　　　　　　　　　　　　　　　　　　单位标注错误和缺少侧视图

出现带透视的错误　　　　　　　　　　　　　　　　单位标注错误

摆放顺序和位置错误　　　　　　单位未标注　　　内部细节对应不上的错误和单位未标注

9.8.2 儿童智能切菜机三视图的绘制

实际项目前期，在产品外观设计完毕后，我们经常使用手绘形式制作产品三视图，作为与工厂对接和与其他设计人员进行沟通的工具。在项目的后期一般采用电脑软件进行精细的三视图输出，用于实际生产。因此，掌握三视图的画法十分重要，接下来以儿童智能切菜机的三视图为例，介绍三视图的绘制流程和注意事项。

扫码看视频

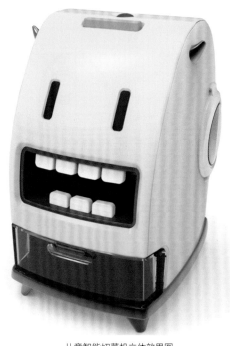

儿童智能切菜机立体效果图

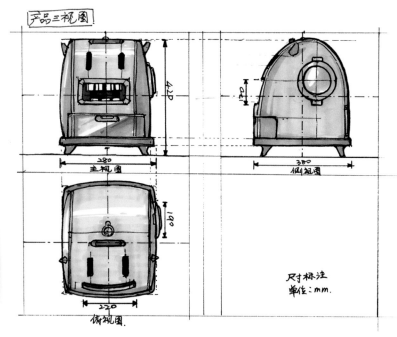

手绘三视图最终效果图

颜色：Y225 ░░░ YR157 ░░░ YR178 ▓▓▓ CG271 ░░░ R137 ▓▓▓

---

01 绘制辅助线。 先画出3个视图的外框，将一个大正方形分为4个小正方形，标明主视图、侧视图和俯视图位置，再采用点画的形式绘制中垂线、水平中轴线等，以对齐不同视图

02 绘制主视图。 根据产品外观绘制主视图，主要确定产品的长度和高度。

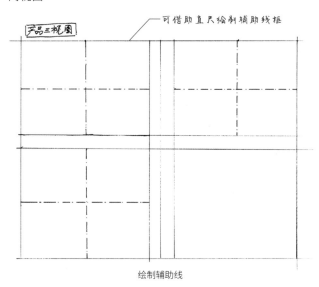

绘制辅助线

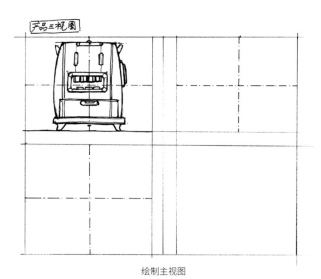

绘制主视图

03 绘制侧视图。 在主视图右侧绘制出侧视图的外形及内部细节。

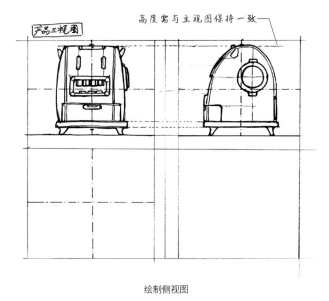

绘制侧视图

04 绘制俯视图。 在主视图下方画出俯视图，俯视图宽度需与侧视图相等，长度与主视图相等。

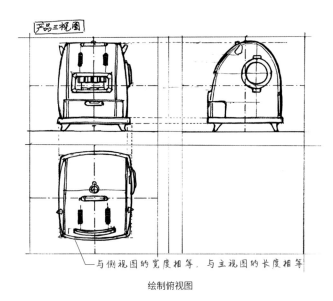

绘制俯视图

05 添加标注。 在右下角的框中进行尺寸标注，添加箭头表示产品的长、宽、高，并在线条的上方或一侧添加数字标注，在三视图下方分别写明主视图、侧视图和俯视图。

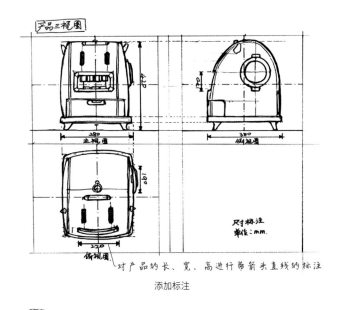

添加标注

06 上色处理。 使用马克笔对三视图进行简单的上色，主要用到的颜色有Y225　　　、YR157　　　、YR178　　　、CG271　　　和R137　　　。

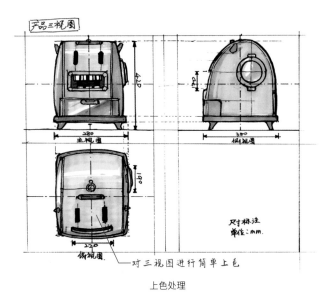

上色处理

提示 日常练习时，可保留三视图的线稿，无须上色。但考研快题版面中的三视图最好进一步添加颜色，有效提升版面的整体性和丰富性。

9.9 人机关系图的表现方法

　　人机关系图，顾名思义是表现人与机器之间关系的图示工具，其中包含了人机工程学的相关知识。设计师在设计产品时，人机关系是其重点考虑的因素之一，因此在产品设计手绘中进行人机关系图的训练十分有必要。接下来讲解人机关系图的原理和绘制方法。

9.9.1 人机关系图的展示原理

　　人机关系图作为版面中的重要组成部分，是连接人（用户）与产品之间的桥梁，具有展现人机比例关系、具体操作方式的重要作用，也是为产品设计手绘增添可读性、生动性和说明性的有力工具。人机关系图与使用场景结合就构成了使用情景图，而使用情景图是融合了人、机、环境三方面要素的综合说明图，具有极高的展示价值。

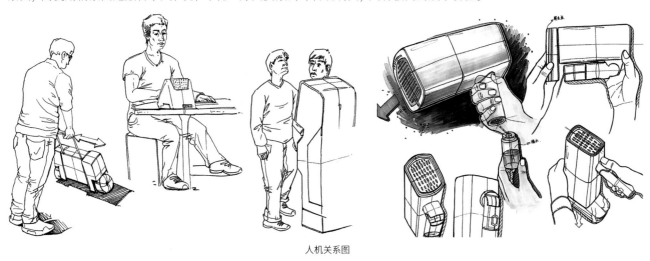

人机关系图

　　人机关系图包含人和产品两方面的内容，刻画时需要表现产品的使用状态。其中对人的刻画除了需掌握对整体人物动态的刻画，还需掌握对人物头、手、脚的刻画。其中，手是绘制频率最高的部位。由于我们主要是用手来进行产品的使用和操作，因此掌握手的画法至关重要。另外，对头部的刻画常用于可穿戴设备的表现，如头盔、眼镜和耳机等产品，对脚部的刻画则主要应用于鞋履设计。

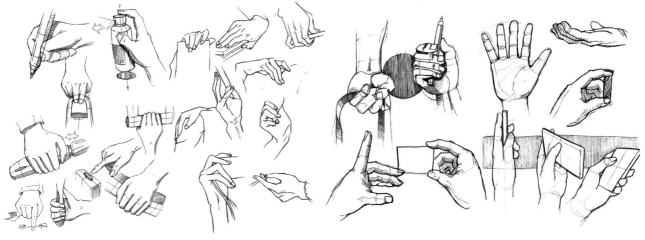

手的人机关系图

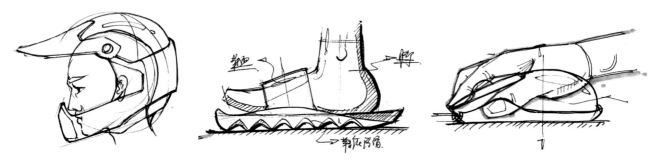

头、脚、手的人机关系图

人机关系图的风格可分为真实速写风格和卡通动漫风格。真实速写风格具有一定表现难度，需要一定的写实绘画功底。在进行真实速写风格的表现时，人物的五官和服饰细节都可概括表现，主要突出人体动态和与产品之间的交互关系，剔除无关信息，保证信息传达的高效性。卡通动漫风格的表现比较容易上手，但需要注意的是，卡通动漫风格的人机关系图仅适用于艺术类院校的快题考试或儿童产品。在进行人物表现时，可进行适度的夸张、变形处理，同时注意人体比例的准确性，不能使人体与产品之间的比例失调，以免造成影响判断和产生误差的不良后果。

真实速写风格

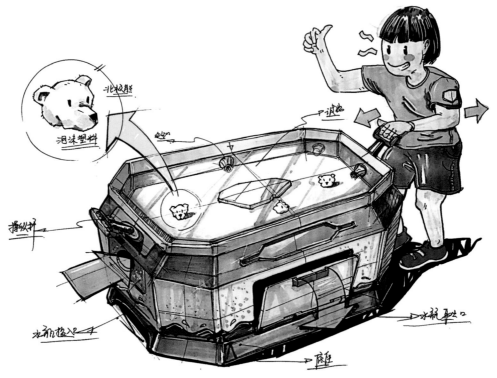

卡通动漫风格

 提示 掌握人机关系图中人的画法很重要。没有绘画基础的读者可进行人物速写的练习，但人物的绘制并非一日之功，还需要长期的训练。

9.9.2 手部人机关系图的绘制

在产品手绘中，应用人机关系图往往能够起到提升画面生动性和说明性的作用。在版面中应用人机关系图，往往能增分不少，读者需要重点学习并掌握其绘制方法。接下来讲解手部人机关系图的绘制流程和注意事项。

扫码看视频

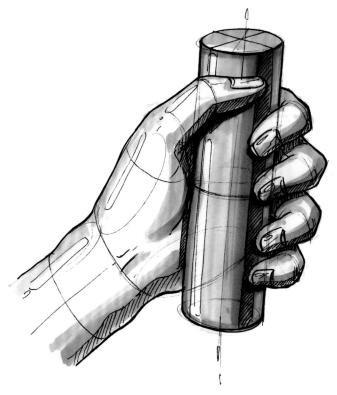

手部人机关系图最终效果图

颜色: YG260　　　E173　　　CG270　　　CG271　　　CG272

01 起稿。 使用YG260　　　画出手部动作和产品，采用定点连线的方法找准手掌与手指的关系。定点连线中的线条代表内部骨骼的长度和比例，点代表每个关节的位置。通过定点连线能将手概括为类似于木偶或火柴人的模型。

02 确定形体。 使用0.5号针管笔对外部轮廓线和内部的细节进行刻画，勾勒出手的形态，同时对产品进行表现，注意形体之间的相互遮挡、穿插关系。

采用定点连线的方法找准手掌与手指的关系

起稿

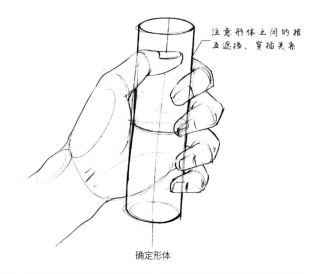

注意形体之间的相互遮挡、穿插关系

确定形体

提示 在绘制人机关系图前，要对人体骨骼结构进行一定的了解和研究，熟记人体部位的骨骼和比例。

03 添加细节。 使用0.5号针管笔对轮廓线和重要的结构线进行复描，添加褶皱细节，并通过排线的方法概括明暗光影，刻画出立体感。

04 简单上色。 使用E173▨▨▨为手部上色，可大量留白，使用CG270▨▨▨、CG271▨▨▨和CG272▨▨▨为产品上色，以快速概括的表现手法为主。

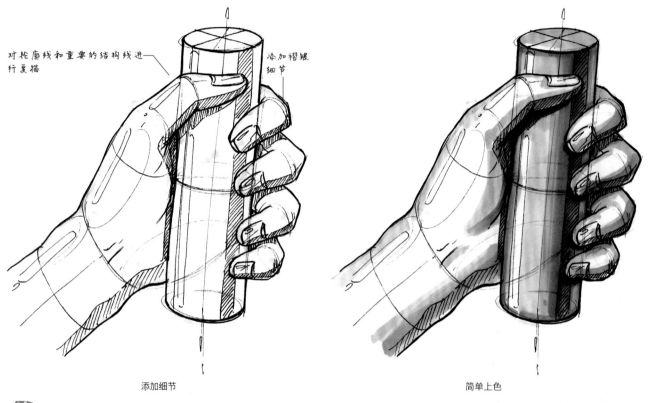

对轮廓线和重要的结构线进行复描

添加褶皱细节

添加细节

简单上色

提示 人机关系图在实际应用中多用平面视角来表现，这样能够降低因透视增大的难度。在绘制手时，可参考自己的手或对照照片进行写生，只有经过大量的训练才能在实际应用中实现默画。

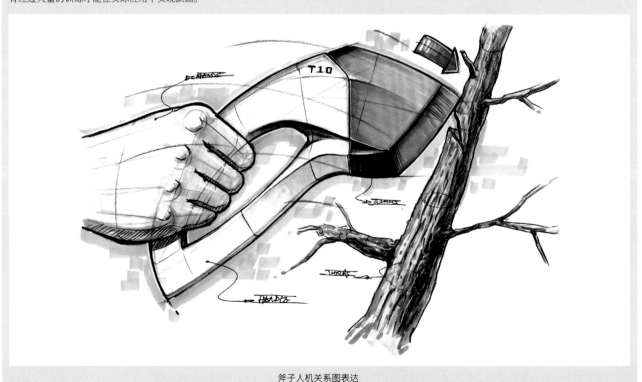

斧子人机关系图表达

9.10 故事板的表现方法

故事板是一种通过视觉呈现来讲述产品故事的方法，也用于陈述设计在其应用情景中的使用流程（操作步骤图或使用情景图），有利于设计师了解目标用户（群体）、产品使用情景、产品使用方式和时间。

9.10.1 故事板的展示原理

故事板来自电视电影行业中的分镜。为了让各工作人员快速了解镜头语言，人们会绘制若干分镜来交代演员的位置、运镜方式和取景等信息。分镜有利于提升工作效率，降低认知误差。设计学认识到分镜的实用性，于是就将其转化为故事板应用于设计行业。

• 故事板的作用

对于设计流程中的不同阶段，故事板发挥着不同的作用。在前期发现问题阶段可进行情景还原，有助于设计师发现目标用户遇到的问题，明确痛点和痒点，洞察设计机会点；在中期构思阶段有助于设计师探索新的创意并做出决策，随着项目的推进，不断对故事板进行优化，融入更多的细节；在后期展示阶段，故事板是很好的汇报形式，有利于项目工作人员达成一致意见及对设计项目进行评估，同时有助于设计师依靠完整的故事板对设计进行反思。

• 故事板的内容

故事板中共包含三级信息。第一层级信息为设计输出，包括实体产品、虚拟界面或体验服务接触点等设计产出物；第二层级信息为目标用户（群体），属于展现"人"的因素范畴，将特点鲜明的典型用户融入故事发展中，可展现用户角色在整个设计流程中发挥的作用和使用产品的方式，其中的用户不仅仅包括人类，还包括动、植物等非人用户群体；第三层级信息为环境（情景），即故事发生的物理背景，将用户和产品置于现实空间中，可以为故事发展提供真实性支撑。

三级信息通过时间线串联为一个整体，构成完整的故事。在三级信息的融合中，故事板以"以图代言"的形式清晰地交代用户的动机和目的、生活方式、行为模式、使用情景、工作状态等重要信息，这些信息随着时间的推移而发生变化。在表现时，故事板中的三级信息应依次排列，最为突出的是一级信息，常添加醒目的颜色或进行较精细的刻画；其次是二级信息用户，对故事板中的用户略施彩色或以灰色调为主；对最后一个层级的环境应做简化处理，上色最少。通过梳理信息层级关系，我们可以使故事板中的三级信息依次突出，主次层级分明，有利于信息的清晰传达。

1.妞妞、妈妈和爷爷在家好无聊　　2.爸爸给他们买了一个食光怪兽　　3.周日妈妈和爷爷陪妞妞操作小怪兽　　4.妞妞度过了开心的一天

故事板案例1

设计师可在故事板中添加文字辅助说明，这些辅助信息发挥着重要作用。文字说明包含3种形式，即用户所想、用户所说和画外音。用户所想为用户脑海中产生的某种概念、想法和意识，用户往往存在着所思非所说的情况，表现为"心口不一"，通常使用气泡的形式进行表现。用户所说为用户真实发声，一般指用户说出口的话语，通常使用对话框的形式进行表现，尖端指向用户。画外音是站在"上帝"视角下，对故事情节进行第三人称的陈述，具有客观、理性的特点，通常使用矩形框的形式进行表现。前两种形式是站在第一人称视角下进行的表达，更有代入感。对这3种形式，我们要根据实际情况进行选择应用，综合展现用户的所思所说和故事情节。

用户所想（想法气泡、想法云）　　　　用户所说（对话框）　　　　画外音（矩形框）

文字说明的 3 种形式

故事板中还需要有箭头指示或序号（数字或字母编号）进行视觉引导，可利用框线进行故事的情节区分，并使用背景箭头或序号对其进行串联，形成明显随时间推移而发展的故事情节。故事板中的故事情节可用起、承、转、合来进行概括，包括起因、经过、转折和总结4个发展阶段。

故事板故事情节发展概括　　　　　　　故事板案例 2　　　　　　　故事板案例 3

提示 故事板可用多格漫画的形式来进行展示，格数并不是固定不变的。故事板一般为四格漫画，根据设计输出的操作步骤和设计对象的不同，在偏向于服务设计和体验设计的故事板中可扩充更多格数，以描述清楚故事情节和设计流程为标准。下图中的体验设计采用了九格漫画的形式。

九格漫画故事板

- **故事板的风格**

故事板具有3种风格，即真实速写风格、卡通动漫风格和人物剪影风格。

真实速写风格故事板需要绘制者有较强的人体绘画基础，难度相对高一些。在绘制时可以对真实速写风格的人物进行简化处理，如下图重点展示了产品的操作步骤和用户操作产品时的动态，省略了人的五官和服饰等细节。

真实速写风格故事板

卡通动漫风格故事板比较容易被绘制者掌握，是现在较为常用的形式。在进行卡通动漫风格故事板的人物刻画时，要格外注重比例的把握，以人体的真实比例为准进行卡通风格处理，避免画出头部过大、手部过小等影响观者正常判断人机比例尺度关系的形象。

卡通动漫风格故事板 1   卡通动漫风格故事板 2

人物剪影风格故事板中的人物形象是经过高度概括化处理的，只表现人物外轮廓线即可，这同样需要绘制者具备一定的人体速写基础，在绘制时重点对人的动态和人机比例关系进行交代。在实际项目和比赛版面中常用到人物剪影，一般是由软件处理后的图形。人物剪影具有很强的抽象性和概括性，能够有效突出产品（设计输出），使用户退居于二级信息层级。

人物剪影风格故事板

9.10.2 儿童储蓄罐故事板的绘制

在绘制故事板时，我们首先需要确定其中包含的元素，即用户、产品和环境，然后需要在脑海中构思出想要表现的故事情节，接着简化故事情节，提取关键帧并在关键帧中简明扼要地传达重要的设计信息，最后添加时间线，将关键帧串联绘制成完整的故事板。接下来以一款儿童储蓄罐为例，讲解故事板的绘制流程和注意事项。

扫码看视频　扫码看视频

儿童储蓄罐故事板最终效果图

01 构思起稿。 将用户形象、模拟的使用情景及产品载体进行具象化表达，使之形成一个统一的整体画面。本故事板以四格漫画的形式进行展示，其中，产品用户为年龄在6~12岁的儿童，使用情景以家庭环境为主、户外和商场环境为辅，产品载体为存钱罐，时间线为故事发展的顺序，可标注序号，添加箭头进行视线引导。使用YG260 进行排版布局，然后使用1.0号针管笔绘制边框和箭头。

02 绘制第一格故事关键帧。 在第一格中我们要展示的是故事的起因，画面中的孩子在商场中看中了一辆自行车，却苦于没有钱，无法将自行车带回家，原因是没有良好的储蓄习惯。添加想法气泡，以第一人称表达人物想拥有喜爱的自行车的想法，并说明其没有储蓄。

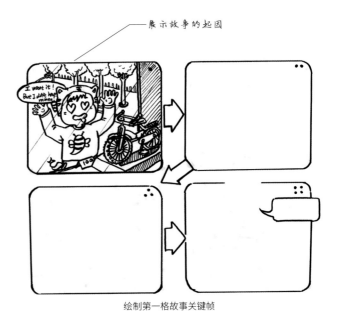

构思起稿　　　　　　　　　　　　　绘制第一格故事关键帧

03 绘制第二格故事关键帧。 在第二格中展示主人公使用存钱罐存钱。先表现人物使用记号笔在存钱罐表面写梦想的场景，然后展示向存钱罐内投放硬币的动作。

04 绘制第三格故事关键帧。 画面同样采用斜线分割，分别展示主人公摔碎存钱罐和拿取钱币的场景，二者紧密衔接，同时采用了中景与近景相搭配，中景展示家庭环境，近景进行特写。

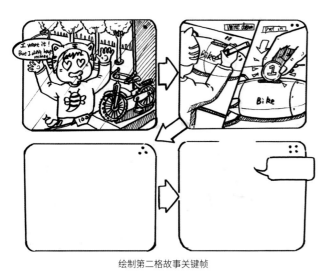

绘制第二格故事关键帧

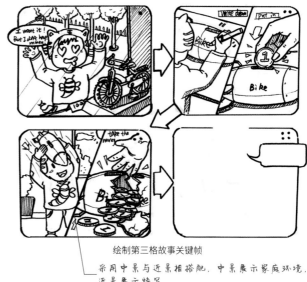

绘制第三格故事关键帧

采用中景与近景相搭配，中景展示家庭环境，近景展示特写

提示 使用斜线分割画面，表示故事情节紧接着发生或同时发生。在此画面中需进行镜头聚焦，显示具体人机操作的方式和人机比例，属于近景特写镜头的应用。

05 绘制第四格故事关键帧。 画面中呈现的是主人公通过自己的努力终于实现了梦想，开心地骑着自行车回家的场景。可添加语言对话框，以添加第一人称文字说明对话框及刻画人物笑脸的形式表达主人公梦想实现的喜悦之情。

06 上色处理。 本案例中采取较为复杂的上色处理手法丰富画面，使用鲜艳、醒目的橙色突出产品，用户形象次之，使用较浅的灰色表现背景。其中的颜色可进行灵活置换，不必拘泥于本案例上的颜色，因此不在此处罗列色号，上色时把握好色彩层次关系即可。

绘制第四格故事关键帧

搭配开心的笑脸表现喜悦之感

上色处理

使用鲜艳、醒目的橙色突出产品

提示 在快题中我们需要分配好时间来进行故事板的上色，在时间较为紧迫的情况下，可使用单色来表现，并用较为醒目的颜色，如橙色、黄色和红色等，勾勒出产品和用户的外轮廓即可。

9.11 考研快题版面的表现方法

前面我们学习了版面的几大构成元素，而在实际的考研版面中我们还会应用更多设计元素进行表现，这些内容属于设计思维的部分，本书不展开讲解。接下来讲解排版原理，并以一张版面为例进行考研快题版面的排版演示。

9.11.1 版面排版的原理

现在的考研版面一般包括标题设计、设计分析（发现问题、分析问题、解决问题）、初期方案发散、最终方案群（平面正等测图、透视立体图、细节图等）、三视图、使用说明和故事板（人机关系图、使用情景图）等。排版时需灵活调整版面中的构成要素，将画面中的众多元素按照一定逻辑顺序绘制于纸面之上，展现设计思维逻辑。

现代人的阅读习惯大多是自上而下，自左而右，我们不能过分违背此规律，但通过元素大小、远近、深浅的控制，以及箭头和背景的添加，可以引导观者的视线，带领观者步步深入了解设计方案。毋庸置疑，最终的产品效果图一定是版面中的绝对视觉焦点，其所占面积最大。在位置安排上，应尽量避免将主效果图置于版面的正中心，也应避免将其置于4个角落，令主效果图的重要性无从体现。可利用黄金分割比螺旋曲线或九宫格法找到视觉焦点，见下图的4个视觉中心区域，利用这4个中心进行主图的排布是比较好的。

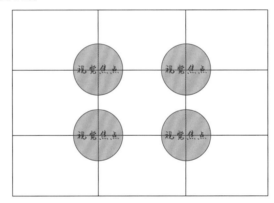

九宫格视觉焦点

完整的考研快题版面不仅要求考生有对最终效果图的刻画，版面还要能体现考生的设计分析能力、草图推演能力和设计评估能力等，考查的是考生对版面的综合掌控能力。

如下图中的空气盒子版面所示，其采用的是一种娓娓道来式的版面，将设计思路逐渐呈现在观者眼前。从左上方开始进行前期设计分析，进而向下进行初期方案的推导发散，再向右侧过渡到最终设计呈现，标题即为产品的名称，与产品紧密联系。在右下角主效果图附近添加使用情景图交代产品的使用环境和人机操作方式。该类型版面的特点是具有鲜明、严密的逻辑性，从左上到右下引导观者逐渐深入，层层递进，直到最终设计产出的展示，为观者提供良好的阅读体验。

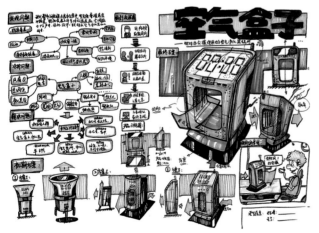

空气盒子版面案例

提示 在实际的考试版面应用中，我们会将前面所讲的知识融会贯通，进行灵活而综合的应用。例如，下面所示的版面中，将发现问题的部分由文字叙述转化为故事板，进行情景还原，使展示方式更生动；同时将文字设计说明加以拆分，穿插于主效果图的附近，分别进行各部分的解释，使说明更灵活。

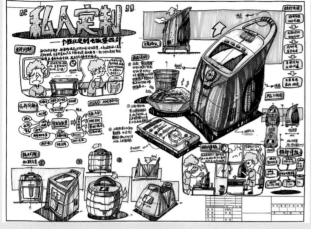 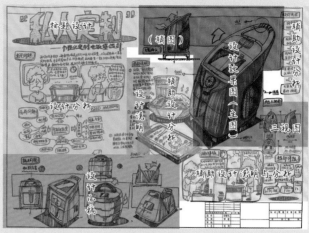

综合应用版面案例

9.11.2 空气盒子版面的绘制

前面我们了解了版面设计的基本原理和注意事项，接下来以空气盒子为例向读者演示绘制的流程。

扫码看视频　扫码看视频

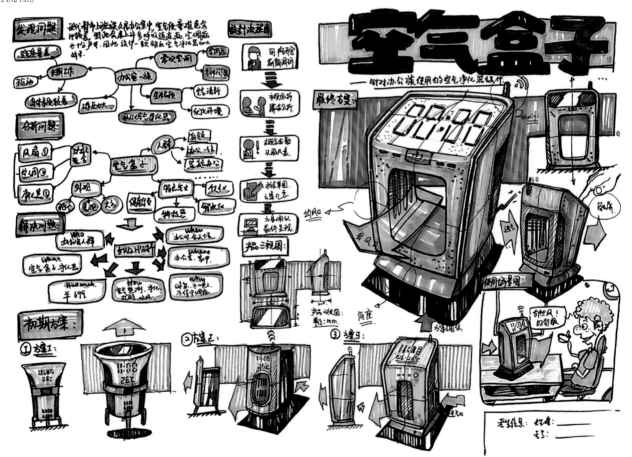

空气盒子版面最终效果图

颜色：YG26　　　YR178　　　CG270　　　YG265　　　BG68

01 绘制标题及图表。 在构思完成后，进行前期设计分析和标题的绘制。这些内容都属于文字和图表部分，虽然在版面中所占面积较小，但对展示设计思维及流程十分重要。

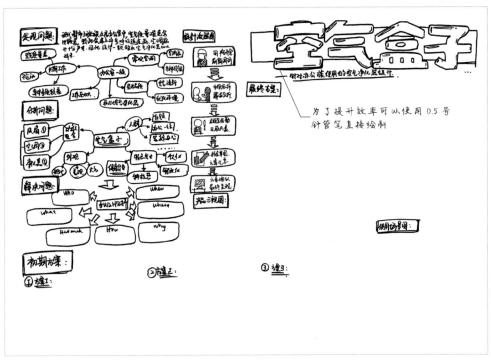

绘制标题及图表

02 绘制小方案，起稿主方案。 将初期方案发散并进行横向排布，这里主要是不同造型的方案发散，每个小方案包含平面图和立体图，可使版面更加充实。接下来起稿绘制主方案，我们选择的是对第三款小方案进行优化，并将其确认为最终设计方向。

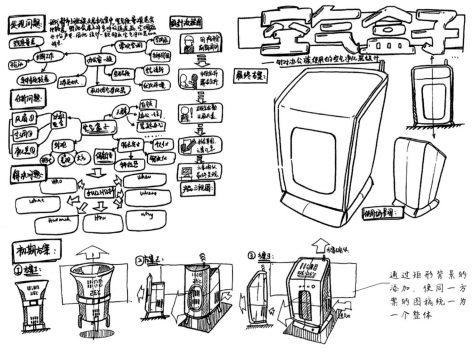

绘制小方案，起稿主方案

提示 注意通过添加矩形背景，将同一方案的图稿统一为一个整体，使版面更有条理，通过添加箭头和文字注释丰富画面。

03 绘制最终方案。 在前期起稿的基础上刻画主方案，并绘制多视角展示图，包含前45°立体图、后45°立体图和平面图，其中将后45°展示与人机关系图进行结合，交代更加丰富的设计信息。在主方案的左下角添加三视图，并标注尺寸，右下角绘制使用情景图，此时可根据版面上剩余空间的多少，灵活应用故事板。

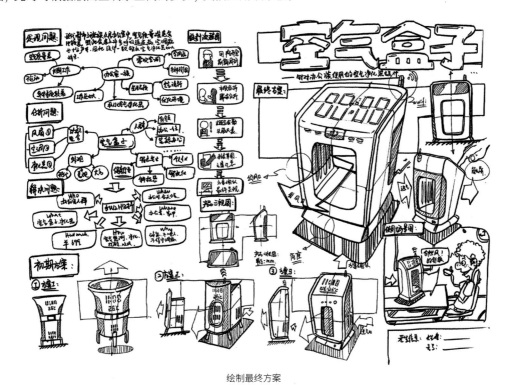

绘制最终方案

04 初步上色。 使用YG26⬛⬛⬛、YR178⬛⬛⬛、CG270⬛⬛⬛、YG265⬛⬛和BG68⬛⬛⬛进行初步铺色。确定草绿色为主体物的主色调，与青绿色的箭头搭配，营造清新之感。橙色背景烘托温馨的氛围，与前方的冷色形成冷暖对比。

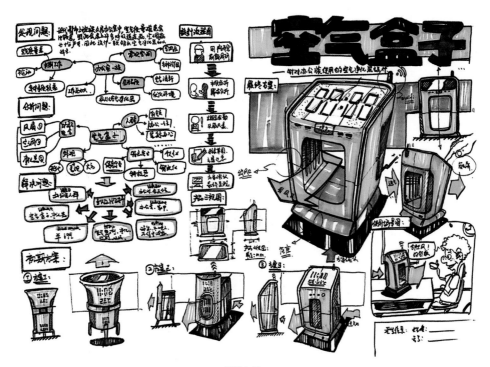

初步上色

05 **深入塑造。** 使用更深的颜色进行塑造，主要对主效果图进行细致刻画，以区分明暗关系和进行材质的表达。

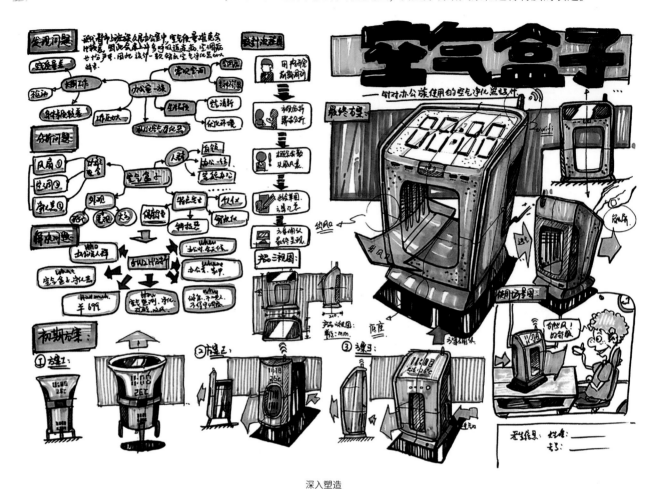

深入塑造

提示 主效果图的色彩层次应更加丰富，这样才能凸显其重要地位。小方案一般采用单色进行表现，其背景的处理方式也应更简单，这是为了与主效果图拉开差距，更好地形成对比，突出主方案。

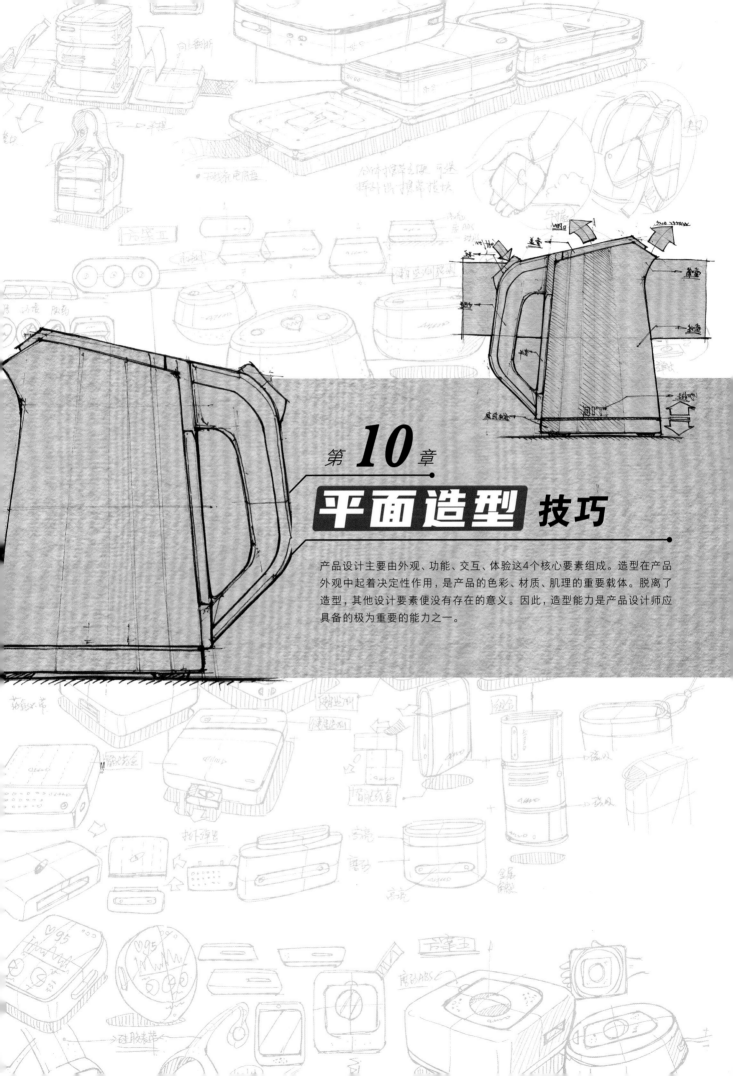

第 **10** 章
平面造型 技巧

产品设计主要由外观、功能、交互、体验这4个核心要素组成。造型在产品外观中起着决定性作用，是产品的色彩、材质、肌理的重要载体。脱离了造型，其他设计要素便没有存在的意义。因此，造型能力是产品设计师应具备的极为重要的能力之一。

10.1 认识平面正等测产品和正等测图

很多人在学习产品设计手绘的过程中，总是存在这样的困惑：进行手绘时应该先绘制什么图呢？答案是从平面图入手，向立体图过渡。下面讲解平面正等测产品和平面正等测图这两个概念。

10.1.1 平面正等测产品

在日常生活中，我们经常会发现有些产品只需从侧面观察就能知道其造型特征，如鞋子、自行车和刀具等。这些产品在陈列展示时一般都是侧着摆放并朝向消费者的，消费者通过观察其侧面就能做出是否购买的决定。

在产品设计手绘过程中，通过平面图（侧面图）可以展现大部分特征的产品，称之为平面正等测产品，也可以称之为2.5D产品。这些产品在平面视角下，展现出扁平的状态，但实际上都处于三维空间中，且都具有实实在在的体积。

运动鞋平面草图

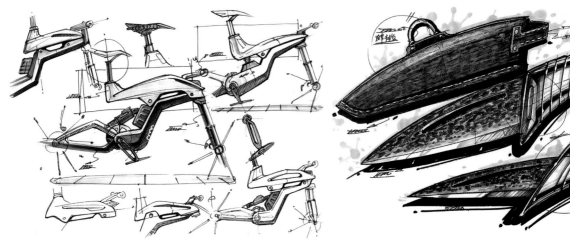

自行车平面草图　　　　　　　　　　　刀具平面效果图

平面正等测产品有两种：一种是从形态特征出发的产品，另一种是从实际使用操作出发的产品。

从形态特征出发的产品一般有方正形态、纤薄形态、对称形态、拉伸成型形态和环绕成型形态等。具体产品类别有文具工具类（笔、美工刀、涂改液、卷尺等）、器皿类（碗碟、水壶、杯子等）、手持设备（吹风机、电钻、电锯等）、交通工具（汽车、摩托车、自行车等）和鞋履等。展示这些产品时，一般会将主要的功能面和最具吸引力的一面展现在消费者面前，消费者通过观察侧面就能了解和掌握产品的特征和设计亮点。

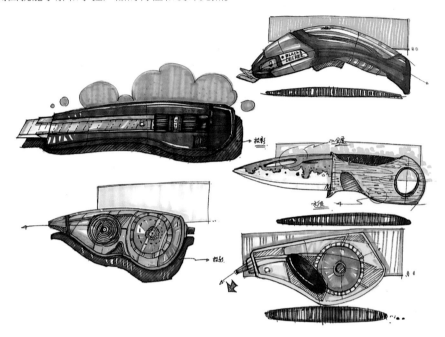

产品平面图1

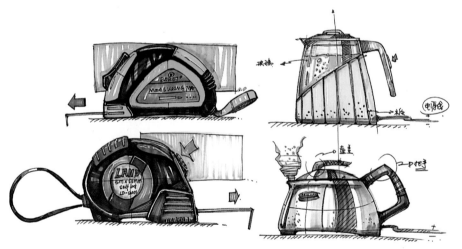

产品平面图2

摩托车手绘平面图

运动鞋手绘平面图

从实际使用操作出发的产品能明显划分出主次功能界面。这类产品以单独一个面作为主要功能面，如微波炉、烤箱、电冰箱和空调等。在日常生活中，对产品正面（功能面）的使用频率最高，对其余面的使用频率很低。此类产品还有一个显著特征，即其大形态一般为方体拉伸形态，形态变化较为单一，给人方正的感觉。

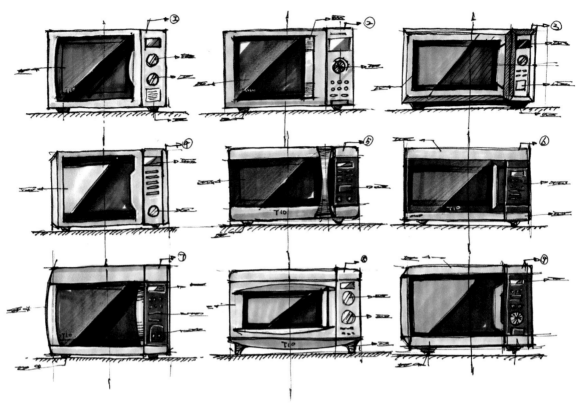

微波炉造型推敲草图

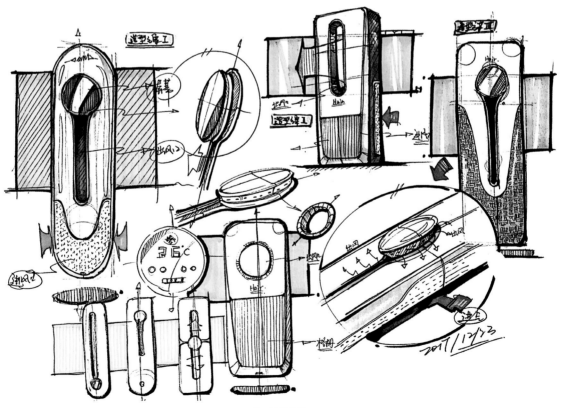

空调设计草图

因此，平面正等测产品不仅包括从侧面进行观察的产品，也包括从正面或顶面进行观察的产品。在绘图过程中，应重点刻画产品的特征面和功能面。

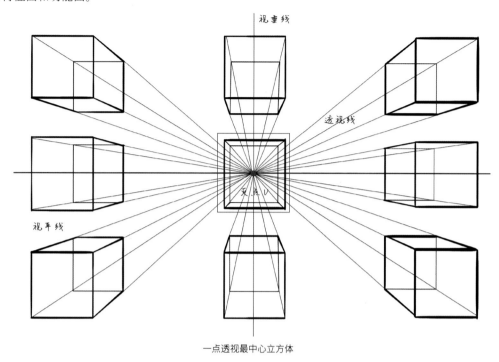

一点透视最中心立方体

10.1.2 平面正等测图

平面正等测图是指用平行投影法，将物体连同确定物体空间位置的直角坐标系一起投射到单一投影面上。投影面上的图形没有透视，为纯平面图形。产品的平面正等测图能够最大限度地准确体现产品尺寸，使人一目了然。它常用于产品三视图、六视图及其尺寸图，是一种重要的设计表达工具。

任何形态的产品都可以根据平行投影绘制出前、后、左、右、上、下6个方向的平面正等测图。设计师在设计初期进行产品造型构想时，经常会选择从最具代表性的平面入手进行造型推敲，并根据实际需求调整选择的面，有时不止需要绘制一个面。当产品某个方向的面为功能面或造型特征面时，设计师会将其单独抠出来进行造型推敲及绘制。一般使用三视图（即主视图、侧视图和俯视图）进行形态表达和约束，从而导出产品的立体形态。如下图中的米奇车摆件三视图及其立体效果图，该产品不是平面正等测产品，但可用平面三视图进行形态约束和尺寸标注，以保证产品尺寸的严谨性和信息可读性。

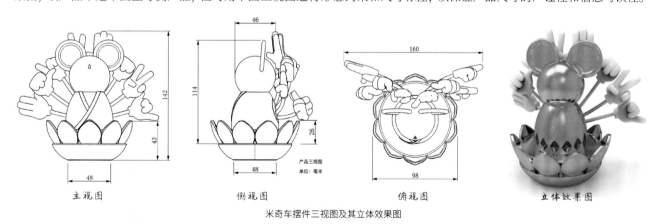

主视图　　　　　　　侧视图　　　　　　　俯视图　　　　　　　立体效果图

米奇车摆件三视图及其立体效果图

平面正等测产品是一种特殊产品类别的统称，这类产品可以通过侧面展示关键产品特征。平面正等测图是产品视图的一种，每种产品都会有多个角度的平面正等测图。并不是所有产品都属于平面正等测产品，但基于所有产品都可以绘制出平面正等测图。

10.2 平面正等测图的绘制：电水壶

前面我们了解了平面正等测图的重要性和作用，下面讲解如何绘制平面正等测图。笔者以电水壶为例，向读者展示其详细的绘制过程，介绍绘制技巧和要点。

扫码看视频

10.2.1 画前分析

整个电水壶由壶体、底座、壶盖、把手和开关组成。壶体和底座属于圆柱体形态，经过上窄下宽的变形处理，使其更具稳重感；在壶嘴处进行曲线处理，塑造出贴合出水口功能的曲面造型。把手属于方体形态，经过镂空和倒角处理，使其便于握持，符合人机关系。另外，整个水壶为对称形态，左右两侧完全一致，适合选择侧视图进行绘制。其底座和壳体主要用到的材料为不锈钢金属材料，表面处理工艺主要应用了磨砂拉丝，开关、把手和壶盖应用了塑料材料，以保证轻便和绝缘。电水壶主体色为浅灰色，辅助色为黑色，点缀色为蓝色，三者的比例大致为6:3:1。

画前分析

10.2.2 线稿阶段

01 起稿。 首先使用0.5号针管笔轻轻地绘制出中垂线和地面水平参考线，二者相交且垂直，以便找准形体并确保图稿垂直。然后勾画出水壶的大体轮廓，逐步明确形体。在此阶段需格外注意比例和部件分割关系，线条相对轻一些。

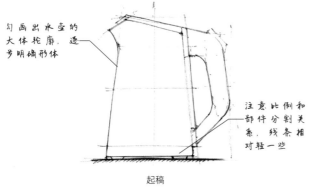

起稿

02 确定形体。 对已确定的形体边线进行复描，确立清晰的线性关系。强调零部件的内部边缘，绘制出壶把手的分型线，并对零部件厚度进行表现。

确定形体

03 添加细节。 先绘制产品的标志，然后适当增加排线，表现明暗光影，最后添加指示箭头、背景框及手写文字注释说明，对细节进行刻画，完成线稿绘制。

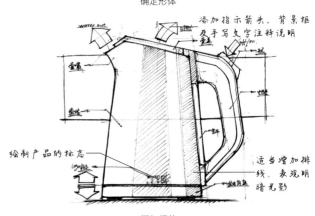

添加细节

10.2.3 上色阶段

颜色: CG270 ▊▊ CG272 ▊▊ YG265 ▊▊ BG68 ▊▊ CG273 ▊▊ YG266 ▊▊ BG70 ▊▊ BV192 ▊▊ BG68 ▊▊

01 铺大色调。先使用CG270▊▊和CG272▊▊表现壶体的不锈钢金属材质，区分基本明暗关系。然后使用YG265▊▊以湿画法的方式对黑色塑料把手进行铺色。最后使用BG68▊▊对装饰条进行铺色，初步确立画面的立体感和材质感。

 提示 金属质感的对比强，笔触快速干脆，边缘线明显。

02 深入塑造。首先使用CG273▊▊、YG266▊▊、BG70▊▊继续上色，丰富画面明暗层次，对材质和光影进行精致刻画，进一步强调金属材质与磨砂塑料材质的差异。然后使用BV192▊▊绘制背景，进行竖方向笔触排布，于两侧进行留白处理并用干脆的"之"字线添加背景，丰富画面层次，通过背景衬托出前方产品。最后使用BG68▊▊对箭头进行上色，起到丰富画面的作用。

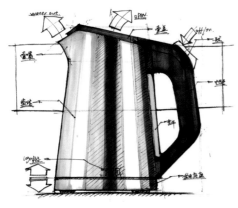

铺大色调

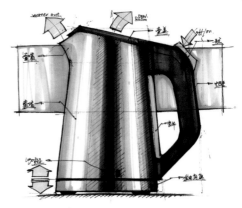

深入塑造

03 细节刻画。为画面添加细节。先使用高光笔在金属材质的底座与壶体的分型线处和标志处绘制高光，然后使用白色彩色铅笔对把手进行提亮，进一步区分材质，最后使用CG273▊▊对金属进行加重处理，提高色彩对比度。

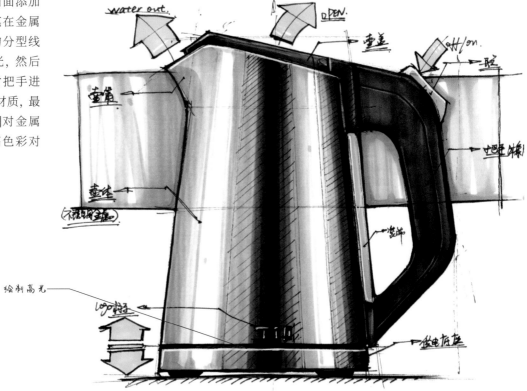

细节刻画

10.3 美工刀平面造型设计

前面介绍了平面造型设计的方法，下面从比较简单的产品入手，以美工刀为例，讲解其实际操作中的具体造型思路和方法。美工刀是典型的纤薄形态平面正等测产品，一般造型推敲的重点在于侧面图的造型设计。

扫码看视频

10.3.1 画前分析

先对市场上现有的美工刀产品进行调查分析，以掌握其使用人群、需求痛点和功能设置。这里把市场上现有的美工刀类型概括为以下4类。

第一类，简易款。其构造比较简单，以金属刀鞘包裹刀片，末端有顶塞，刀片末端连接推动的按钮。此类产品价格低廉，能满足用户最基本的切割需求。

第二类，普通款。其构造与简易款基本一致，更多的是体现在外部ABS塑料刀鞘包裹造型上的差异，在把持舒适度上有一定提升。此类产品价格适中，能够满足有一定专业要求用户的需求，如美术生。

第三类，专业款。为专业人员设计的具有高度舒适性和更多功能的美工刀。专业人员包括印刷行业从业人员和皮具手工艺制作人员等。此类美工刀造型更加丰富，人机工学更加考究，材质应用更加多样，外部与手接触处有包胶，为的是能满足专业人员长时间、高精度、高舒适度的操作要求。此类产品价格较高，能够满足专业从业人员较高的使用需求。

第四类，儿童款。专为儿童设计的美工刀。为儿童设计的产品首先要考虑的是安全性。外观造型可爱圆润，一般会做特殊倒角和防割伤处理，有的还会设计盖帽。颜色比较明快、丰富、轻柔。此类产品价格适中，主要是满足保护儿童不受伤害的安全性需求，同时能够满足用户一般的切割需求。

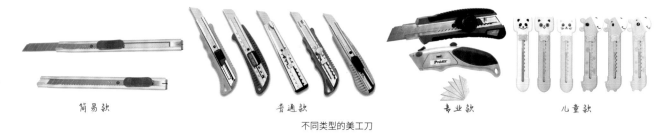

简易款　　　　　　　　　　普通款　　　　　　　　　　专业款　　　　儿童款

不同类型的美工刀

10.3.2 造型推敲

01 改变整体形态。 美工刀的形态可以概括为一个扁扁的长方体，也可以设计成扁圆柱体或扁跑道圆柱体，这样在基本几何体的形态上就产生了差异。但在平面正等测图中体现不明显，都是以长方形为主。此方法在后续的立体造型中再进行详解。

02 改变外轮廓线。 先绘制中间对称轴，然后从整体入手将外轮廓线变为直线或曲线，利用对称和非对称的手法得到不同的形态，最后从细节入手改变刀尾的线条和形态。注意整体与细节的和谐搭配，可以对不同的款式进行标号。

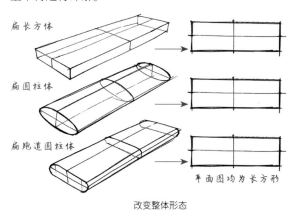

扁长方体

扁圆柱体

扁跑道圆柱体

平面图均为长方形

改变整体形态

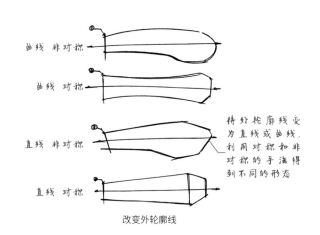

曲线 非对称

曲线 对称

直线 非对称

直线 对称

将外轮廓线变为直线或曲线，利用对称和非对称的手法得到不同的形态

改变外轮廓线

03 改变内结构线（分型线）。 根据零部件组装分型，我们可以得到内部的结构线，即分型线。这里改变这些内部结构线的形状，使产品造型进一步发生变化，但需注意与外轮廓线的呼应关系。

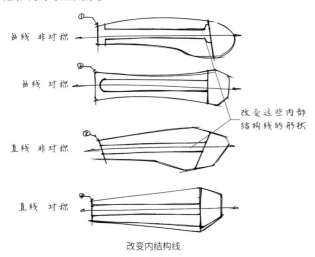

改变内结构线

提示 注意保持内部金属刀鞘的水平方向，保证刀片的推出方向。

05 增加细节。 根据光影关系增加细节，绘制投影和表现高光区域、暗部投影的排线，增加打孔等细节。

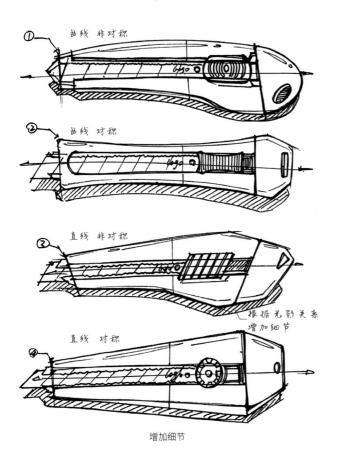

增加细节

04 改变细节设计。 首先绘制金属刀鞘内部的锯齿并添加推钮，出于对人机操作舒适度和防滑功能的考虑，推钮的形状可以根据整体造型做出改变，如圆润或方正。然后增加防滑肌理纹路。最后绘制内部刀片和刀片上用来折断的纹路。

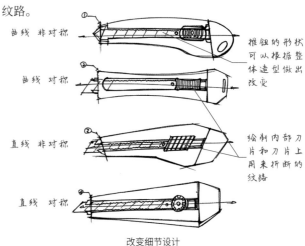

改变细节设计

提示 在绘制时，需交代清楚金属刀鞘与刀片包裹与被包裹的关系。在后期进行明暗光影表达时，需注意对投影和厚度的表现。

06 添加标注和背景。 为了完善画面，使我们绘制的草图更具说明性，可以将各个部件的名称、功能和材质标注在旁边。

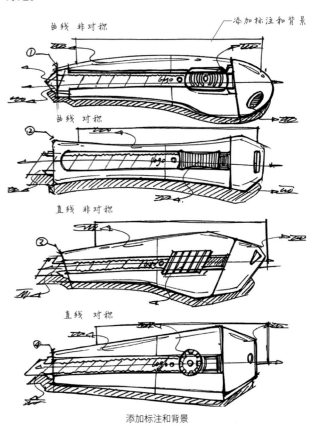

添加标注和背景

10.3.3 上色阶段

01 铺大色调。ABS塑料外壳加工工艺简单，成本低，这里选择常见的比较鲜艳醒目的红色、蓝色、黄色和绿色等颜色来表现。注意笔触的方向。

颜色：R137　B236　Y225　G46
YG264（塑料刀尾）CG270（金属刀鞘和刀片）

曲线 非对称

曲线 对称

直线 非对称　　注意笔触的方向

直线 对称

铺大色调

> **提示** 由于包裹关系产生了光影，因此需要加重刀鞘和刀片的投影，以及推钮上的纹理。

03 刻画细节。添加背景和投影，并使用高光笔添加高光。为了突出刀尾的磨砂塑料质感，可添加不规则的小点。背景应用了冷暖对比和明度对比，衬托出前方的产品。

颜色：YG263（投影）B236　CG272（背景）

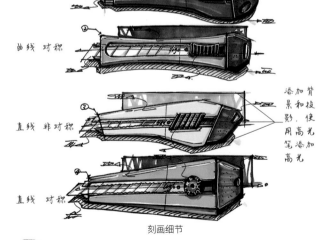

曲线 非对称

曲线 对称

直线 非对称　　添加背景和投影，使用高光笔添加高光

直线 对称

刻画细节

> **提示** 在添加高光时，注意用笔要干脆，可以在物体转折面的最亮处添加高光，也可以在分型线处添加高光，表现微小面的起伏和厚度，进一步体现精致感。

02 光影表现。为进一步对每个美工刀进行光影表现，选择更重的颜色进行立体感的塑造和光影的表达，使其更具立体感。

颜色：R140　B238　Y226　G48
YG265（塑料刀尾）CG271（金属刀鞘和刀片）

曲线 非对称

曲线 对称

直线 非对称　　选择更重的颜色进行立体感的塑造和光影的表达

直线 对称

光影表现

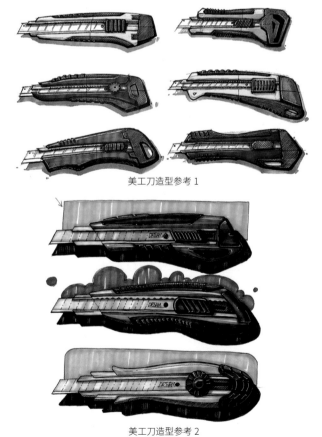

美工刀造型参考1

美工刀造型参考2

10.4 卷尺平面造型设计

本节我们学习卷尺的造型设计方法。卷尺的整体形态基本是扁圆柱体，属于极具代表性的平面正等测产品。在进行产品造型设计时，需养成先研究，再设计的好习惯。

10.4.1 画前分析

卷尺是比较常见的工具，其形态为扁圆柱体，并呈对称状。下图分别展示了两款卷尺的正面与背面。从外部来看，主要的零部件有由ABS工业树脂制成的塑料外壳和锁定按键，外壳侧面的铭牌贴纸、金属尺带、尼龙挂绳，以及外壳背面的金属挂扣和固定螺丝。卷尺两面的形态一致，细节略有差异。一般在进行卷尺的造型设计时，以推敲发散正面造型居多，对背面造型稍做改动，与正面造型统一即可。

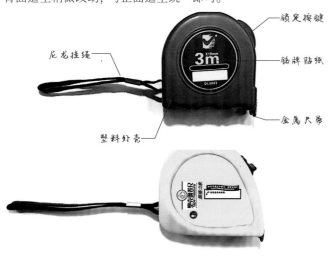

卷尺正面

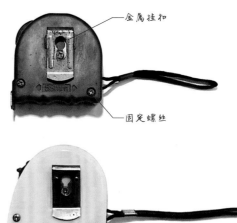

卷尺背面

下图为黄色卷尺的拆解图，主要零件有锁定按键、螺丝、金属挂扣、内部钢尺卷、塑料外壳和尼龙挂绳。其中核心部件为中心的钢尺卷，由塑料外壳包裹固定，中间设有转轴，可实现钢尺带的抽出与收缩；内部为与尺带等长的钢卷，可满足不同长度的尺带放置需求。背部的金属挂扣用于固定在腰带上，方便收纳与使用。背部有3枚螺丝，整体由两片外壳包裹住内部结构。因此，我们在进行造型设计时，需格外注意内部钢尺卷的形态大小，保证圆形的内部空间及不同钢尺卷圆形的大小。

下图为卷尺限位工作原理图，为手动款。现在市场上的卷尺有自动限位可回弹的，这种卷尺的自动限位设计还具有缓冲功能。手动限位功能是通过按键向下拨动，内部连杆结构向下顶住尺带，与外壳底部的凸起相互作用共同实现的。注意塑料外壳的底部须设计为水平直线造型，为的是保证测量时尺带保持水平，能够精确地测量尺寸。另外，它还具有使卷尺平稳放置的作用。

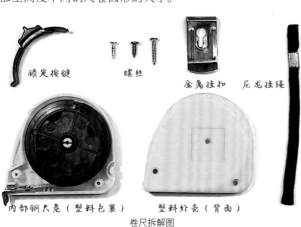

卷尺拆解图

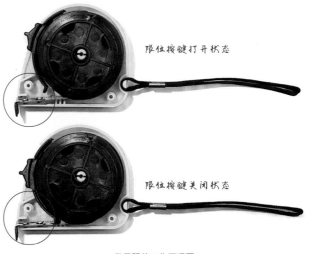

卷尺限位工作原理图

10.4.2 造型推敲

　　接下来对卷尺这一代表性工具进行造型设计。首先要明确内部的圆形空间大小，使外壳包裹住内部构造，尽量节省空间，实现整体产品尺寸的控制，然后分为3个不同的造型推敲方向：圆润、方正和方中带圆，这样可以有目的地区分产品设计风格，探寻更多的可能性。

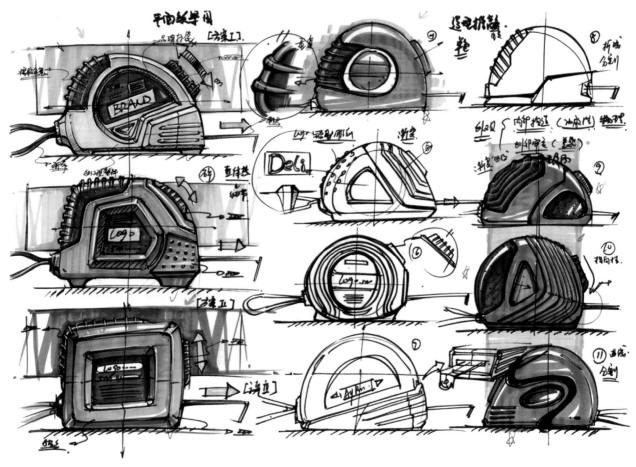

卷尺造型推敲效果图

01 造型发散。 在进行绘制前，要先想好卷尺整体的立体形态，在大脑中进行立体形态的建模，建模越清晰，表达就越清晰。第一款为扁圆柱体，第二款为倒圆角的方体，第三款为长方体，由此确定外部轮廓线的线条种类。在塑料外壳上设计凹凸面，增加整个产品的视觉层次和丰富性。先由整体逐步向细节推敲，然后添加材质和肌理，接着添加方框背景进行衬托，增加整体层次，最后添加手写注释说明和功能指示箭头，达到图文并茂的效果。

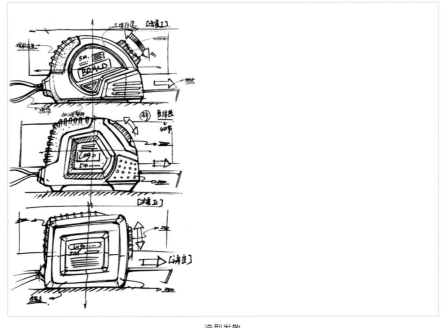

造型发散

02 方案发展。 进行圆润形态造型发散, 这里列举了8款方案。其中应用到的设计手法有分割、平行、渐变、偏移、包裹和凹凸等, 以突出产品侧面的视觉中心和产品特征。

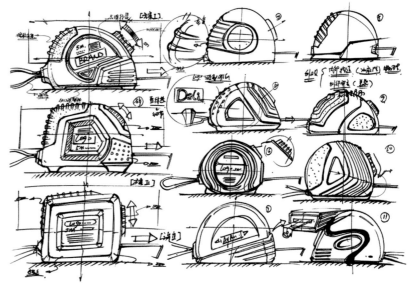

提示 在分割时需注意整体性, 不要将产品分割得过碎, 也不要使分割后的面积过于平均。同时注意对节奏感的表达, 要做到有疏有密、有繁有简。

方案发展

10.4.3 上色阶段

下面进行上色渲染。在光影表达方面, 需注意由形体自身的形面凹凸起伏造成的光影变化。确定光源位于左上方, 对光影进行概括表达。注意整张图中的光源方向具有一致性, 这样能够使画面更加统一。在颜色选择方面, 主要应用卷尺常见的几种颜色, 如黄色、橙色和绿色, 并使用暖灰色进行搭配。在材质表达方面, 主要表现高亮光滑的彩色ABS塑料和深色磨砂塑料或橡胶, 注意各材质要区分表达。

颜色: Y225　Y226　YR157　YR178　YR160　YR156　R137　G46　G48　G50　YG26　BG68　YG264　YG265　CG272

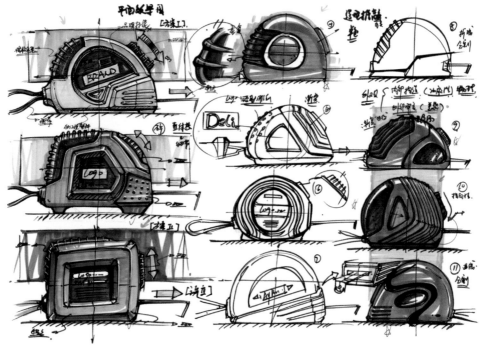

上色阶段

10.5 吹风机平面造型设计

　　本节对手持设备的代表——吹风机进行造型设计。吹风机的形态可以理解为两个圆柱体按照一定角度进行穿插，属于枝干形产品形态。其造型设计推敲也主要从平面正等测图着手，逐步确定形态方案，最终导出立体造型。

扫码看视频　扫码看视频

10.5.1 画前分析

　　吹风机的种类很多，但是结构大同小异。吹风机总体来看由两大部分构成：一部分是水平方向的风筒，另一部分是竖直方向的手柄。如果细分，则可分为外壳、手柄、风扇（电动马达和扇叶）、电发热元器件（电热丝）、风嘴、开关、前后格栅和电源线等部件。

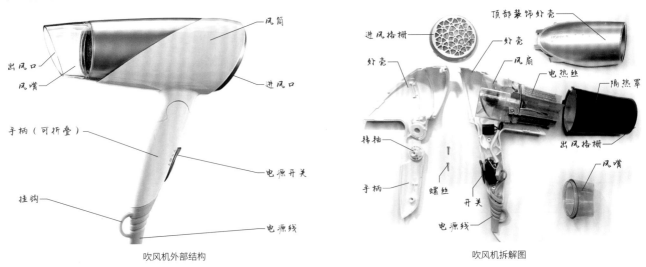

吹风机外部结构　　　　　　　　　　　　　吹风机拆解图

　　外壳：它对内部机件起保护固定作用，由前后或左右两部分拼合而成，有的款式有外部装饰件，一般由塑料材质制成。
　　手柄：手可以握持，一般与风筒成一定角度向前倾斜，为的是便于握持发力，控制吹风机与头发的距离。
　　风扇：由电机和扇叶组成，电机装在壳体内，扇叶装在电机的轴端上，扇叶由金属或塑料制成。电机旋转工作时，扇叶带动空气流通，由进风口进风，由出风口出风。
　　电发热元器件（电热丝）：吹风机的电发热元器件由电热丝绕制而成，装在电吹风靠近出风口处，风扇排出的风在出风口被电热丝加热，变成热风送出。有的电吹风在电发热元器件附近装上恒温器，一旦超过预定温度就切断电路，起保护作用。
　　风嘴：位于出风口处，一般为卡扣结构固定在出风口处，起汇聚空气增强风力的作用。
　　开关：电吹风开关一般有热风、冷风、停止3挡，常用白色表示停，红色表示热风，蓝色表示冷风。有的吹风机有两个开关，一个控制热量，一个控制风力大小。
　　前后格栅：在进风口和出风口一般都有格栅设置，为的是防止异物进入，一般由塑料或金属制成。
　　电源线：一般由绝缘橡胶制成，主要功能为提供电。另外，有些高端吹风机还有负离子功能，会配备负离子发生器等。

10.5.2 造型推敲

　　在进行造型发散推敲前，可以先将吹风机的原理图通过平面图绘制于画面的左上方以供参考。经过分析研究，明确一般的吹风机主要由两大功能部件组成：水平方向的风筒和竖直方向带有一定倾斜角度的手柄。风筒部分又可细分为前端的出风口（导风口）、中间的外壳及后端的进风口格栅。手柄部分的外壳一般与风筒部分的外壳连为一体，左右两片外壳进行开模注塑，再使用螺丝组装固定，将内部的元器件包裹起来。手柄的倾斜角度和长度设定需考虑实际的人机关系，以达到最舒适的使用效果。

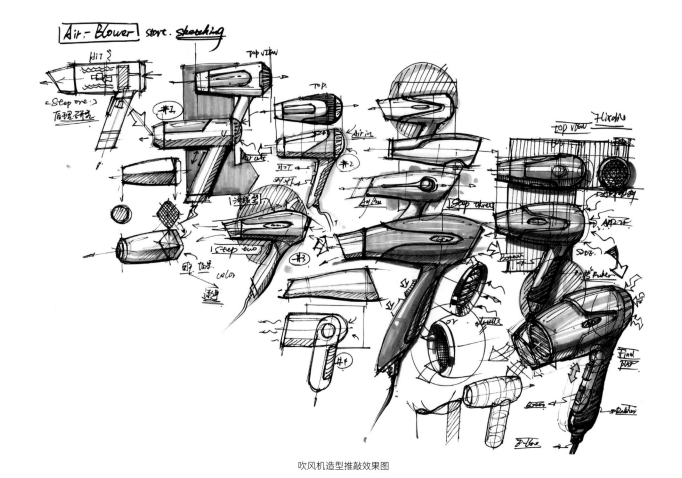

吹风机造型推敲效果图

01 造型发散。 首先进行不同方向的小方案形态发散，可利用平行与非平行的轮廓线区分整体造型，利用直线和曲线进行发散，确定大形态。然后设计内部结构，改变各自的内部结构线分割。注意内部结构线和外部轮廓线的呼应，共同完成整体造型设计。这里罗列出3款造型方案，具有不同的风格倾向，适合不同的消费群体。第一款几何形方案更加适合男性用户；第二款属于比较中性的方案，适用人群更广；第三款为柔美的流线造型，更加适合女性用户。

02 方案发展。 继续绘制设计草图。由于吹风机的主要功能是吹风干发，与空气具有强相关性，流线造型更能呼应吹风机与空气流动相关的核心功能，因此选择流线型风格的造型方案进行深入的造型发散。绘制平面正等测图，并在推敲过程中结合立体的细节图进行全面的造型推导和阐述。

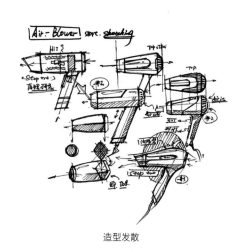

造型发散

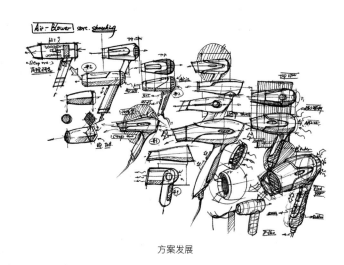

方案发展

提示 绘制前，要在大脑中设想如何进行版面布局。一般人的阅读习惯是自上而下，由左及右，我们可以据此来进行版面布局，从画面的左上方开始，向右下方进行引导。这是最常见的排版方式，但排版方式不止这一种，后期可以多尝试。

10.5.3 上色阶段

下面进行上色渲染。这里主要采用单色法来表现前期草图，达到快速、简单、概括的效果。观察下图，我们可以发现画面中存在着明显的递进关系，图形大小、色彩丰富度和刻画深入程度3个方面都是由左上向右下递进，这代表该方案推导的思维逻辑层层递进、逐渐深入。这一思维逻辑形成了明确的视觉导向性，引导着读者从左上至右下进行浏览。

颜色：BG68　　BG70　　BV192　　BV193　　CG270

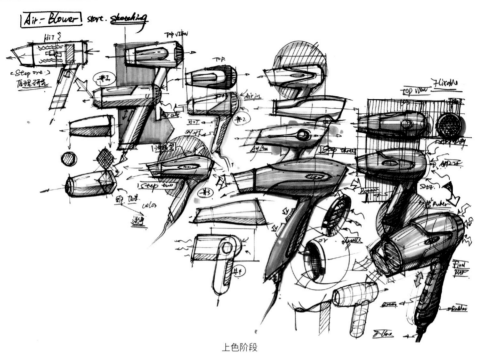

上色阶段

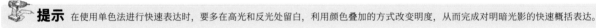

提示 在使用单色法进行快速表达时，要多在高光和反光处留白，利用颜色叠加的方式改变明度，从而完成对明暗光影的快速概括表达。

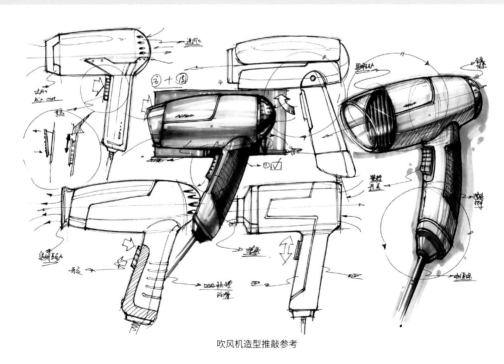

吹风机造型推敲参考

在实际的产品设计手绘中，造型推敲是必不可少的环节，是将脑海中虚无缥缈、模糊的产品形象一步步清晰地勾勒成看得见的纸面对象的过程。在此基础上，经过模型制作及打样进一步将纸面对象实现为摸得着的实体产品。可以说，设计师造型能力的强弱直接影响着其整体设计能力的高低。

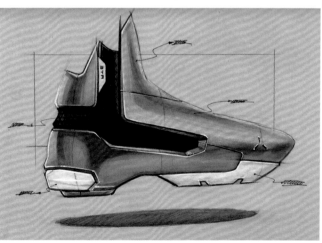

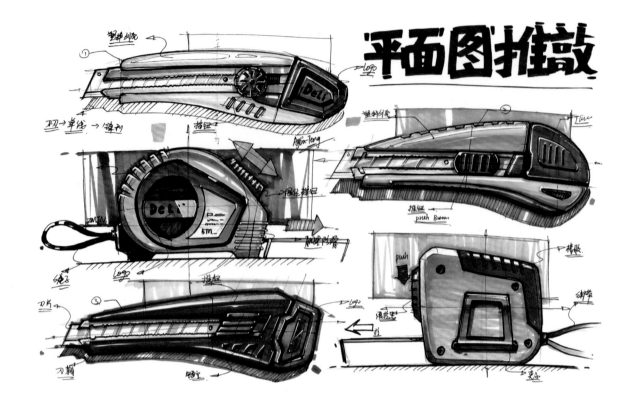

平面图推敲

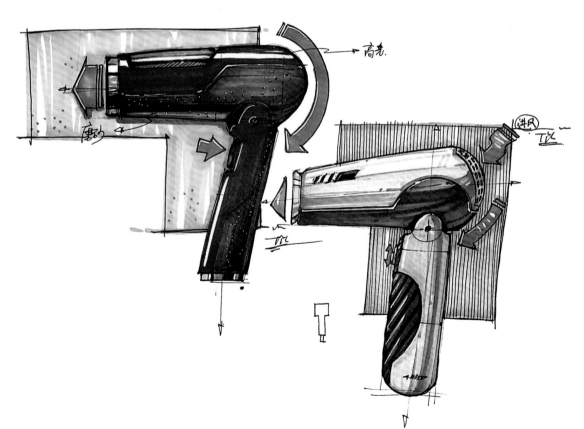

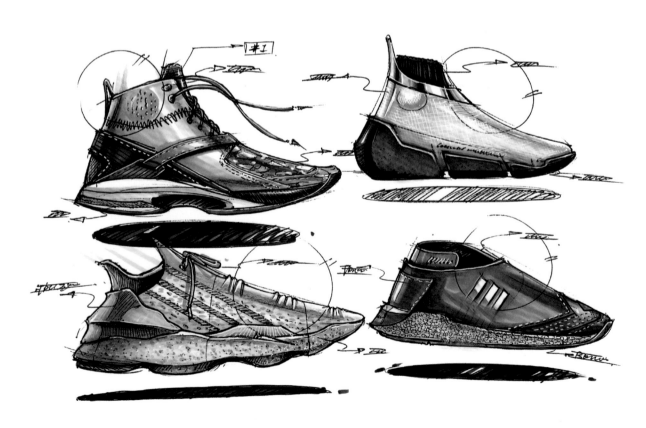

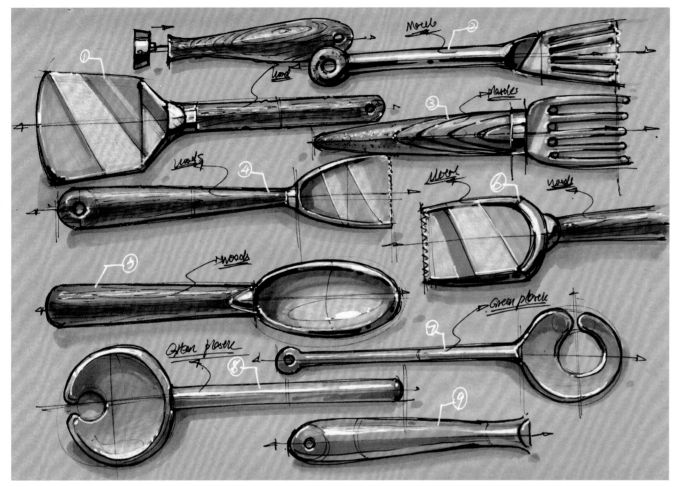

HONDA CT70

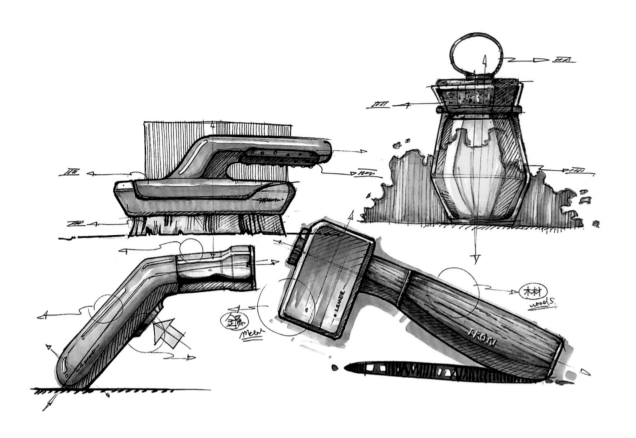

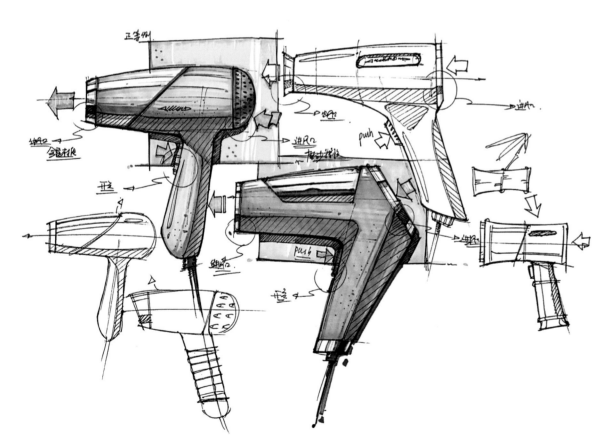

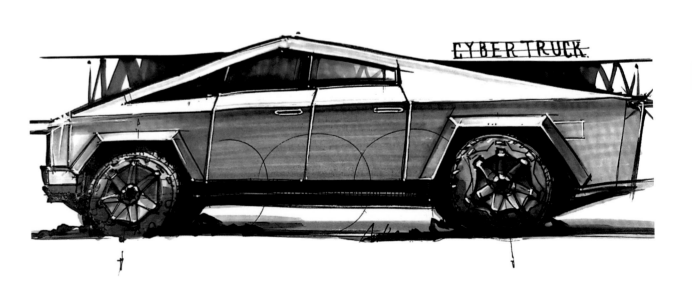

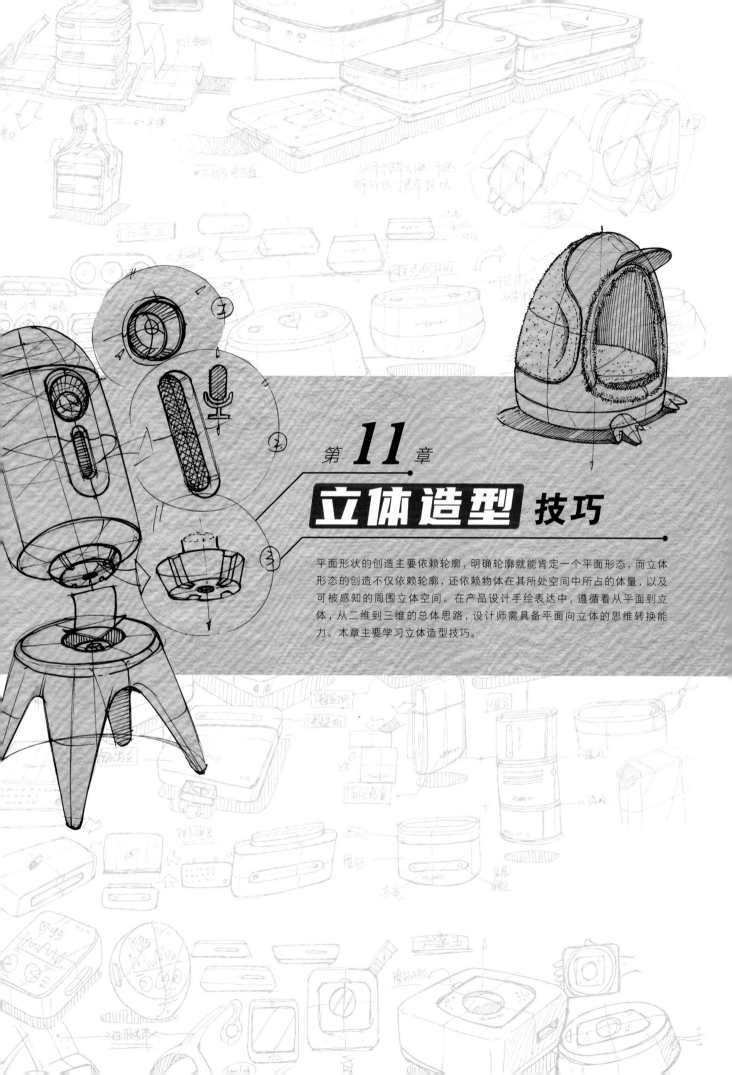

第 *11* 章

立体造型 技巧

平面形状的创造主要依赖轮廓，明确轮廓就能肯定一个平面形态，而立体形态的创造不仅依赖轮廓，还依赖物体在其所处空间中所占的体量，以及可被感知的周围立体空间。在产品设计手绘表达中，遵循着从平面到立体，从二维到三维的总体思路，设计师需具备平面向立体的思维转换能力。本章主要学习立体造型技巧。

11.1 立体图的表现技巧：鼠标

　　立体图又称为透视图，表现的是对象在三维空间中受透视影响所呈现的立体形态。手绘就是将原本处于三维空间中的立体形态描摹于二维纸面上，在纸面上塑造出对象的立体感和空间感。我们可以将平面图作为蓝本，从而推导出对象的立体图（透视图），营造更强烈的视觉冲击力，给人带来逼真的视觉感受。接下来通过一个鼠标的案例，向读者介绍如何进行二维平面图向三维立体图的推导绘制。

扫码看视频

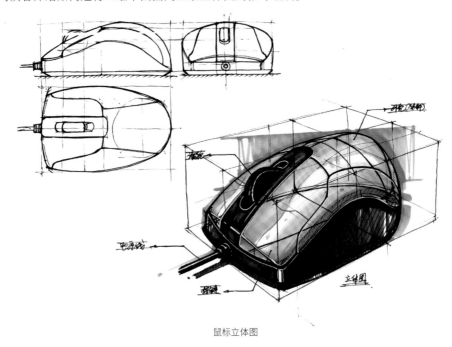

鼠标立体图

| 颜色：CG270 | CG271 | CG273 | CG274 | YG265 | B241 |

01 绘制平面三视图。 先绘制水平方向和竖直方向上的辅助线及地面线，以保证比例的准确统一。然后进行定点连线，绘制出平面侧视图轮廓。最后绘制出正视图和顶视图，完成三视图的绘制。

02 绘制截面。 确定透视系统为两点透视，根据平面图中确定的比例绘制出两点透视中的长方体辅助框。确定好辅助框后，找出长方体的剖面线，构成3个方向的中分剖面。在中分剖面的框中进行定点连线，得到3个方向的形态截面：俯视截面、前视截面和侧视截面（下图中分别使用蓝色、绿色和粉红色进行了标识）。

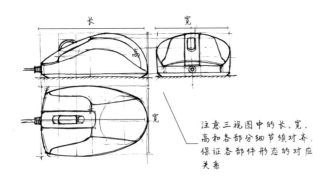

注意三视图中的长、宽、高和各部分细节须对齐，保证各部件形态的对应关系

绘制平面三视图

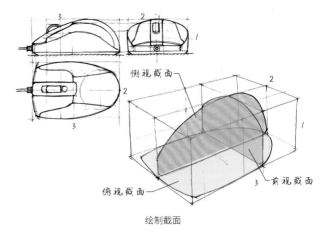

绘制截面

提示 这里的三视图并不是标准的三视图，而是为了进行平面正等测造型推敲进行的造型约束与交代，这种三视图有利于从平面的视角思考产品造型，为立体造型提供依据。

03 构建形体。 对截面的最外侧点进行平滑连接,完成立体图大形态的绘制。对大形态进行分模处理,添加分型线、按键和中键滚轮细节。

04 细致刻画。 区分线性关系,先对形体进行剖面线分析,然后添加适量的排线和阴影,对光影进行概括表现,再添加文字箭头标注。

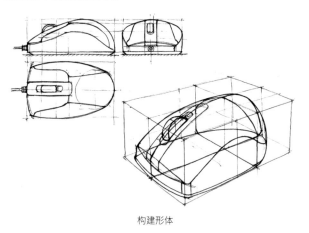

构建形体

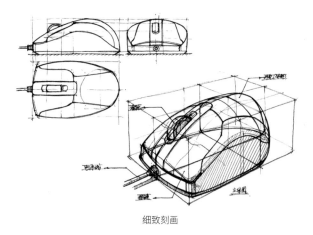

细致刻画

05 色彩表现。 先使用CG270▓▓和CG271▓▓对浅色塑料外壳进行上色,然后使用CG273▓▓和CG274▓▓对深色塑料外壳进行上色,接着使用YG265▓▓对橡胶滚轮和投影进行上色,概括表现明暗光影关系和材质质感,再使用B241▓▓添加背景,最后使用高光笔添加高光,进行精致的刻画。

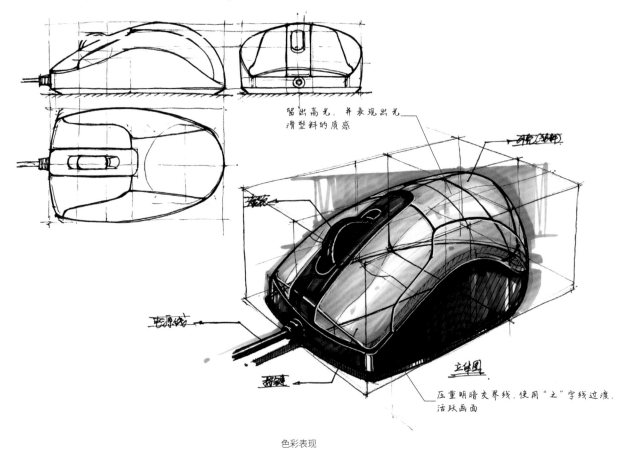

色彩表现

通过鼠标的绘制,相信读者已经基本掌握由平面图向立体图转化的技巧。接下来介绍4种不同的立体造型方法,帮助读者在实际产品造型设计中进行造型方案发散,进而快速、优质、高效地推导出各种不同造型设计方案。

11.2 几何造型法

生活中，大部分产品为了适应大批量机械化生产，都是由规矩的几何体组合而成的。由于几何体的种类多样，可以组合成千变万化的组合形态，也可以施加一系列动作对形态进行变化，因此几何造型法是最为常见的基础造型方法。

11.2.1 几何造型法的概念

简单来说，几何造型法是对设计对象进行几何化概括，再将几何体进行替换、组合和融合，从而形成新的形态。生活中大部分产品都是由几何体组合而成的，几何造型法的应用十分广泛。

几何造型法一般的流程为：先分析研究产品的构成形态，然后进行形态的概括提取，再对几何形态进行替换，最后将新的几何体组合进行融合，产生新的造型方案。下面是会议摄像头的几何造型法流程图。

产品几何体概括

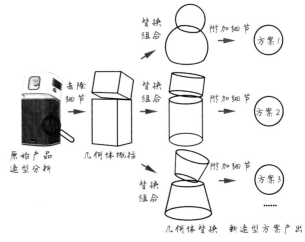

几何造型法流程图

在进行几何体概括时，需要去除产品的细节影响，只关注大的形态组成，将其概括为简化的几何体。在几何体替换阶段，我们可进行自由组合，探索更多的可能。在新的造型方案产出阶段，需将原产品的细节和功能进行附加，以保证产品的合理性和统一性。由此，我们可以得到不同风格的新造型方案，方案的风格一般分为方正、圆润和方圆结合3种。

> **提示** 有些产品类别的造型自由度较高，受功能、内部结构和加工工艺等方面的约束较小，设计的空间也较大，如灯具、家具和塑料制品等。而有些产品类别受功能、内部结构和加工工艺等方面的约束较大，产品造型自由度较小，外观变化的空间较小，仅可在细节处进行调整和创新，如机械设备和钣金工艺产品等。因此，前期的产品研究显得格外重要，需要秉持"格物致知"的理念，将其作为开展设计工作的前提。

11.2.2 几何造型法中的设计要素

在进行几何造型法应用时，需格外注意形体的比例、节奏和层次。这对整体形态的改变具有重要的影响。

- **比例**

关于比例要素需注意两个方面：整体比例和局部比例。整体比例可理解为产品整体长、宽、高的比例，往往细微的比例调整就能带来完全不同的心理感受。例如，不同体型的人站在面前，或高或矮，或胖或瘦，或纤细或敦实，给观者带来的最直观的视觉感受不同。局部比例指的是产品自身部件和分型的比例，一个按钮、一个指示灯这些细小的部件与整体的比例关系也包含在内，要做到局部与整体的比例和谐，不突兀、不脱节。下面的吹风机案例中，风筒与手柄的比例失调，风筒过大造成头重脚轻之感，手柄太粗在实际使用操作时不符合人机关系，会降低把握舒适度。

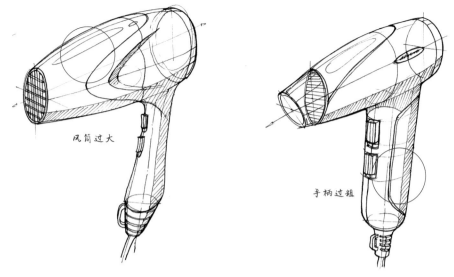

风筒过大

手柄过粗

吹风机比例失调图例

• 节奏

　　提到节奏，人们很容易想到音乐和舞蹈艺术中的节奏。人的节奏感的生成大概是源于人体脉搏的跳动。例如，听到富有激情的快节奏音乐时，人的脉搏也会加快；聆听轻音乐时，人们会感到放松舒适；在观看节奏舒缓的芭蕾舞时，人们会感到放松恬静，舞蹈动作的节奏与心率趋于一致或更加缓慢。因此，节奏不仅能够引起生理反应，还能引起心理、思维方面的反应，调动人的情绪和情感。

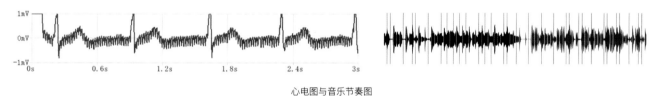

心电图与音乐节奏图

　　节奏在产品外观造型上是如何体现的呢？我们可以利用同一造型元素在产品上有规律的重复出现来有效构建出节奏感，进而带来美感、律动感。造型元素包括各种线条和形态的长短、高低、宽窄、体积大小，以及色彩、材质、肌理等方面的变化。有规律的重复指的是在产品造型的空间布局中将某种元素进行多次排列组合，使其呈现有规律的变化。节奏感总体上可以以强弱来形容。节奏感强指的是元素的变化差异度较高，视觉跳跃性大，形成的反差和对比较强烈；节奏感弱指的是元素变化差异度低，视觉节奏平缓，反差和对比小，带有统一性和趋同性。强弱的变化可通过长度或体积的大小对比关系、由元素间的不同距离形成的松紧关系和由元素聚集数量不同形成的疏密关系等方面进行调节。

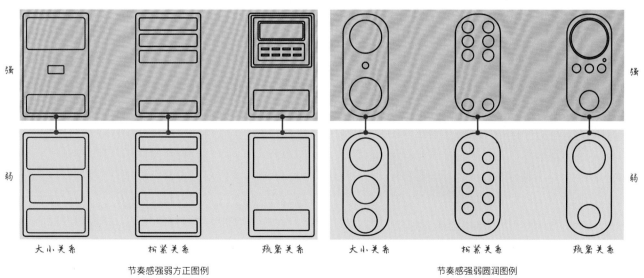

节奏感强弱方正图例　　　　　　　　　　　　　　　　节奏感强弱圆润图例

产品整体节奏感的强弱需要根据实际产品需求进行控制和调节。较强的节奏感适合进行主要功能的突出和对比，形成强烈的视觉流跳跃，视觉张力强烈，可使产品形态富于变化和动感，带有强劲、积极、活泼的气质；较弱的节奏感则旨在将产品组成元素进行归纳统一，视觉流过渡平缓，视觉感受均衡稳定，可使整个产品气质更加温柔、平和、谦逊。

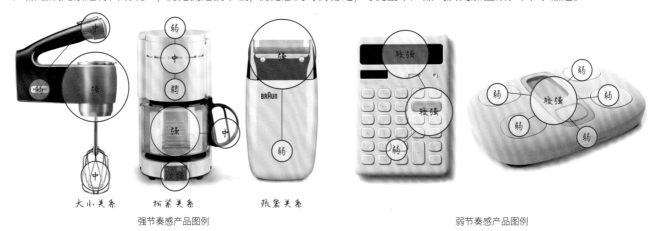

大小关系　　　�关系　　　疏密关系
强节奏感产品图例　　　　　　　　　　弱节奏感产品图例

• 层次

　　层次是指系统在结构或功能方面的等级秩序，在产品造型设计中主要指视觉层次和功能层次，两者往往具有统一性。产品的功能由必要的结构和部件实现，因此在外观造型上也会有所呼应，一般来说，功能越多越复杂，结构层次会越多，外观造型上的视觉层次也会越多；反之越少。视觉层次须服从于功能层次，为的是在产品实际操作使用过程中形成明确的视觉、行为引导，告诉用户什么位置（部件）是最主要的，什么位置是次要的。这样能够极大提高用户的操作效率，降低学习成本，提升产品的便捷性和易用性。

　　影响产品层次感的因素主要体现在空间层次上，因为部件面与面之间的落差形成的不同层级划分构成了整体形态的不同层次。另外，色彩、材质和肌理等方面的层次也会影响整体层次感。三维空间中的立体物体，一个产品可以被概括为立方体，具有6个面。在产品上具备主要功能的面，称为功能面，功能面也有不同的层级划分，我们可以用A、B、C等级来进行由高到低的标示，以代表功能层次的区别。一般情况下，功能A面的视觉层级最高，须通过各种方式进行重点突出，元素之间的聚集性和层次感更强，形成头部聚集效应。功能B面和C面次之，在进行造型设计时需进行简化和统一，视觉层次逐渐降低，直到形成统一的、无变化的简单面，代表无重要功能，如下图中硅晶片计数机和空调分面层级所示。

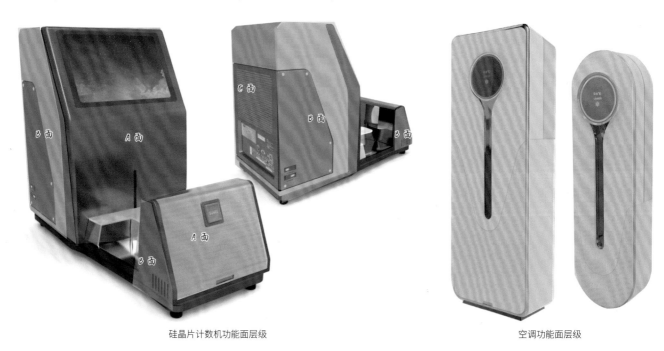

硅晶片计数机功能面层级　　　　　　　　　　　空调功能面层级

11.2.3 几何造型法的应用

在应用几何造型法进行产品造型推敲时，首先需要进行原产品造型分析，提取几何体组合，然后将原有的几何体进行替换组合，形成不同的发散方向，最后将与之相呼应的细节和功能附加于新产生的几何体组合上，实现不同风格的新造型方案的产出。接下来通过几个案例向读者展示几何造型法在产品手绘造型推敲中的应用。

- **会议摄像头设计**

在下图中的会议摄像头造型发散草图中，主要应用了几何造型法。产品的原型为会议摄像头，我们将其组成的基本形体分别替换为圆柱体、圆台体和锥体，实现多个方案的推导衍生。在方案推敲的过程中，保留了头部向上翘起的拟人化特征，作为产品造型设计的亮点，同时对整体造型风格进行更加圆润化的处理，增强产品的亲和力。

扫码看视频　扫码看视频　扫码看视频

产品材质方面主要采用了抛光金属材质和高亮塑料材质进行搭配，以保证产品强度和耐用度，提升品质感。色彩方面主要应用大面积灰色搭配蓝色点缀，突显科技、理性、稳重的气质，在大形体较为圆润亲和的前提下，将产品调性控制在专业度和可靠度较高的范畴。

会议摄像头最终效果图

颜色：CG270　CG271　CG272　B241　B242　B243　CG274　YR178　YR157　YG264　BG68

01 起稿。 使用CG270▭起稿，勾勒不同方案的大致形态和位置。

起稿

🔧 **提示** 在构图阶段须合理分配版面空间，有意识地突出主要方案，图稿之间可做适当叠压，构建版面的空间感和层次感。

03 第二款方案线稿绘制。 绘制方案2的草图线稿，该方案为圆柱体两头鼓中间凹形态，中间部分为音响，摄像头位于上端，改变了原有的微微上翘的形态特征。

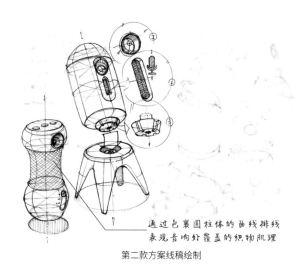

通过包裹圆柱体的曲线排线
表现音响外覆盖的织物肌理

第二款方案线稿绘制

02 第一款方案线稿绘制。 使用0.5号针管笔绘制形体线稿，首先绘制左侧第一款方案，采用将上部分摄像头与下方底座分离展示的手法，然后于右侧靠近形体处绘制3个细节放大图，分别介绍摄像头、音孔和插口结构。我们将该图作为主图进行展示和刻画，因此该图所占面积比较大。

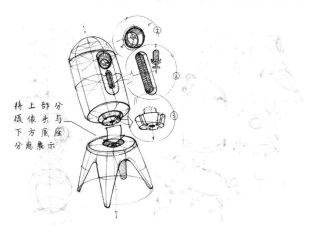

将上部分
摄像头与
下方底座
分离展示

第一款方案线稿绘制

🔧 **提示** 在绘制第1款方案时，由于上方机体为倾斜悬浮状态，因此底座椭圆形也要随之发生倾斜，但基本的"近扁远鼓"规律不变，可通过绘制辅助线找准形体透视。

04 第三款和第四款方案线稿绘制。 运用几何体置换的方法，方案3将产品构成形体置换为圆柱体，并保留镜头部分上翘的特征。方案4将几何体置换为圆柱体、圆台体与圆锥体的组合，构建起整体形似戴斗笠的小人，增加了产品的趣味性。

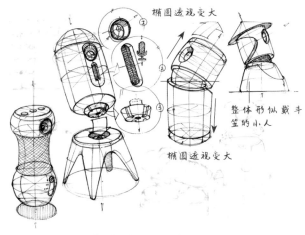

椭圆透视变大

整体形似戴斗
笠的小人

椭圆透视变大

第三款和第四款方案线稿绘制

05 第五款和第六款方案线稿绘制。 方案5为圆台体组合形体，上小下大，保障稳定性，给人稳重、敦实的感受。方案6为圆柱体组合形态，将整体高度降低，摄像头两侧伸出的类似于耳朵的形态为音响。

06 主图上色。 对第一款方案进行色彩和材质表现，使用CG270□□□和CG272□□□表现光亮的金属质感，使用B241□□□、B242□□□和B243□□□表现蓝色配件部分。

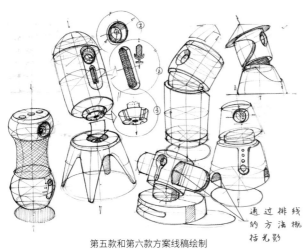

第五款和第六款方案线稿绘制

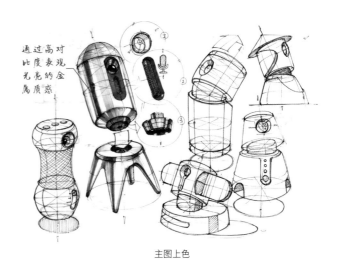

主图上色

提示 在进行初期的配色和材质选择时，可先在一款方案上尝试，待确认后，其他方案就可延续该配色方案和材质搭配，如果发现不适合，可再进行调整。

07 其他方案整体铺色。 使用CG270□□□、CG271□□□和CG272□□□对其他方案的灰色金属部分进行整体铺色，使用B241□□□和B242□□□对蓝色配件部分进行上色，使用CG274□□□加重主图的金属部分，使用YR178□□□对箭头进行上色，使用YR157□□□对方案4中间装饰部分进行上色，使用YG264□□□表现方案2音响外附织物及投影，使用BG68□□□表现方案5的装饰条。

08 深入塑造。 先使用高光笔添加高光，然后使用1.0号针管笔加粗线稿，修型的同时凸显画面层次，最后绘制勾边式背景，添加手拉箭头文字标注，使版面更加丰富。

其他方案整体铺色

深入塑造

• 投影仪设计

　　常见的投影仪形态大多为长方体，我们可通过置换几何体来变化造型。首先在纸面上轻轻勾画出几种不同的几何体大形态的轮廓，包括圆柱体、半椭球体、椭球体和长方体等，将其作为起稿参考，然后依次按照顺序，对发散的9个不同形态方向进行细节刻画和功能附加，构建9个形态差异较大的造型方案。在此阶段，须保证关键部件的准确性，如镜头位于正前方、四周设有散热孔及顶部需设置操作按键等，而对大形态不必进行过多约束，应尽可能多地进行各种形态的发散，保证有足够的内部空间，能够将元器件安装在外壳内即可。

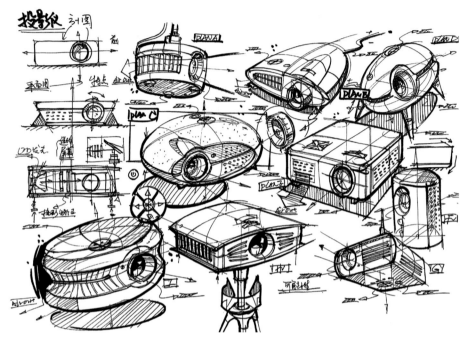

投影仪前期造型发散

　　对上面的多个方案进行发散和探索，并对其造型合理性进行评估后，我们选择了中规中矩、稍有差异的方案B。其构成的几何体为半椭球体，接下来对该方案进行二次发散，获得4种不同的发展方向，对各自的细节进行修改和绘制，产出4款差异化方案。其中将半椭球体进行曲面化处理，形体创新度较高，形式美感较强，因此将其选定为最终方案。通过上色来突出选定方案，并添加背景统一画面风格。

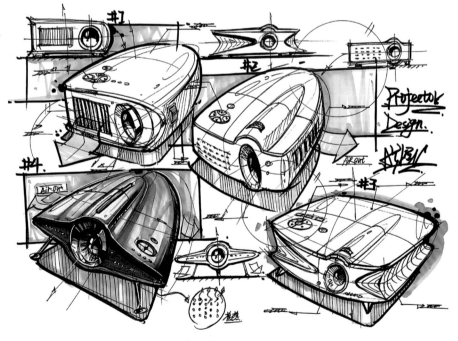

投影仪中期造型发散

应用多角度展示、细节放大图、故事板及标题，对最终方案进行较为全面的阐述，使观者一目了然。

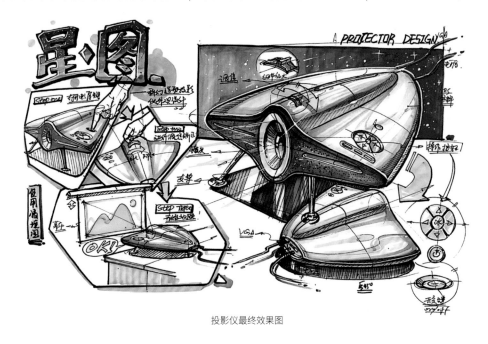

投影仪最终效果图

• 咖啡机设计

　　下图中的咖啡机造型共包括3个方向的方案，分别是方正形态、方圆结合形态和圆润形态，3种形态的气质各不相同。方正形态的咖啡机方案选择了长方体作为大形态，同时应用切面处理和倒切角，使整个产品具有十足的工业风，给人以专业和稳重的产品特征感受，一般用于公共办公场所或咖啡店中。方圆结合形态的方案将方方正正的长方体进行柔化变形，并通过倒圆角进一步加强其圆润的特点，在方正中带有圆润的倾向，给人以刚中带柔的感觉，在保证具有稳重、专业、高品质的产品品质的同时，又增添了几分亲和力，既适用于专业场所，又能够毫无违和感地融入家居环境中，是一款适应性很强的方案。圆润形态的方案是由球体进行变形拉伸后获得的大形态，整体造型风格圆润可爱，属于一种浪漫的艺术性表达，对于对生活品质有一定追求、注重个性表达的用户具有较强的吸引力，该种风格在意大利的家用咖啡机设计上较为常见。在色彩应用方面，采用了鲜亮的橙红色和灰色进行搭配，根据不同的造型风格调整色彩比例，稳重方正的方案中灰色占比更大，富有激情的圆润造型中橙红色占比更大，色彩比例各有侧重，突出各产品鲜明的个性。

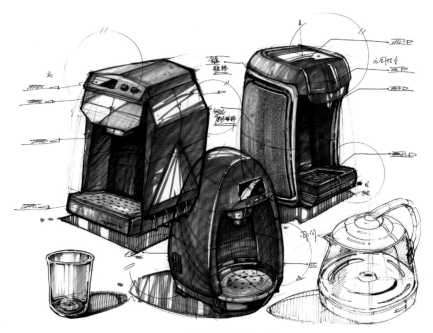

咖啡机造型发散

11.3 仿生造型法

仿生造型法来自仿生设计,而仿生设计脱胎于仿生学。下面先讲解什么是仿生学,再讲解什么是仿生设计,进而利用仿生设计造型方法来对产品造型进行创新设计。

11.3.1 仿生造型法的概念

仿生学既是一门古老又年轻的学科,也是一门独立的学科,指人们以自然界中的生物为灵感来源,通过研究它们的结构和功能原理,创造出能为人所用的产品或技术。说它古老是因为自古就有人们利用生物的原理制造工具的传统,如鲁班从树叶的锯齿结构中受到启发,发明了锯子;说它年轻是因为在现代,仿生学依旧充满活力,并且在不断发展。现代仿生学应用案例不胜枚举,如利用蝙蝠回声定位制造的雷达、根据鲸鱼排水进水实现上浮下潜原理制造的潜艇等。

锯子灵感来自树叶

仿生设计是将仿生学应用于设计学科的一种设计方法,它以传统仿生学为依托,旨在为设计学提供更广阔的思路,以及更灵活的研究及应用方法。仿生设计虽包含在仿生学中,但又是一门独立的边缘新兴学科,研究范围十分广泛,研究内容丰富多彩。

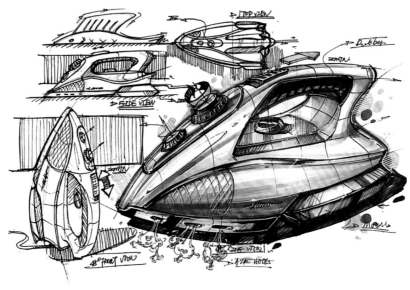

仿生设计电熨斗

仿生设计包含6个维度,即形态仿生、色彩仿生、肌理仿生、结构仿生、功能仿生和意象仿生。在实际设计应用中,6个维度组成一个共生系统,它们相互交织融合,共同发挥着作用。

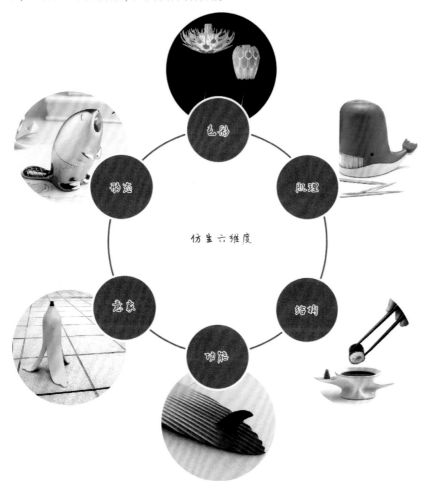

仿生六维度

　　形态仿生:通过研究自然界中客观存在的生命体(动植物、微生物、人类)与非生命体(日月星辰、风雨雷电、山河湖川等)的外部形态特征及其象征寓意,经过一定的艺术处理手法将其应用于设计中,以塑造仿生对象外部的形态美感特征,满足人的审美需求,寻求产品外观造型上的创新与突破。

　　色彩仿生:对仿生对象的色彩进行研究、提取和应用。这里谈到的色彩同时包括对象自身的色彩和生活环境中的色彩。自然色彩的运用都有其独特的功能和目的,通过对其原理的研究和应用,可以有效发挥色彩在设计中的作用,同时色彩表现是美感的重要组成部分,对产品外观中的色彩设计具有重要意义。

　　肌理仿生:对仿生对象表面的肌理与质感进行模仿应用。肌理作为一种触觉和视觉的外显特征,能够被人明显感知,不仅代表着与之对应的内在功能需要,而且反映着深层次的生命意义与价值。通过对生物表面肌理与质感的借鉴应用,能有效增强仿生设计对象形态的功能意义和表现力。

　　结构仿生:对仿生对象独特的结构进行模仿。结构是功能实现的基础,也是生命存在的必要条件。结构仿生设计通过对自然生物由内而外的结构特征的认知,结合不同产品概念与设计目的进行设计创新,使人工产品具有自然生命的意义与美感特征。

　　功能仿生:研究自然界生物体和物质存在的客观功能原理与特征,并用这些原理去改进现有的或建造新的技术系统,以促进产品的更新换代或新产品的开发。

　　意象仿生:对仿生对象独有的内涵、象征、寓意进行模仿应用,是仿生对象与人的意识思维共同作用的结果。生物的意象是在人类积累认识自然的经验与情感的过程中产生的,能够引发人的联想和想象、触发人类情感、影响人的情绪,从而影响使用者的行为和心理。

仿生造型法主要来自仿生设计中的形态仿生，通过对仿生对象的形态进行归纳抽象，提取造型元素应用于设计对象上，从而产生创新性外观方案。形态仿生又可分为整体形态仿生和局部形态仿生。整体形态仿生强调的是整体性，对仿生对象的外观形态整体进行分析；局部仿生的关键点在于截取仿生对象的某一局部形态，将其转化为设计元素，应用于产品，或将仿生元素应用于产品的某些局部，以起画龙点睛的作用。

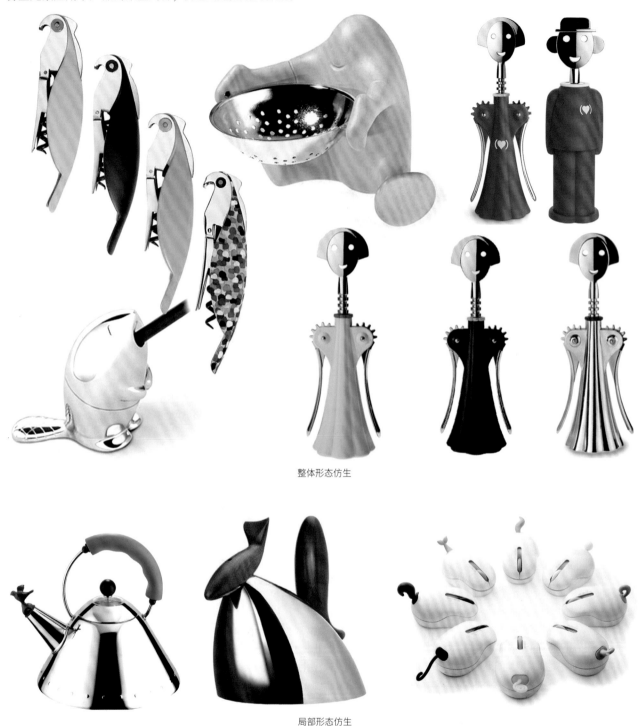

整体形态仿生

局部形态仿生

　　根据抽象程度的不同，形态仿生又可分为具象仿生和抽象仿生。对于富于趣味化、艺术化的产品及面向儿童设计的产品一般采取具象仿生，尽量还原仿生对象的本来面貌，这样能够起到艺术化表达和引起儿童兴趣的作用。抽象仿生一般适合大批量工业化生产的成熟产品或面向成年人的产品。成年人往往具备高度凝练概括的抽象思维，能够轻松理解抽象仿生产品的设计灵感来源及其内涵寓意，对过于具象的仿生产品一般兴趣较低。儿童不具备高度抽象思维，因此要将产品设计得更像仿生对象。其中对抽象程度的把握还依赖于设计师的经验，设计师会根据具体产品、使用人群和具体使用场景等情况的不同来进行仿生形态分析与设计。

具象仿生与抽象仿生

11.3.2 仿生造型法的应用

仿生造型法在实际应用过程中一般不会出现单独维度的应用，大多数情况下都是由几个维度共同发挥作用的，涉及的维度越多，仿生产品越有深度和广度，表现力就越丰富。当然也要根据实际情况决定，某些简单产品应用单一维度即可满足需求，增加维度反而会导致元素冗杂、画蛇添足的不良结果。

- 吹风机仿生设计

下图是以鲸鱼为仿生对象设计的吹风机，主要应用了形态仿生和肌理仿生两个维度，将鲸鱼的整体形态进行简化抽象处理，提取其曲面特征，应用于吹风机的外观造型，营造出整体流线型风格。同时，将鲸鱼嘴部曲线特征应用于吹风机侧面的装饰造型，达到整体与局部的和谐统一。将鲸鱼腹部的棱状肌理进行提取应用于手柄处的包胶，进行防滑处理，提高使用时的舒适度。

扫码看视频　扫码看视频

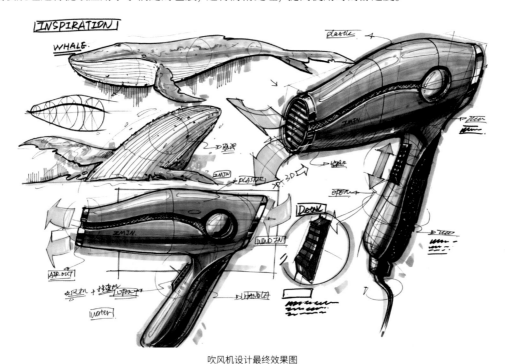

吹风机设计最终效果图

颜色：CG269　CG270　CG271　CG272　CG273　B234　B236　B238　BG68
YR156　YR178　BV192　BV193

01 绘制灵感来源。 先使用CG269▨▨▨起稿，然后使用0.5号针管笔绘制线稿，将鲸鱼整体形态侧视图绘制于上方，将具有代表性的鲸鱼跃出海面的形象绘制于下方，中间添加鲸鱼头部的形态分析，提取整体流线型和嘴部分割造型特征。

🔧 **提示** 在进行仿生灵感来源造型提取时，一般需将灵感来源对象精细地刻画出来，利用速写的手法将其形象还原于纸面，并对其形态进行一定的简化和概括。

02 绘制吹风机平面图。 从平面入手对吹风机进行造型设计，将提取的造型特征附加于载体之上。吹风机风筒部分的造型来自鲸鱼身体的流线型，可体现优美的自然曲线，并与功能产生联系，暗示吹出的风十分顺滑，可将头发吹得非常柔顺。风筒中部的装饰条来源于鲸鱼嘴巴的弧度，起装饰作用。手柄处包胶应用鲸鱼腹部的肌理，满足了手柄包胶的防滑功能，并结合优美曲线分割设计与风筒造型呼应，使外观协调而美观。

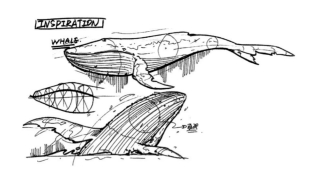

绘制灵感来源

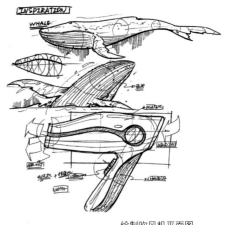

绘制吹风机平面图

03 绘制吹风机立体图。 在确认平面造型后，根据平面图的特征进行立体图的绘制。风筒部分的立体形态为扁圆柱体的有机变形，手柄部分同样做了有机形态的设计，提升把持舒适度，使之更加符合人机关系。整个吹风机的形态较为有机，突出其自然的美感与活力。在下方添加挡位开关及其细节放大图，对细节进行展示。

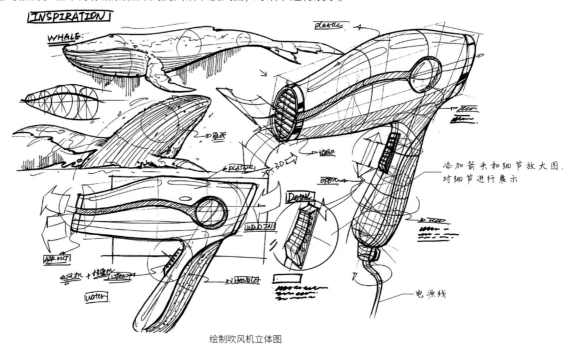

绘制吹风机立体图

🔧 **提示** 注意在线稿绘制过程中进行箭头和文字标注，对产品的功能、材质和设计点进行说明，做到图文并茂，增强画面的可读性，同时也能提高版面的丰富度，使版面更加耐看。

04 铺大色调。首先使用CG270████和CG271████对鲸鱼进行整体上色，局部使用B234████表现海水，还原其自然的色彩特征。然后使用B234████对塑料外壳部分进行铺色。接着使用CG270████和CG271████对金属环和手柄包胶进行上色，使用CG273████压重金属重色。最后使用较为鲜亮的YR178████对中部装饰条和开关进行上色。

05 深入塑造。首先使用B236████对塑料外壳的暗部进行压重，在明暗交界线处进行二次叠压强调，加强立体感。然后使用YR156████加重凹陷的橙色装饰条的投影，并对开关的凹凸肌理暗部进行加重，加强其凹凸的立体感。最后使用CG272████和CG273████对手柄包胶进行塑造，体现其磨砂柔软质感。

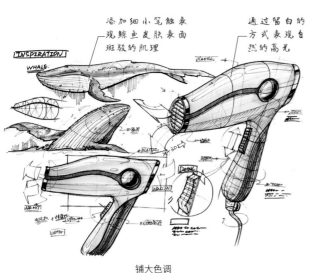

铺大色调

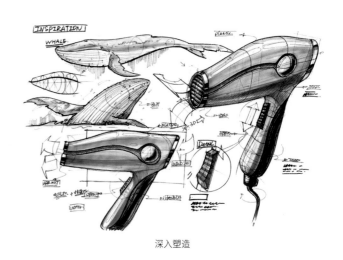

深入塑造

06 精细刻画。首先使用B238████进一步加重塑料外壳部分的明暗交界线，然后使用BV192████绘制勾边式背景，接着使用BV193████压重背景，突出产品清新、优雅的气质，再使用BG68████对箭头进行上色，最后使用高光笔添加高光。

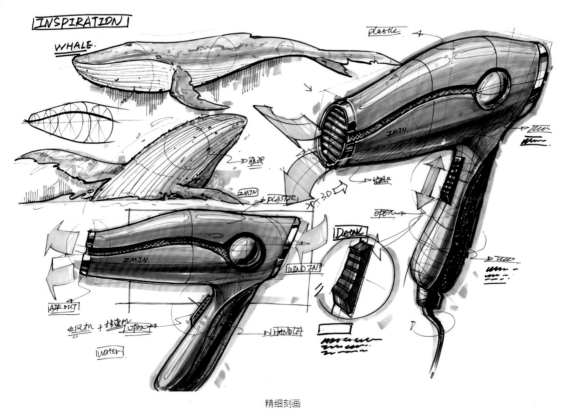

精细刻画

• 小鸟灯仿生设计

下图中的小鸟灯来自荷兰品牌Moooi，以在树上栖息的小鸟为灵感来源，主要应用了形态仿生的方法，巧妙地将小鸟的整体形态进行几何化处理，以折纸的表现形式，用金属材质加工制作而成，栩栩如生地表现了小鸟站立于枝头的场景，体现出非凡的趣味性和生活品位。

• 运动鞋仿生设计

下图中的运动鞋主要应用了色彩仿生，提取自然界中动物的色彩，通过对比例和色彩的处理，将某动物的色彩特征应用于鞋子的外观设计，给人带来耳目一新的感受。色彩仿生中往往会夹杂着肌理或纹理的应用，综合体现仿生对象的特征，以引发使用者的联想和想象。

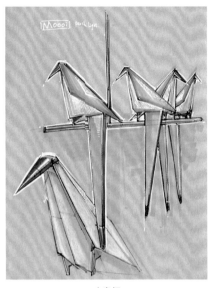

小鸟灯

运动鞋

• 小鹿椅仿生设计

下图中的小鹿椅主要应用了肌理仿生，将动物的皮毛质感和独特的肌理应用于产品表面，同时结合形态仿生中的局部仿生，将鹿角元素单独进行提取，巧妙地应用于座椅的靠背，给人以自然的亲近感。

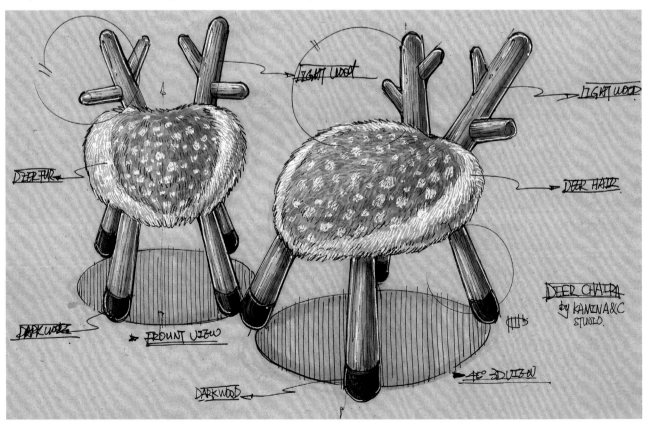

小鹿椅

- ## 园艺剪仿生设计

　　下图中的园艺剪主要应用了结构仿生和意象仿生,灵感来自霸王龙的头骨结构,具有强有力的意象。设计者对霸王龙的头骨结构进行了研究和描绘,提炼出结构和形态特征并应用于园艺剪的外观造型,使产品具备强有力的品质印象。

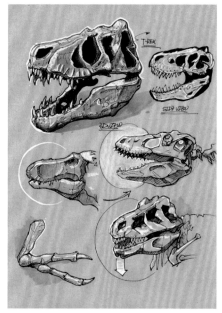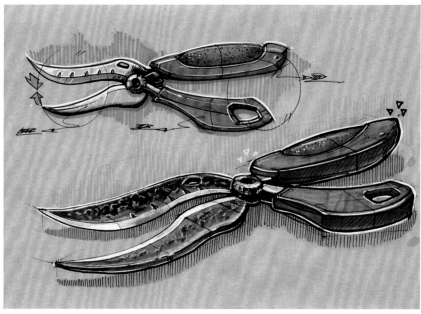

霸王龙头骨研究　　　　　　　　　　　　　　　　　　　园艺剪

- ## 水果萝卜仿生设计

　　下图中的案例是以水果萝卜为仿生对象进行的产品设计方案发散,设计者据此最终设计了一款以片材为主要构成材料的座椅。设计者首先在第一张图中描绘了水果萝卜的具体形象,进而分析解构,捕捉水果萝卜在被食用时的各种状态和其生长状态,然后将其形态和色彩进行了几何化归纳,确定出比例和色彩构成等特征,最后设计出了3款方案。第一款为儿童保温水杯,主要进行了色彩仿生应用;第二款为水果签,主要进行了色彩和形态仿生应用;第三款为便利贴,主要进行了结构和色彩仿生应用。对这3款方案进行评估后,认为创新度不足,因此进行了最终的座椅设计。其灵感来自切片后的特殊结构,对其片状结构进行仿生设计应用,并结合色彩仿生,突出仿生对象的色彩特征。座椅的坐垫由片状的羊毛毡制成,由一根皮带勒紧,实现坐的功能,并可将一些杂志书籍夹于缝中,方便拿取。家中有朋友时,可将其进行拆卸分发,席地而坐。

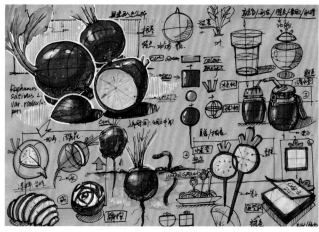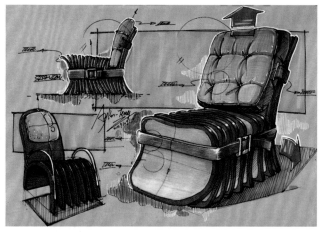

水果萝卜分析及方案发散　　　　　　　　　　　　　　座椅

- ## 水果刀仿生设计

　　下面的水果刀仿生设计的灵感来自双角犀鸟,设计者将形态仿生、色彩仿生与意象仿生进行了结合。结构方面主要提取了犀鸟的喙和头冠的造型,水果刀被设计为双刃结构,一个刀刃用于切割,另一个刀刃用于剥皮和开坚果。同时将鲜明的色彩特征应用于造型之上,共同体现犀鸟的特征。犀鸟具有偏摄食水果和坚果的习性,且效率很高,因此具有高效的意象,体现出产品高效、易用的品质特点。

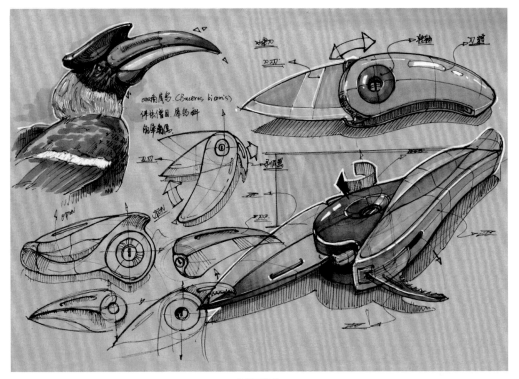

水果刀设计

在进行仿生造型训练时, 日常要注重对仿生对象的积累, 学会描绘和分析自然界中的生物, 并对它们的造型特征进行提炼概括, 这些积累会成为宝贵的灵感来源, 希望读者能够建立起属于自己的灵感素材库。以下是我日常积累的一些仿生素材, 供读者参考。

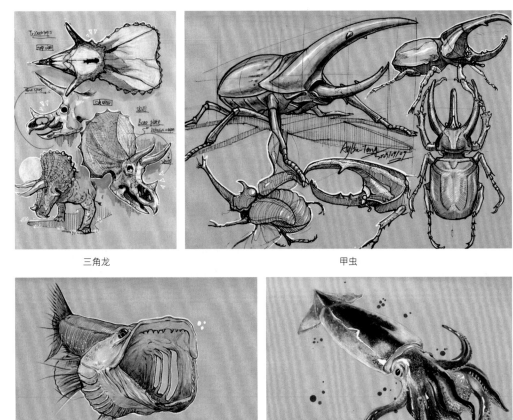

三角龙   甲虫

白斑狗鱼   鱿鱼

11.4 分面造型法

分面造型法指的是在熟悉设计对象的基本结构和功能的前提下，先将设计对象概括为一个立方体，再从整体上通过对功能、色彩、材质和肌理的拆分，将其分为不同的分面组合形式，最后结合材料、工艺和零件进行有机整合，设计出最符合该类产品形态造型特征的方案。

11.4.1 分面造型法的概念

分面造型法是基于产品分型装配关系而延伸出的产品外观造型方法。一般而言，现实生活中的产品大多数都是由外壳包裹着内部结构，与人发生交互关系的。产品的外壳结构是产品的外部造型，是包裹产品的封闭性结构，需要通过分型、组合、装配、固定等步骤进行整体外壳的构建。因此，利用天然的分型结构对产品进行外观设计，是一种简单、高效的造型手段。

我们前面讲过任何产品都可以概括为立方体，立方体共有6个面。面与面之间连接关系的不同导致了连续面个数的不同，根据数量的不同分面可分为1+5、1+4+1、2+4、3+3这4种方式。同时分面造型法根据处理手法的不同可进行4种分类，即实体分面、色彩分面、材质分面和肌理分面。

- **1+5（一面加五面）**

1+5可理解为一个盒子分为盖子和盒体，由单独1个面和连续的5个面构成。位置方向上可分为上下分面、前后分面和左右分面，单独一个面的位置可灵活切换。同时要注意分面之间存在着互相包裹关系，需要分清楚是"1包5"还是"5包1"。

下图中的USB扩充器的外观造型分面方式为1+5，通过结构和材质分面的手段，将其造型分为顶部单独的盖板和底部的壳体。注意，这里的分面均为从整体视觉呈现上进行概括的分面演示，不代表实际组装时的外壳部件结构，实际中的结构会更加复杂，需要考虑装配固定方式。

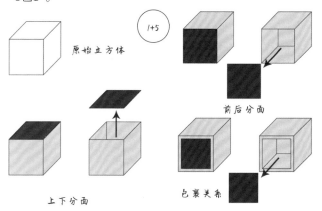

1+5 的分面方式图例

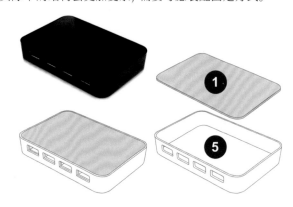

1+5 分面产品案例分析

下面列举了一些上下分面和前后分面的1+5的产品。通过观察和分析下面的产品，我们可以发现一个规律：一般应用1+5分面方式的产品都有一个主要的功能面，此单独的面搭载着核心的功能，与人直接产生交互关系。并且由于产品功能相对集中，其结构变化和造型设计也相对集中，需要更多地关注单独面的比例、节奏和层次构建。而其余的5个面做减法处理，均为较统一、无变化的简单面，造型设计很少。通过此种分面方式，能有效突出产品的核心功能面，使人的视觉中心和操作中心均聚焦于核心功能面上，起到引导用户视线与行为的作用，强调产品的功能。

上下 1+5 分面产品

前后 1+5 分面产品

• 1+4+1（一面加四面围合加一面）

1+4+1的分面方式由1+5衍生而来，可理解为一个盒子的上下两个盖子都可进行分离拆卸，组成一个类似汉堡包的夹心形态，上下、前后或左右两个相对的单独面对4个连续面进行包夹。同样，我们也要注意其包裹关系，通过外壳的厚度表现来表明具体的包裹形式。

下图中咖啡机的设计采用的是典型的左右方向的1+4+1的分面方式。通过结构、色彩和材质的区分进行了明确的分面，形成了左右两块明亮黄色的外壳对中间不锈钢金属外壳的包夹关系。虽然中间的不锈钢金属外壳部分具有内凹的造型，但是依旧保持连通，丝毫不影响中间的4个面作为一个整体存在。

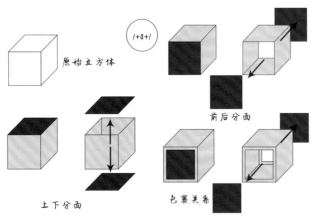

1+4+1 的分面方式图例

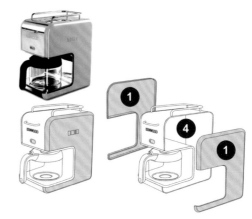

1+4+1 分面产品案例分析

下面列举了一些1+4+1产品，通过对产品的观察分析可以发现，一般情况下，我们会将产品的主要功能在4个面上进行布局，其余的两个单独的面作为围合面出现，围合面多设计为简单的装饰面或在面上添加少量的功能和标志。有些产品具有天然的分型，有盖子和底座，可直接进行利用，形成1+4+1的分面方式，如下图中的概念洗衣机。有些产品需要人为地进行面的分割和组合，将核心功能统一于连续的4个面之中，如下图中的投影仪，设计者将关键的功能部件镜头及四周的散热孔进行了统一，将上下的白色壳体作为围合面进行了简化处理。

上下 1+4+1 分面产品

左右或前后 1+4+1 分面产品

- ## 2+4（二面加四面）

2+4是将两个面进行联结，组成一个L型的整体，剩余的4个面为一个整体的分面方式，这种分面方式同样存在着不同的方向，包括上下分面、左右分面和前后分面。同时要注意其包裹关系，分清是"2包4"还是"4包2"，通过对面的衔接过渡关系的交代，对包裹关系进行表现，形成明显的层次感。

下图中的打印机为典型的2+4分面方式的产品，打印机的核心功能面为顶面和前面，顶部一般为纸张输出端，并需要进行频繁的人机交互，前面一般为输入端，进行打印进纸及纸张补充，而产品剩余的4个面除必要的散热孔和维修窗口外无重要功能部件。因此主要的功能面有两个，可将两个面进行联结，通过倒圆角将二者联系起来，形成统一的功能面整体包裹后方的4个面。对后方围合的4个面要做简化处理，以突出前方两个面的核心功能。

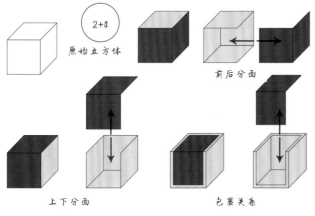

2+4 的分面方式图例

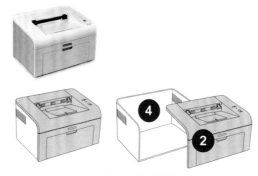

2+4 分面产品案例分析

2+4分面方式特别适合具有输入和输出功能的产品，将两个功能面进行统一，能有效增强产品的功能指示和操作便捷性。根据具体产品的造型需求进行"2包4"和"4包2"的切换。以下是更多的2+4产品，以便读者进行分析。

其他 2+4 分面产品

- ## 3+3（三面加三面）

3+3也叫U+U，形状好似两个U面相加，每3个面进行联结构成整体，同样具有上下、左右和前后各方向的不同分面方式。由于在立体视角下，我们只能观察到物体的3个面，因此单独的一个U面只能有两个面展现在观者视线中，这种分面方式与2+4分面方式具有相似性，两者容易混淆。

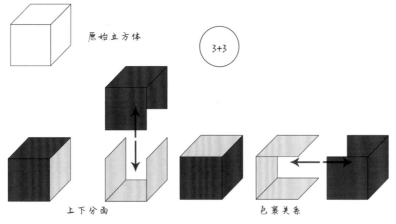

3+3 的分面方式图例

下图中的CD播放机为视觉表现上的3+3分面，并不代表真实的装配方式。设计者在两个U面上进行了不同功能的布局，白色部分为输出端，黑色部分为输入端。设计者将二者通过结构和色彩分面进行了功能区分，形成了鲜明的分区布局方式，减轻了用户的学习负担，便于用户操作，减少误操作。功能层级的相近性使其在造型设计的丰富度上也相近。

观察以下3+3分面产品我们可以发现，将产品核心功能集中于一个U面上，形成视觉和操作焦点，对剩余的U面进行简化统一，形成强烈对比关系，既能突出重点，又能保证产品的整体性，避免造成造型过碎、过杂。注意，在下图咖啡机的圆柱体分面情况中，不仅要能理解圆柱体上的U+U形态，还要理解向内部切削或凹陷后形成的U+U分面形式。

3+3分面产品案例分析

其他3+3分面产品

提示 在进行分面造型法应用时，一定要分清主次关系，主要的功能应相对集中，造型也会随之相对丰富，其他的面作为围合面需做简化处理，使整体产品形成疏密对比、层次对比，有主有次。

11.4.2 分面造型法的应用

在应用分面造型法前，要牢记对产品功能与结构的研究。分面造型法的采用是基于前面讲到的几何造型法和仿生造型法，在确定了大形态后对内部分型结构做出调整，二次变形发散进行造型的深入推敲。应用分面造型法至少能发散出4种分面方式的产品外观造型，再根据分面部件之间的相互包裹关系，以及对色彩、材质、肌理的调整，可变换、延伸出更多的发散性方案，具有很强的延续性和可深入性。

• **纸巾盒设计**

右图为纸巾盒设计方案发散草图，共应用了分面造型法中的3种分面方式，分别是1+5、2+4和3+3。纸巾盒作为最简单的方盒子产品，对于说明分面造型法的应用方式具有代表性和典型性，对于新手来说也是很好的切入点。

扫码看视频

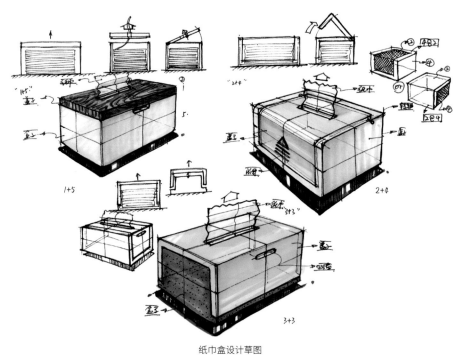

纸巾盒设计草图

01 绘制第一款方案线稿。 第一款1+5分面方式的纸巾盒为日常生活中最为常见的纸巾盒结构。其打开方式有两种：一种是盖子可分离，直接打开；另一种是由后侧转轴固定，向上掀开，以进行纸巾的添加。盖子与盒体的分离形成了天然的分型结构，非常适合应用1+5的分面方式。

02 绘制第二款方案线稿。 分面方式的不同会直接导致产品结构的不同，结构的不同又会导致操作方式的不同。第二款2+4分面方式的纸巾盒将其顶面与前面进行联结，并进行倒角处理使其形成一个整体，在前侧添加凸起的肌理和箭头细节，对打开方式进行指示说明，盖板后方设置转轴，打开方式为向上掀开，以进行纸巾的添加。

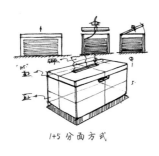

绘制第一款方案线稿

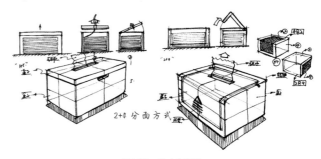

绘制第二款方案线稿

03 绘制第三款方案线稿。 第三款3+3分面方式的纸巾盒设计了两种包裹方式，在盖板两侧设计了凹陷，对操作方式进行暗示，打开方式为向上拿起盖板，以进行纸巾的添加。

提示 注意区分 2+4 和 3+3 两种分面方式的结构表现。2+4 分面方式的顶面和前面均交代了壳体的厚度，呈现 "4 包 2" 的形式，明确交代了分面的结构。3+3 分面方式的顶面、前面与后面连为一个整体，向后延伸贯穿整个 U 面，形成了两两包裹的关系。

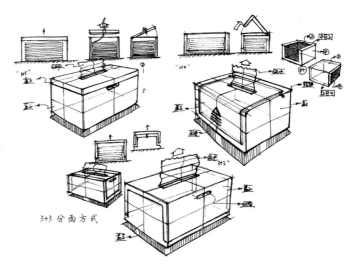

绘制第三款方案线稿

04 上色表现。 为线稿添加颜色并附上材质，进一步完善分面方式。第一款1+5方案的盖子使用E20■■和E164■■进行表现，以刻画原木材质，盒体使用CG269■■和CG270■■进行表现，并进行明暗光影刻画。第二款2+4方案的盖板使用YG24■■和YG26■■进行表现，盒体使用CG269■■和CG270■■进行表现。第三款3+3方案的盖子使用BG68■■和BG70■■进行表现，底座使用YG264■■进行表现。投影均使用YG265■■进行概括表现。

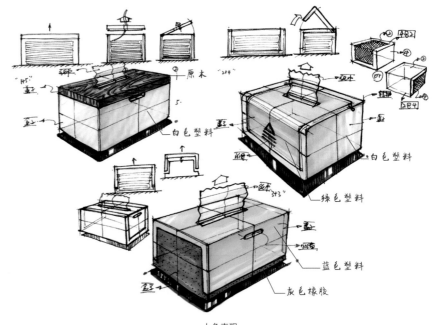

上色表现

- **计算机主机箱设计**

   传统台式计算机主机箱一般
是方正形态（长方体），可作为方
正形态分面造型法应用的代表。
右图中共对电脑主机箱进行了3
款不同方案的表现。

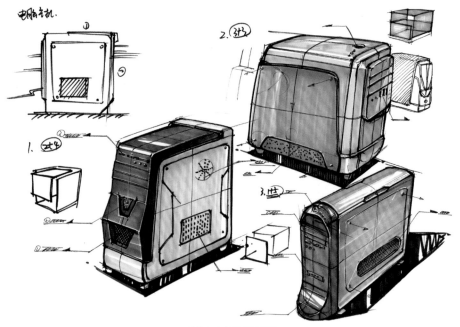

   第一款为2+4分面方式的应用，将顶面和前面联结为一个L形的整体，采用色彩分面进行了深灰与浅灰的区分，将主要
的功能统一在两个面中，其余4个面为统一简洁的围合面，虽有分型结构但不分色，以保障整体性和突出两个面。整体采用
切面和小倒角保持方正感，突出专业、稳重和科技感。

   第二款为3+3分面方式的应用，将前后面和顶面联结为一个U形整体，同样采取色彩分面的方式进行蓝色与灰色的区
分，目的是将前面的功能A面与背部的功能B面通过顶面合为一体，从视觉和结构上形成差异。整体形态经过倒圆角处理，
属于方圆结合的形态风格，将科技感与生活化融为一体。

   第三款为1+5分面方式的应用，单独突出了前侧的功能A面，对后面5个面进行围合，做简化处理。采用色彩分面手
法，用鲜亮的橙色提升产品的活跃性，彰显个性化需求。整体的方正形态经过倒大圆角处理，形成跑道圆造型，具有十足
的活力。

- **榨汁机设计**

   右图为榨汁机设计草图，榨
汁机可分为两个部分，即上方的
壶体和下方的底座，应重点用分
面造型法进行下方底座的造型设
计发散。榨汁机的底座应用了
1+5、2+4和3+3分面方式，形成
了3款不同的造型方案。同时对
上方壶体的把手细节处进行了
分面设计，呼应底座处的分面方
式，形成有机统一的整体，增强
方案的整体感。

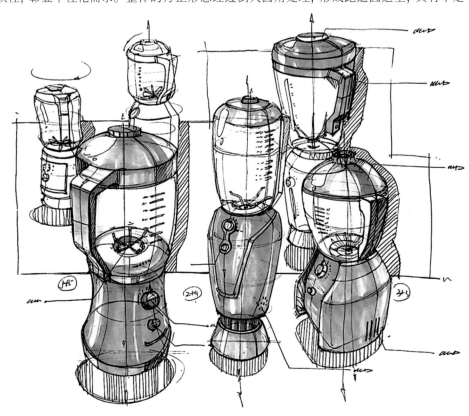

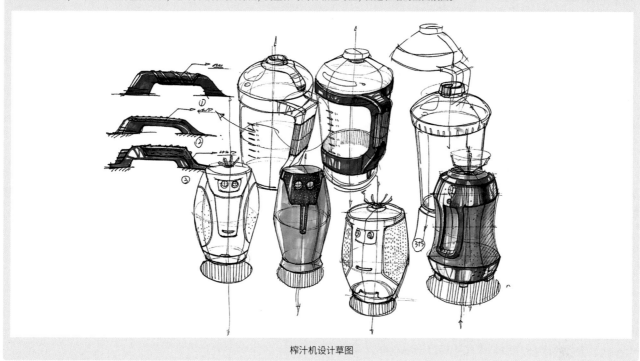

榨汁机设计草图

• 摄像头设计

关于圆润形态产品的分面造型法的应用，选择以摄像头为例。下图中的摄像头大形态均为球体，笔者对其进行了
2+4、3+3和1+5这3种不同分面方式的应用。采用色彩分面、材质分面与结构分面融合的综合分面方式对造型进行了不同
方向的探索。

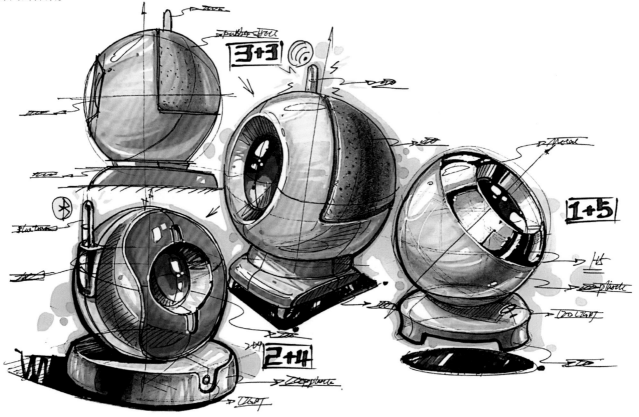

摄像头设计草图

11.5 动作造型法

动作造型法由很多造型设计手法整合而成。若将产品的外观形态理解为一件雕塑作品，那么雕塑的起始阶段就是一块完整的雕塑泥，设计师如同雕塑艺术家一般对原始形态进行分割、切削、增补、镂空、弯曲、倾斜等一系列动作。在雕琢与塑造的过程中，产品的原始形态产生各种生动奇妙的变化，由此形成不同的造型方案。

11.5.1 动作造型法的概念

动作造型法可以与前面所讲的造型方法结合使用，在其他造型方法的基础上进行进一步的塑造，做出更加精致、富有层次与内涵的产品造型设计。动作造型法不仅适用于整体造型的风格塑造，也适用于产品的局部细节设计，对细节的把握和推敲有着重要作用。

• 分割

分割是指通过线或面将完整的形体进行切割分离，类似用刀来切割整体的动作。下图中的产品通过一条线将整体分为黑色与白色两部分。黑色部分作为主要功能区域，附加了一系列的结构和造型变化；白色区域保持干净简洁，作为统一的围合面与黑色区域形成了对比。分割中最重要的就是对比例的把握，分割比例的美感对整体造型的形式美感至关重要。

在应用分割动作造型法时，我们主要应用的是前面所讲的分面造型法，根据产品实际生产加工、零件装配的分型方式进行分割，主要包括功能分面、结构分面、色彩分面、材料分面和肌理分面。

• 串联

串联是将产品的不同部件以一条线为中轴串起来，像糖葫芦一样形成规则的空间布局。方向可根据实际需求进行调整，从上到下、从左至右、从前到后皆可。对各部件以某种统一的视觉语言进行造型设计时，可应用相同的形态、色彩、材料、肌理等特征形成统一协同的空间布局。

下图中的咖啡机前侧设计利用等直径的高低不一的圆柱体，结合不锈钢金属的材料应用，将上下方向的部件沿中心轴进行串联，形成良好的秩序感和节奏感，为整体添加稳定、可靠、专业和理性的产品气质。

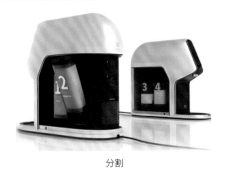

分割

串联

• 镂空

镂空又叫作贯穿（贯通），实质上是对整体形态做减法，类似于用刀切除整体多余的部分，剩余部分所形成的形体即为镂空形体，具有强烈的空气流通感，给人以轻盈、空灵和纤薄感，可有效减小原始形体的体量感和厚重感。这一方式常用于与空气或声音相关的产品设计上，如戴森的无叶风扇就采用了大面积镂空的手法，营造出强烈的空气流通感，并与其功能进行匹配，在视觉感知和心理感知层面都对其产品特征进行了强化，形成了鲜明的品牌产品符号，让人记忆深刻。

右图中的蓝牙音箱设计同样巧妙应用了镂空的动作手法，将声音与作为声音传播介质的空气进行了类比，形成强烈的流通感，将本来方正稳重的产品形态进行了视觉体量感上的削弱，产生了一种造型上的空灵美，可以令使用者将音乐的空灵美与之联系起来。

镂空

• 扭曲

扭曲是对产品形态中相对的两个面进行相反方向的扭转，像拧毛巾一样形成中间具有流动曲面的形态，使整个形态仿佛活了起来，具有十足的动感和生命力，常应用于富有活力的产品。

下图中的个人护理用品的整体产品形态仿佛将上下两端捏住进行了90°扭转，具有鲜明的视觉特征，形成了与现有产品的外观差异。同时扭曲形成的流动曲面也比较适合手的把持，增强了人机交互的舒适感。

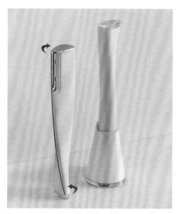

扭曲

• 开孔

开孔是十分常见的产品处理手法，又叫作打孔或钻孔，利用贯穿性切割使壳体形成微小孔洞，连通内部与外部空间，实现一定的功能。这些功能通常与空气流动和声音的传播有关，如散热孔、音孔、进出风孔和透气孔等。

开孔的类型有很多种，从性质上可分为功能性开孔和结构性开孔。功能性开孔是为满足一定功能进行的开孔，如音孔和散热孔等。开孔会在产品表面形成特殊的肌理，可作为装饰元素应用，设计者可以对其形状和排布方式进行设计：结构性开孔（如螺丝孔、源插孔等），一般受到规范限制，不能做太多改变，且一般隐藏在产品背面或底面。开孔形状有线形、圆形、方形、三角形、蜂窝形、跑道圆形和椭圆形等。孔的排布形式有均匀阵列式开孔和渐变式开孔，其中渐变式开孔分为大小渐变、疏密渐变和混合渐变。

下图中的蓝牙音箱就应用了不同类型的开孔方式，前面的音孔为均匀阵列的跑道圆形开孔，功能是播放声音和装饰，侧面的电源和USB插孔为结构性开孔，一般需保持一定的规格，可对倒角或形状细节进行设计。

开孔

• 倾斜

倾斜是将原本垂直于地面的形态边缘轮廓线进行角度的改变，方向上具有随机性，向前、向后、向左、向右、向上、向下均可。例如，将长方形或正方形变为平行四边形或菱形，都属于对形状做倾斜处理。倾斜后的形态会产生明确的视觉指向性和动感倾向，引导人的视线。

下图中净水机的设计就应用了倾斜的手法，将原本垂直于地面的方正形态轮廓线向前倾斜了一定角度，在侧面视角下形成了向前的平行四边形，改变了原本稳固呆板的视觉形象。同时，将倾斜方向恰好指向出水口，强调产品的核心功能，引起使用者的重视和关注。

倾斜

• 凹凸

凹凸指的是在原形面上形成的凸起和凹陷的局部变化，两者的作用力具有相反性，一个向内，一个向外。凹凸的目的和作用是突出中心部分，引起人的重视。凹凸也存在不同的应用类型，单独的凹或凸的形态会显得呆板，缺少变化，一般会采用先凹后凸和凸上加凸的形式，以有效增加产品局部的层次感，将人的视线引导至凹凸同心圆的中心。另外，在进行凹凸的应用时，还要注意凹凸的大小和落差，大小对比和落差越悬殊，形成的视觉焦点的冲击力越强，越吸引人的视线，反之越弱，偏向柔和。

在下图燃气灶的设计中，两个灶眼处应用了较为柔和的凹凸变化，先凹后凸再进行垂直落差的下陷，降低了直接下陷的视觉不适感和突兀感，着重强调了最核心的火焰功能，突出了产品的强大功能和优良品质，也使产品的整体视觉层次更加丰富，使产品更加耐看。

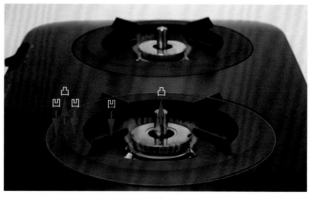

凹凸

• 包裹

包裹也可称为嵌套，形态表现为一个部分对另一个部分进行包裹、环绕，两个部分之间一般会存在分割和高低落差关系，类似于一个人伸开双臂抱着另一个人，画面感十分生动，使产品给人一种温暖、亲和、安全之感。

下图中的蓝牙音箱用外壳对音孔部分进行了包裹，增强了产品的整体感和生动感。

包裹

• 重复

重复指的是相同或相似形态元素在空间中有规律地多次出现，与阵列的区别主要体现在数量上，重复的单位元素数量一般较少。重复可有效增强视觉效果，强调局部或整体的造型语言。

下图中汽车的进气格栅设计将相同的曲面元素进行多次重复，强调其强劲的性能。相同元素的等距排布称为均匀重复，相同元素的不等距重复或相似元素的等距重复称为渐变重复。

重复

• 渐消

渐消指的是两个面的关系，一个面渐渐消失融合于另一个面中，称之为渐消面。渐消一般应用于与空气、水等流体相关的产品和科技感十足的产品，可为产品带来速度感、科技感和品质感。在这里还要强调其所带来的力量感：渐消面的过渡方式越剧烈，落差越大，产生的力量感越强；渐消面的过渡越柔和，落差越小，产生的力量感越弱。下图中饮水机的设计应用了渐消的方式，通过渐消的应用有效增强了产品的品质感和科技感。

渐消

• 倒角

倒角在前面的章节中专门做过详细介绍，这里简单进行说明。倒切角可以凸显产品的可靠性、稳定性、专业性，具有科技感和品质感，一般应用于工程机械设备和力量感较强的产品。倒圆角会使产品具有亲和力，一般应用于生活家居类产品。倒角方式和大小会影响产品整体和细节，从而影响产品的气质和调性。

下图中的大型机械设备产品，在以往的设计中受到钣金工艺的限制，一般为方正形态加以倒切角，由于过于方正的形态会给人造成冰冷感、距离感等一系列不良感受，在长期使用的情况下，会使用户感觉枯燥，进而产生厌烦情绪。因此，现代机械设备和一些医疗产品多会在设计中加入圆角元素，在保证其方正风格的基础上，添加一抹温情，形成方中带圆、刚柔并济的视觉感受，消除了以往产品给人们带来的心理不适感。

倒角

11.5.2 动作造型法的应用

在应用动作造型法时，要注意与其他造型方案结合使用，可以其他造型方法为基础，在确定好大的形态方向后对整体造型添加一系列动作，改变或加强产品形态的情感倾向；也可对局部细节应用动作造型法，使其功能得到强调，方便使用者操作并使其获得良好的审美体验。

- **碎纸机设计**

下图为碎纸机的设计草图，其造型设计中综合应用了多种动作造型法，包括倾斜、分割、凹凸、重复、渐消、倒角和打孔等。不同的手法带来不同的造型改变，同时起到不同的作用，对产品功能、操作等方面产生重要影响。

扫码看视频　扫码看视频

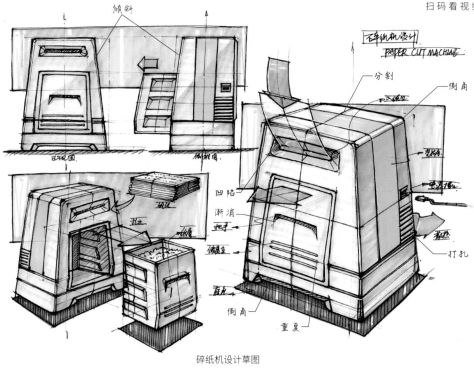

碎纸机设计草图

颜色：CG269　　CG270　　YG264　　BG68　　YG26　　Y225

🔧 **提示** 在设计专业设备类产品时，常用直线与斜线表现，强调产品硬朗、专业的特质。倒角常用倒切角表现，强调产品稳定可靠、品质优良的特质。

01 整体造型设计。 从平面图入手，绘制正视图和侧视图，进行平面整体造型特征设计。将原始的长方体形态进行切削后形成上窄下宽的梯台形态，有效突出产品的稳定性。

02 内部造型设计。 根据产品功能布局应用动作造型法进行内部造型设计。首先对机器进行上下分型，上半部分外壳使用分割手法，进行颜色区分，对空白面进行装饰，形成一定的视觉层次。然后将入纸口部分向内凹陷，形成良好的视觉导向，引导用户操作。最后顺延向下，将下方的储屑槽利用其结构分型，在边缘添加一圈彩色装饰带，起到一定的提醒作用。

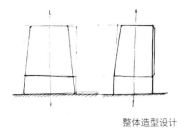

整体造型设计

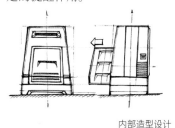

内部造型设计

03 绘制立体图。 首先根据平面图造型特征进行立体图的绘制，同时结合对纸张与箭头的绘制，交代产品功能和具体操作方式。然后添加关键信息文字标识，使人更加一目了然。最后为主图添加矩形背景板。

04 绘制多角度图。 在左下角绘制多角度展示图和抽出储屑槽的单独展示图，进一步对产品的功能进行阐述。绘制方形背景框和添加其他关键信息文字标识。

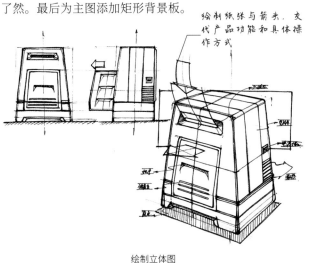

绘制立体图

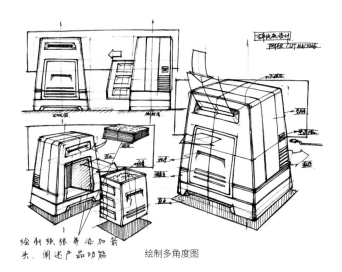

绘制多角度图

提示 在进行多角度展示时，添加与功能相关的元素可以起到丰富画面、增加生动性的作用。

05 初步上色。 首先使用CG269　　　和CG270　　　表现白色塑料部分，然后使用BG68　　　表现蓝色塑料部分，最后使用YG26　　　表现箭头，使箭头既能引起重视，又能与蓝色配合而表现清新感。

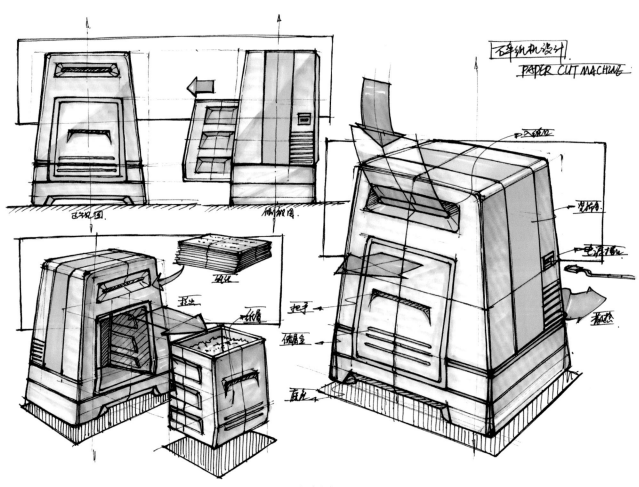

初步上色

06 **深入刻画。** 设定光源位于左上方，对形体的明暗光影进一步进行区分。先使用CG270 █████ 适度压重白色塑料的暗面，然后使用BG68 █████ 加重蓝色装饰条的暗面，接着使用Y225 █████ 绘制背景，再使用YG264 █████ 绘制投影，最后为主图添加高光细节表现，调整整个画面，使之更加完善、精致。

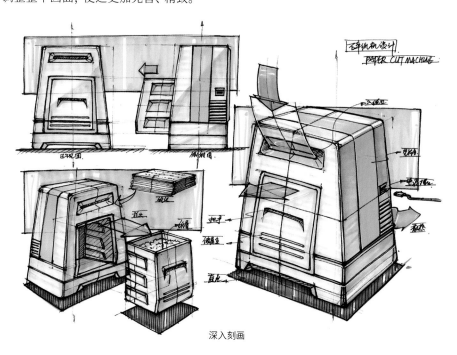

深入刻画

蓝牙音箱设计

下图为蓝牙音箱设计草图，对造型进行了不同方案的推敲，对其中第二款方案进行了上色，表示选定为进一步深入的方案。在左上角的方案中，整体形态为圆润形态，形似鹅卵石；上半部分应用了包裹和凹陷的手法，将红色的音孔部分由外部的壳体进行包裹，再将音孔的面进行内凹，形成一种向内部收缩的视觉感受，同时该碗状结构有利于声音的扩大；底部应用分割动作，采用软木材质进行防滑和减震处理，在视觉上形成材质对比，增加产品层次感。在右下角的方案中，大形态为倒了较大圆角后的梯台，应用了包裹和凹陷的手法，并在包裹的边缘处进行倒圆角处理，整体形体风格偏圆润，具有亲和力。这两款方案的音孔均应用了均匀阵列排布的打孔方式，使内部形面尽量保持统一简洁。包裹动作的应用与倒圆角产生的圆润形态一起营造出产品的温馨感和亲近感。

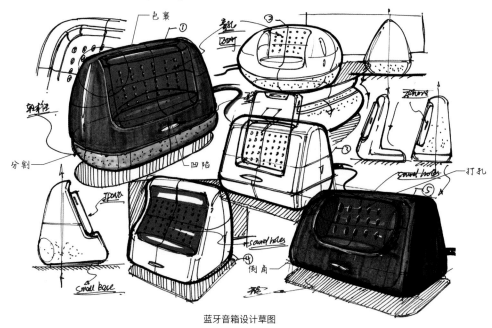

蓝牙音箱设计草图

提示 在设计家居产品和娱乐产品时，时常应用倒大圆角的手法使整体造型风格圆润、可爱、柔软并具有亲和力，同时也保证了在与人的肢体发生接触时人的安全，给人在生理和心理上都提供了良好的操作体验。

- ## 立式智能终端设计

　　下面两张图均为立式智能终端设计草图，第一张为造型推敲与发散图，第二张表现了选定的发散方案。第一张图中的3款上色方案中主要应用了包裹、倒角（倒切角）、重复、凸出和分割的手法。考虑到产品会受加工工艺的限制和成本的制约，并未对其造型做太多夸张和有机形态的设计。

　　在第二张选定方案的表现中，整体形态做了向后倾斜的动作，使产品面向用户的一侧成一定角度，符合人机关系；对屏幕处进行凹陷处理，目的是保护液晶屏；整体后部外壳对前方操作面板进行了包裹处理，重点突出前侧人机交互界面，同时具有人情味；壳体边缘进行了倒圆角处理，降低了机械设备的距离感和冰冷感；前方操作面板的凸出是为了使用户更舒适便捷地操作；两侧壳体进行了分割处理，营造出节奏感，并且应用了渐消面，突出公共服务设备的高效性，增强对科技感、智能化的表达；底部进行了打孔处理，满足散热需求。

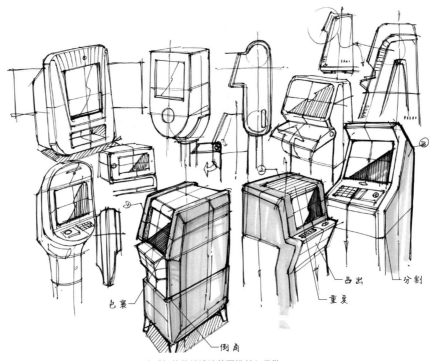

立式智能终端设计草图推敲与发散

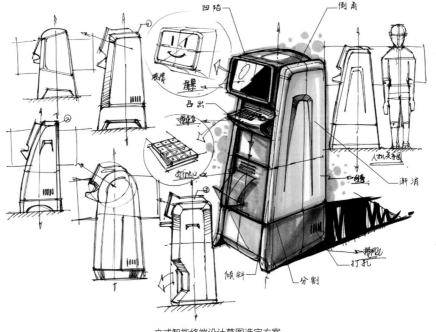

立式智能终端设计草图选定方案

• 监测设备设计

下面是一套智能监测设备的设计草图，它是整个服务系统的硬件载体，笔者对其进行了详细的设计工作。经过前期草图推敲，确定产品造型的风格为智能、简约、现代、亲和，下图为部分草图展示和产品功能部件说明。

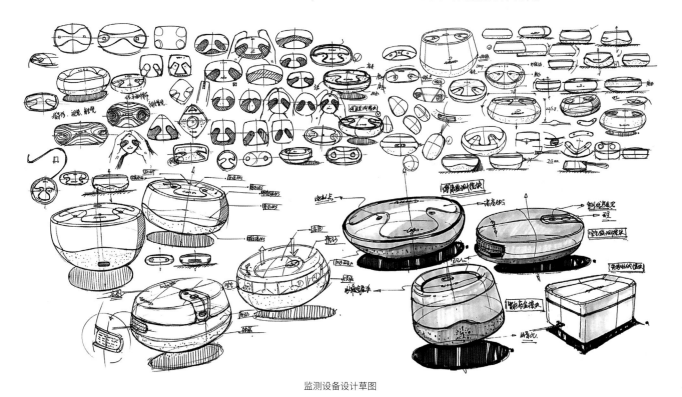

监测设备设计草图

ELDER GOING

电源开关+LED灯带
高亮ABS
电极片+红外线
磨砂ABS
电镀条

电源开关
紫外线感受器

高亮ABS

音孔
硅胶漆

健康监测模块

磨砂ABS
空气入口

环境监测模块

高亮ABS
电源开关

药物出口

电镀条

磨砂ABS

音孔

智能药盒模块

监测设备设计功能部件图

在该方案中主要应用了凹凸、分割、打孔和倒角等一系列动作。产品整体上采用了统一的圆润形态和倒圆角，共同营造和谐的亲近感和温柔感；在与手接触、需要手操作的部分进行了凹凸处理，从视觉和触觉两方面进行用户行为引导；底部应用分割动作将产品分为两个部分，下半部分的底座添加暖灰色硅胶漆，一方面增加产品色彩明暗的视觉层次，另一方面增加把持的舒适度；产品的打孔主要包括音孔和透气孔，均采用了中心径向阵列的渐变打孔方式，孔洞大小从中间向四周逐渐缩小，形成统一视觉语言。在设计时，所有的动作应用都应经过通盘考虑，以提升系列产品的家族感和整体的和谐性。

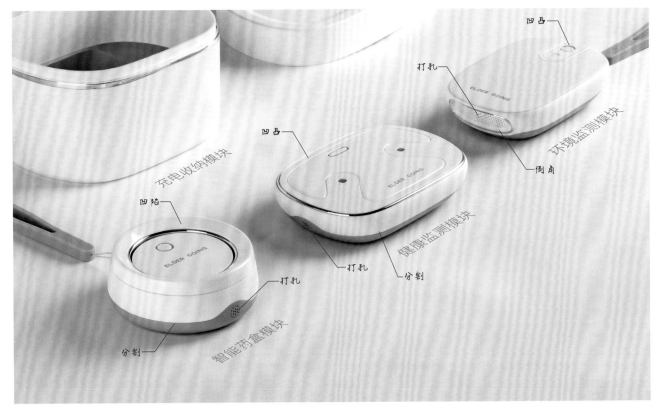

监测设备设计实物图

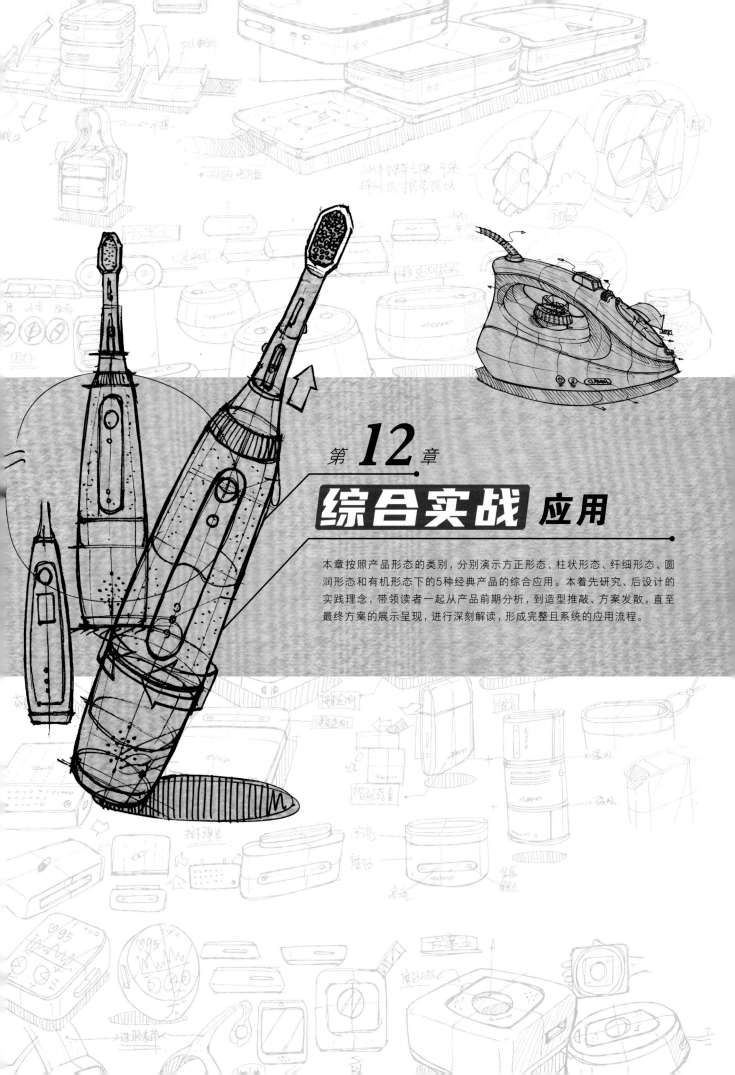

第 *12* 章

综合实战 应用

本章按照产品形态的类别，分别演示方正形态、柱状形态、纤细形态、圆润形态和有机形态下的5种经典产品的综合应用。本着先研究、后设计的实践理念，带领读者一起从产品前期分析，到造型推敲、方案发散，直至最终方案的展示呈现，进行深刻解读，形成完整且系统的应用流程。

12.1 方正形态类产品：打印机

市场上的打印机品牌型号种类繁多，划分标准不一。打印机根据打印原理的不同可分为激光打印机和喷墨打印机，根据使用场景的不同又可分为桌面打印机和立式打印机等。下面，选择较为基础的桌面激光打印机进行外观设计的分析讲解，读者也可以参照网络或实物进行更为深入的研究。

12.1.1 画前分析

我们先来解剖桌面激光打印机的结构，它包括进纸盒、出纸口、外壳、盖板、底盘、散热孔、把手、电源开关（外部）、操作面板、按键、状态指示灯、USB插口和电源线插口（内部）等。

接着分析打印机的材料、色彩及尺寸。

材料：主要为通用热塑性塑料，加工工艺为模具注塑。

色彩：以黑白灰为主，体现办公使用情景下的高效和整洁。

尺寸：长250mm，宽350mm，高200mm。

通过分析，我们将产品定位为可满足一般打印需求的小型便捷桌面打印机，其外观造型应在方正形态的基础上进行细节设计，突出高效、整洁和小巧的产品外观特点。

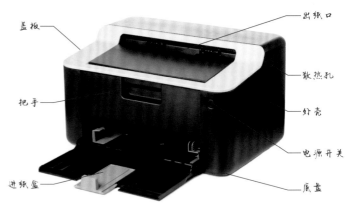

打印机功能部件示意图

盖板　出纸口　散热孔　外壳　电源开关　底盘　把手　进纸盒

> **提示** 在对以打印机为代表的办公产品或专业领域设备类产品进行外观造型设计时，因其整体形态的局限性较大，基本上是在方方正正的盒子基础上进行变化，无法进行过于夸张的几何造型变化，所以此时几何造型法不太适用。这时可应用分面造型法和动作造型法，使其产生整体或局部微妙的造型变化，带给人不同的心理感受。

12.1.2 前期发散

在对打印机有了整体了解后，就可以进入打印机的设计环节了。

本案例采用两张版面（A4纸）的形式，分别展示不同外观设计方案的发散推敲过程和最终方案的效果图。

扫码看视频　扫码看视频　扫码看视频

颜色：CG269 CG270
CG272 CG273 B234
B236 YR178

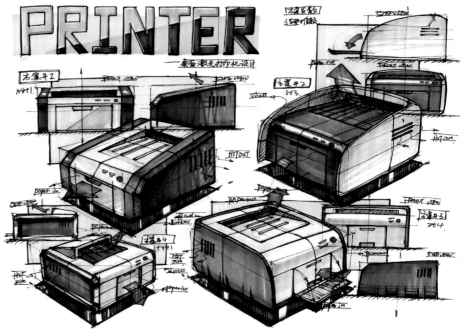

前期发散

• 线稿绘制

01 起稿与标题书写。 首先使用CG269▨▨▨书写打印机的英文标题"PRINTER",然后勾画出4款方案的位置、大小及基本透视,接着使用0.5号针管笔起稿,确定基本构图和版面布局,再使用CG270▨▨▨、CG272▨▨▨、B234▨▨▨和B236▨▨▨给标题上色,并使用高光笔绘制高光和表现反光效果,最后使用0.5号针管笔书写副标题"桌面激光打印机设计"。

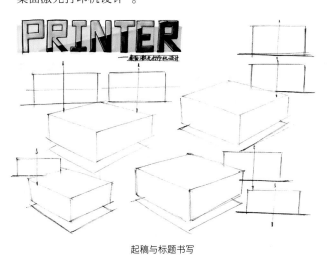

起稿与标题书写

02 绘制方案1草图。 首先从平面入手进行造型的探讨与交代,绘制出正视图和侧视图,然后根据平面图的产品造型特征,进行立体图的绘制。第一款方案整体形态为方正形态,采用了分面造型法中的1+4+1的分面方式,两侧的外壳包夹着中间的围合外壳。对顶部平面进行斜面化处理,同时结合应用倒切角,使整体造型特征偏向方正硬朗,使其具有一定的工业感和机械感,强调其高效性和强大的性能。

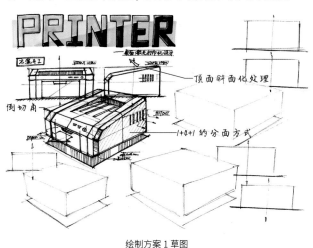

绘制方案 1 草图

提示 在绘制方案的过程中,添加必要的功能指示箭头和文字标注,并时刻记录想要表达的设计信息,形成图文并茂的方案说明,可以提高设计效率。

03 绘制方案2草图。 第二款方案整体形态特征偏向圆润,采用3+3的分面方式,外侧外壳对内部主要功能面进行U形包裹,同样属于嵌套的手法,内外具有一定的落差,形成视觉层次,同时结合倒圆角进一步强化圆润感。曲线化和圆润化的造型处理,使打印机有种向外膨胀的张力,充满生命力,给人以亲近感,特别适合在家庭办公环境中使用。

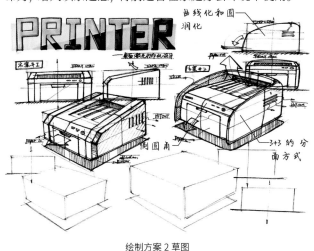

绘制方案 2 草图

04 绘制方案3草图。 第三款方案应用2+4的分面方式,使用外部围合面对内部的L形面进行包裹,前侧转折倒大圆角,形成圆润的产品特征,与后方的方正感进行调和。细节处同样进行了倒圆角处理,使整体造型特征和谐统一。对顶面的出纸口进行斜面化处理,向内进行凹陷倾斜,以满足出纸功能的需要。

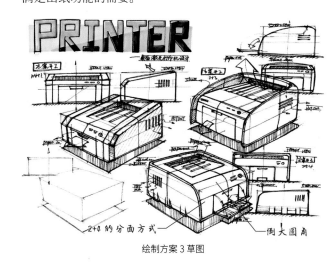

绘制方案 3 草图

提示 内部 L 形面的两端与围合面之间存在一定的厚度,需对其进行明确的分型,使之区别于 3+3 分面方式。

05 **绘制方案4草图。**第四款方案应用与第一款方案一样的1+4+1分面方式，两侧的外壳对中间的围合面进行包夹。顶部进行出纸口的凸出，并进行倾斜处理，满足其功能需要。倒角上应用圆角与切角的结合，侧面进行凹凸处理，以突出视觉的层次感和落差感，形成侧面的产品特征。整体造型风格同第三款方案，也属于方圆结合。

• 上色塑造

01 **初步上色。**使用CG269████和CG272████对各方案进行分色处理，用马克笔的宽头快速铺色，用细头刻画细节，使每个方案的整体产品形成黑色与白色的分色对比，整体配色均为黑白灰，色阶差距越大，对比度越强。

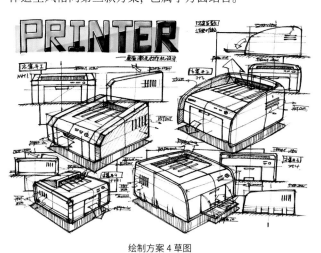

绘制方案4草图

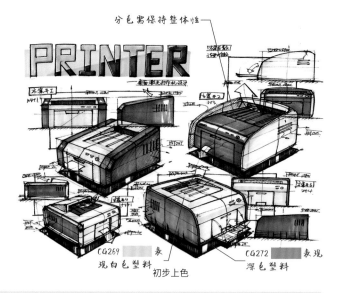

初步上色

提示 在进行分色处理时，注意不要将产品分得过碎、过杂，要保持一定的统一性。尽量使用整体的大面，形成对比，只在一些局部细节上进行颜色的呼应，同时控制好颜色面积和深浅，保证产品的整体性，形成整体与局部的统一与变化。

02 **深入塑造。**使用CG270████和CG273████对各部分的明暗进行区分，光源位于左上方，加重形体右下部分暗部，塑造形体的立体感。使用醒目的YR178████绘制箭头和电源开关，以引起观者注意。使用B234████对背景进行填充，最终完成整个前期设计方案发散的绘制工作。

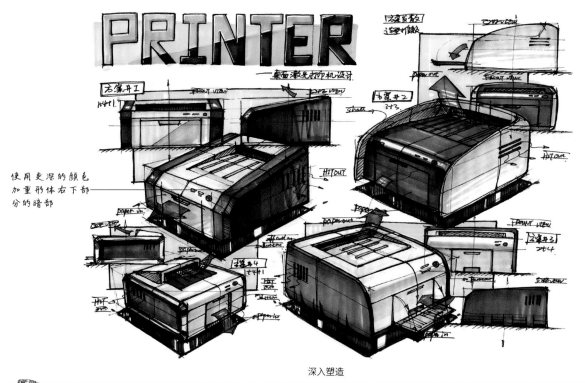

深入塑造

提示 在对前期发散的方案草图进行上色处理时，只需进行简化和概括，使用较少色号进行快速表达，不必过分深入塑造和精细刻画。

12.1.3 最终呈现

经过初步的评估与筛选,认为第三款方圆结合造型风格的方案能够适应更多的使用情景、满足更多用户群体的需求,具有较高的可发展性和继续深入的价值。以此为基础,结合第四款方案中的突出式出纸口设计,形成最终方案。

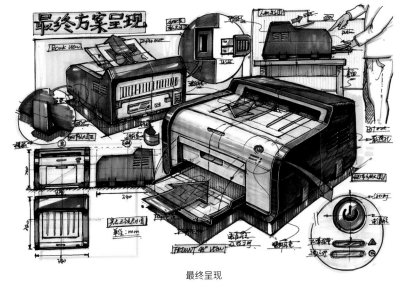

最终呈现

颜色: CG269　　　CG270　　　CG272　　　CG273　　　YG264　　　CG274　　　E247　　　YR178　　　R137　　　
YG24　　　YG26　　　B236

- **线稿绘制**

01 绘制主效果图。主效果图群包括产品前3/4侧立体图、人机关系图和细节图。立体图要画得较大,前方展示进纸盒处放置纸张的状态,通过箭头指示方向,并进行一系列文字引注,对各部件功能、操作方式进行阐述。人机关系图采用与平面正等测图相结合的方式,进行人机比例尺度和操作方式的展示。细节放大图对电源开关按钮和指示灯进行放大展示。

02 绘制辅效果图。辅效果图采用多角度展示,从后3/4侧展示产品的背面造型,并结合箭头绘制表现打印出纸状态,实现产品背面和各种状态的切换展示。同时应用细节放大图对底座和USB插口进行放大展示。

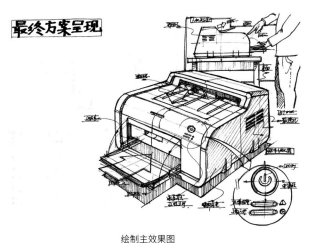

绘制主效果图

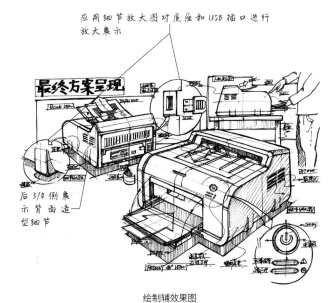

绘制辅效果图

提示 最终的方案需与前期发散时的方案具有延续性,与其中一个或多个具有一脉相承的关系,在前期方案的基础上进行优化,进而发展为最终方案。

提示 在绘制时要有意将辅效果图面积缩小并置于主图后方,与前方的立体图形成对比关系,构成统一的空间透视,营造出近大远小的空间感,增强整体画面的纵深感和立体感,增强视觉冲击力。

03 绘制三视图。 在左下角绘制产品的三视图并添加尺寸标注，注意对齐原则和对尺寸单位的标注。检查完善线稿，增加细节和注释说明等，完成线稿绘制。

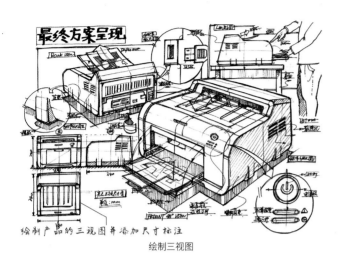

绘制产品的三视图并添加尺寸标注

绘制三视图

02 深入塑造。 先使用CG270████和CG273████分别对浅色和深色区域的暗部进行加重，强调明暗交界线，并对形体自身产生的投影进行加重，加强整体形态的立体感，然后使用YG264████进行投影的上色，注意留白的透气性表达，保留笔触感，接着使用E247████对人机关系图中的桌子进行概括表达，再使用YR178████绘制箭头和电源开关，最后使用R137████和YG26███绘制红色、绿色状态指示灯。

03 刻画细节。 使用B236████进行背景的铺色，形成明度对比和冷暖对比，同时表达一种洁净高效之感。使用CG274████加重孔洞内部，表现由于向内的纵深感产生的重色阴影，提高画面的对比度，然后使用YG24███进行小标题的铺色，再使用高光笔和白色彩色铅笔添加高光和反光，增强画面的精致感。

🔧 **提示** 注意不同背景的处理方式。前侧的主图应采用勾边式背景，后方的辅效果图应采用矩形框铺色式背景，右上角的人机关系图应采用竖线填充背景，左下角三视图应采用方框式背景。以上几种不同的背景组合呈现出逐步退后的层次关系，明确了信息层级，有效地突出了主体，增强了画面的空间感。

• **上色塑造**

01 初步上色。 使用CG269████和CG272████进行铺色，区分产品分色区域，强调分面方式。注意自然的高光留白和二次叠加，强调暗面及明暗交界线，保留笔触感，增强画面的透气性。

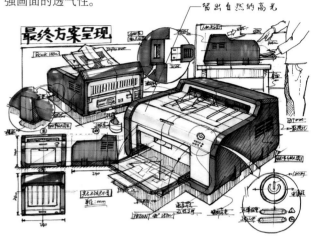

留出自然的高光

初步上色

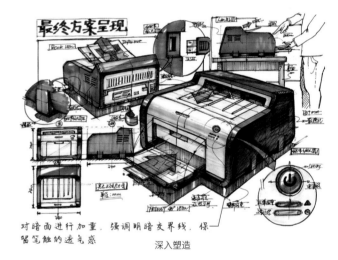

对暗面进行加重，强调明暗交界线，保留笔触的透气感

深入塑造

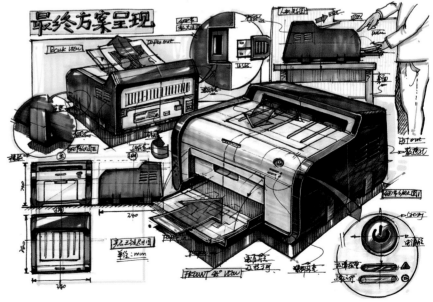

刻画细节

12.1.4 画后总结

下面，从造型方法、色彩应用和排版布局3个方面来进行总结。

第一点，如何进行以打印机为代表的方正形态产品的造型设计及深化？

在打印机设计实战应用中，我们主要应用了分面造型法和动作造型法，对基本形体长方体进行造型变化，形成了4款具有不同造型特征和感觉倾向的方案。经初步筛选，将方案3与方案4进行融合，提取各自的优点，生成了最终方案。分面造型法主要应用了1+4+1、2+4、3+3这3种方式。动作造型法主要应用了加减、凹凸、切削、倒角、分割和倾斜等造型手法，综合立体地呈现产品的外观造型，打造出适合专业办公和家庭办公环境的产品外观形态，以覆盖更多的用户群体。

第二点，如何对工具设备类产品进行色彩设计及版面配色？

产品主体采用了黑白灰的素雅配色，延续了行业配色习惯，符合办公情景下理性、简洁、不突兀的色彩心理特征，突出专业性。在局部的开关按钮上应用了醒目的橙色，以引导用户正确进行操作。背景色选择天蓝色进行搭配，进一步突出产品专业、高效、整洁的特质，同时与箭头的橙色形成冷暖对比，增强了画面的空间感和层次感。

第三点，如何进行方正形态产品的排版布局？

在前期方案发散阶段进行了较为均衡的排版方式，4款方案的图稿各自形成团块聚集感，并通过矩形背景得到进一步区分。立体图与平面图产生了一定的叠压，形成了丰富的前后层次关系，参差错落地向观者展示了4款不同倾向的方案，一目了然且富于变化，不使人有呆板、枯燥乏味之感。最终效果图展示阶段将主图安排在右下角的视觉焦点处，使整个画面较为沉稳，结合辅效果图的近大远小效果和平面图的人机关系展示，共同构建出整幅画面的立体空间，纵深感较强，具有良好的视觉层次。

以下是更多打印机造型设计的草图。

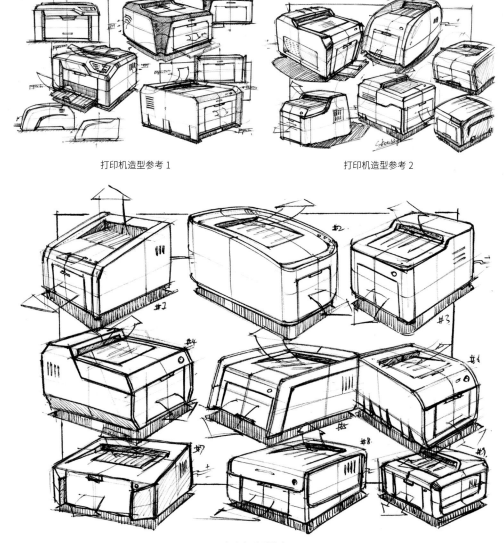

打印机造型参考 1　　　　　　　　　　　　　　　　打印机造型参考 2

打印机造型参考 3

12.2 柱状形态类产品：加湿器

加湿器根据使用场景的不同可分为大型专业场所加湿器与家用加湿器，家用加湿器中根据体积大小的不同又可分为小型桌面式加湿器、大型落地式加湿器和袖珍便携式加湿器。

12.2.1 画前分析

我们先来研究加湿器的结构，它包括上盖、喷嘴、ABS塑料外壳、透明水尺、底部机体、旋钮开关和底座等。

接着分析加湿器的材料、色彩及尺寸。

材料：塑料，ABS塑料居多，主要加工工艺为模具注塑，另外有电镀工艺等作为点缀。

色彩：色彩丰富，可根据不同用户、环境需求进行变化，可发挥空间较大。表面处理方式也较为多变，可应用各种肌理、纹理。

尺寸：市场上的产品根据机体水箱大小不同可大致分为200mm×200mm×280mm（5L）、

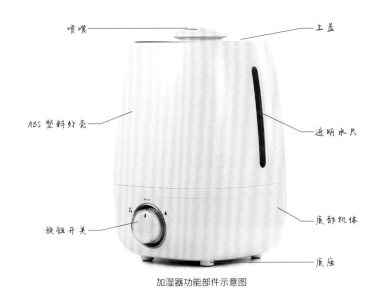

加湿器功能部件示意图

170mm×170mm×350mm（4L）、68mm×68mm×165mm（800mL）和60mm×60mm×145mm（300mL）等。

加湿器的整体造型偏向于柱体，可变化为不同的形态，可应用几何造型法改变其形态，也可应用仿生造型法，从自然元素中寻找灵感，将自然元素演变为产品造型，表达设计理念。同时可采用分面造型法和动作造型法进行深入造型设计，形成具有差异度的方案。本案例我们将产品定位为年轻用户群体在家庭环境中使用的小型桌面加湿器。因此，在开展一系列外观造型设计工作时，要整体突出加湿器清新、简约、舒适的气质特点，设计出具有亲和力和家居感的产品外观。

12.2.2 前期发散

在对加湿器有一个整体认识后，就可以进入加湿器的设计环节了。

本案例的推敲形式采用3张版式层层递进，进行造型的发散与推演。细分为3轮前期草图，分别为草图平面发散（原理图绘制）、3轮产品形态发散和方案推导确认，每轮草图的推演都是基于上一轮草图中产生的结果，环环相扣，具有严密的思维逻辑和发展流程。方案推导确认草图中包含3个初期方案和最终设计方案的效果图表现。

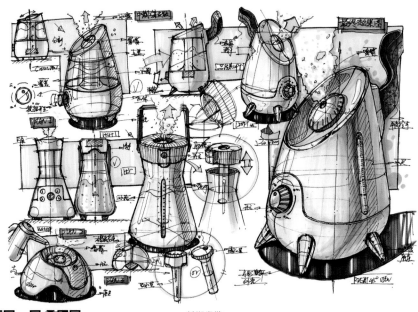

前期发散

扫码看视频

扫码看视频

扫码看视频

扫码看视频

扫码看视频

颜色：YG260　YG262　YG264　CG270　CG271　YG265　CG274　B234　BG68

BG70　BG71　E20　E180　E165　Y225　YR178　YG24　YG26

• 线稿绘制

01 草图平面发散。 首先进行原理图绘制，然后进行平面图发散。将两种主流的加湿器原理图绘制在左上角，对其进行原理解析和功能布局排布，明确结构与功能布局关系。绘制出各种平面图形，应用几何造型法和动作造型法在柱体平面正等测图（竖方向矩形）的基础上变化出不同的产品外轮廓，从平面入手进行造型的发散与尝试。

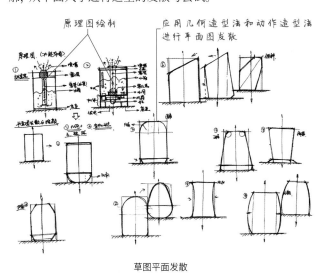

草图平面发散

02 第一轮草图立体形态发散。 一个平面图可能对应不同的立体形态，其中又会有方圆之分，即柱体可为方柱或圆柱。因此在进行立体形态推演时，可进行方圆之间的切换，将方柱形态和圆柱形态均绘制于纸面之上，探讨更多方案造型的可能性。逐个将平面图可能代表的立体图绘制在旁边，产生9种形态发展方向，并进行序号标注，完成首轮造型发散草图绘制。

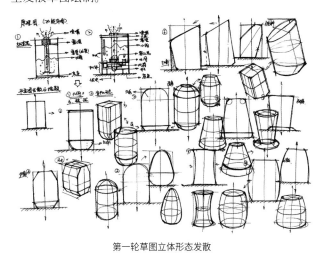

第一轮草图立体形态发散

> **提示** 在前期绘制草图时，应尽可能多而广，为下一轮草图的绘制提供丰富素材，然后对首轮形态发散进行评估和筛选，选择几款有价值或有启发性的方案。

03 第二轮草图发散。 在第一轮的基础上进行各种不同的形态发散，把能够想到的造型统统记录下来，从几何和有机形态（仿生）两个方向再次进行发散，形成多款造型方案，通过排版形成草图风暴。前期造型发散与推敲草图可保持线稿，不必上色。

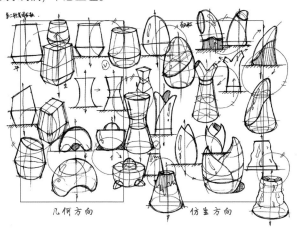

第二轮草图发散

04 第三轮草图绘制。 结合产品功能和结构，将产品的功能部件和细节附加于大形态之上，形成细节丰富并具有差异的3款中期方案，产品细节和结构表现应较为细致，具有产品感。

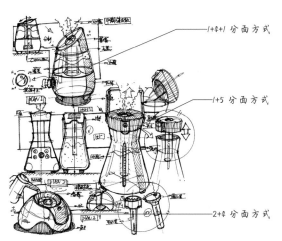

第三轮草图绘制

> **提示** 立体图一般稍大于平面图，可使立体图叠压在平面图之上，并添加圆圈进行统一。这样一方面可显示思维逻辑，另一方面可营造出前后空间关系。前两轮草图作为整体形态推敲发散可不进行产品载体细节及功能附加，但需要把握好整体尺寸和比例。

> **提示** 手绘草图的产品感通常来自对功能、结构的交代和细节的刻画（如倒角和分模线），使图形看起来具备现实中的产品特征，能够实现一定的功能。总之，产品感来自产品的可实现性和可用性。

05 最终方案确认。 经过新一轮的评估与筛选，基于可实现性、成本及外观创新度等方面的综合考量，从3款中期方案中选择了草图绘制中的第一款方案进行发展深化，并结合第二款方案中的提手设计，增添亲切感和便携性，通过多角度的展示和更为细致的刻画，推导出右侧占幅画面面积最大的最终方案。

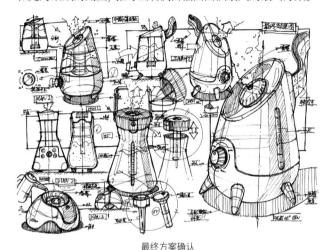

最终方案确认

- **上色塑造**

01 初步上色。 对产品外观设计进行思考，将产品的配色确定为青色与暖白色。主色为暖白色，用YG260进行表现，辅色为青色，使用BG68进行表现。使用CG270绘制透明塑料，然后使用E20绘制皮质提手部分，再使用YG265绘制投影。

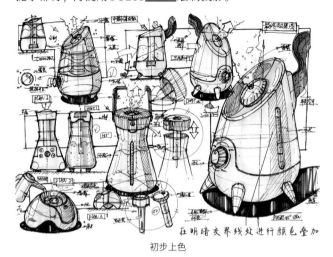

初步上色

在明暗交界线处进行颜色叠加

提示 注意前期初步上色依旧采用大面积马克笔宽头铺色，注重速度与效率，笔触干练、干脆。光源方向默认为左上方，可在明暗交界线处进行同一色号的二次叠加，压重暗部，进行初步光影立体感表现。

02 深入塑造。 使用更深的颜色加重暗部，进一步塑造立体感。使用的马克笔颜色色号包括YG262、YG264、BG70、CG271、CG274、E165、B234和Y225。

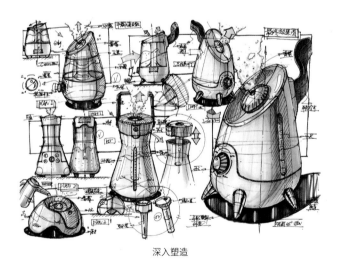

深入塑造

03 精细刻画。 对右侧主方案进行进一步刻画，与左侧的小方案形成对比，在色彩层次上体现差异。首先使用BG71加重顶部凹陷处的暗部，然后使用E180加重提手的暗部，增强立体感，接着使用YG24和YG26绘制背景，最后使用YR178对每个模块的小标题进行上色，引起观者重视，起到提醒作用。

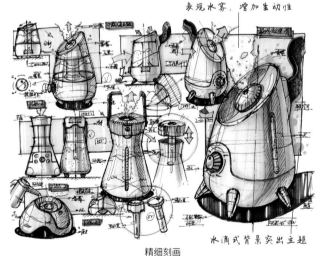

表现水雾，增加生动性

水滴式背景突出主题

精细刻画

12.2.3 最终呈现

经过前期方案发散和初步的评估与筛选，我们获得了最终方案的发展方向。接下来，我们在前面方案的基础上进一步优化和细化，进行最

扫码看视频　扫码看视频　扫码看视频　扫码看视频

终效果图的展示，主要包括标题设计、产品多角度展示（与使用情景图结合）、产品爆炸图、配色方案展示、细节放大图、产品三视图、人机关系图和故事板。通过多种设计表达工具进行全方位方案阐述，达到增强产品可读性和易懂性的目的。

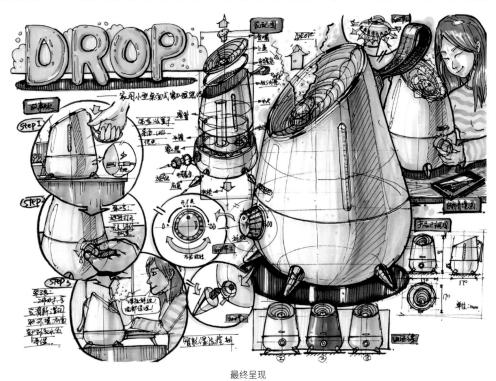

最终呈现

颜色：BG68	B234	B236	BG70	YG24	YG26	YG260	CG270	YG262
YG264	YG265	E20	E165	BG71	Y225	YR178		

- 线稿绘制

01 绘制标题和主效果图。 使用0.5号针管笔绘制标题轮廓和细节，然后绘制主效果图。对前方的主立体图进行外观形态的展示与日常功能展示（室内空间加湿模式），对后方的人机关系图进行人机比例尺度和操作方式的展示，可展示不同的使用状态（图示为蒸脸模式）。

02 绘制装配图和三视图。 在主图的左上方绘制装配图（爆炸图），在右下方绘制三视图并进行标注。两者均为工程图，可为实现产品落地提供重要参考。

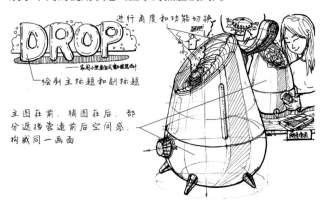

绘制标题和主效果图

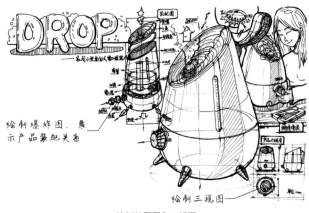

绘制装配图和三视图

提示 展示主效果图时可加入用户和其他可能出现的道具，丰富情景要素，使画面更具参与感和代入感。

提示 在绘制爆炸图时，要添加功能部件及应用材料的标注，同时要添加炸开方向箭头指示，提升图稿的工程感和规范性。

03 绘制故事板及配色方案图。 首先在版面左侧绘制故事板，即使用流程图，并结合文字说明展示加湿器的使用操作步骤，使观者一目了然。然后在底部绘制3款加湿器的正视平面图，展示不同配色方案。最后检查完善线稿，增加其余两个细节放大图和注释说明等，对开关旋钮和底座进行详细阐述，完成线稿绘制。

绘制故事板及配色方案图

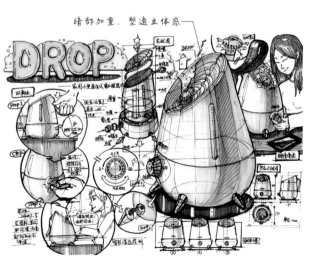

深入塑造

- **上色塑造**

01 初步上色。 首先使用BG68▭▭和BG70▭▭对标题进行上色处理，然后使用YG24▭▭和YG26▭▭绘制背景，最后使用YG260▭▭和BG68▭▭表现产品，对版面进行同步上色，注意自然的高光留白和二次叠加强调暗面及明暗交界线，保留笔触感，增强画面的透气性。

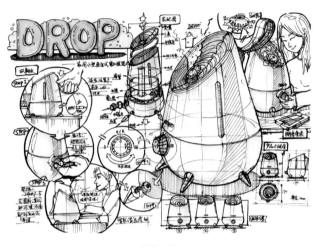

初步上色

02 深入塑造。 使用更深的颜色加重暗部，进一步塑造立体感，颜色的色号包括YG262▭▭、YG264▭▭和BG70▭▭。透明塑料部分使用CG270▭▭进行表现，皮质提手处使用E20▭▭和E165▭▭进行表现，雾气部分使用B234▭▭和B236▭▭进行表现，投影处使用YG264▭▭和YG265▭▭进行表现。

03 精细刻画。 使用BG71▭▭加重顶部水波纹肌理凹陷处的暗部，增强立体感。使用YG24▭▭和YG26▭▭绘制背景，然后使用Y225▭▭绘制箭头，接着使用YR178▭▭对每个模块的小标题进行上色，起到提醒作用。使用之前用到过的颜色绘制不同配色方案并对故事板和细节图进行概括上色，最后使用高光笔添加高光，增强画面的精致感。

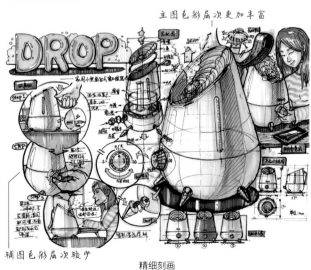

精细刻画

提示 主体物的刻画始终是最重要的，使用到的颜色最多，色彩层次最丰富，明暗对比最强烈，细节刻画最多，深入塑造的程度最高。

12.2.4 画后总结

下面，从推导思路和方案呈现两个方面来进行总结。

第一点，需要掌握怎样的思路以进行有效的造型方案发散与推导？

在加湿器设计实战应用中，通过前期多轮草图绘制，从零开始，到发散出数量众多的形态方案发展方向，再到方案的筛选和决策，最终确定设计方向，完成最终方案的确认与绘制。在一系列推导工作中，综合应用了造型方法和表现技巧，实现知识、技法的融会贯通和有的放矢。造型方案发散与推导，一般是按照"发散—汇聚—决策—优化—再发散—再汇聚—再优化—最终导出"的流程进行。此流程并非线性结构，而是一个闭环，需不断地进行尝试与调整，在保证大方向正确的前提下，尽可能多地探索不同可能性，并进行层层深入的方案推敲，这是读者需要掌握的思路。

第二点，如何高效、充分地进行最终方案的效果呈现？

通过多种设计表达绘图工具的应用，全方位地对最终方案进行功能、结构、人机关系和使用操作方式等方面的阐述说明，采用"以图代言"（用图像代替语言）的形式结合场景化、情景化表达，增强观者对产品概念的认知和理解，减少认知误差，提升沟通效率和完善展示效果，并结合有目的性的排版布局形式，突出主体，形成良好的视觉层次，构建起丰富且有条理的版面布局，达到良好的方案呈现效果。

以下是更多加湿器造型设计的草图。

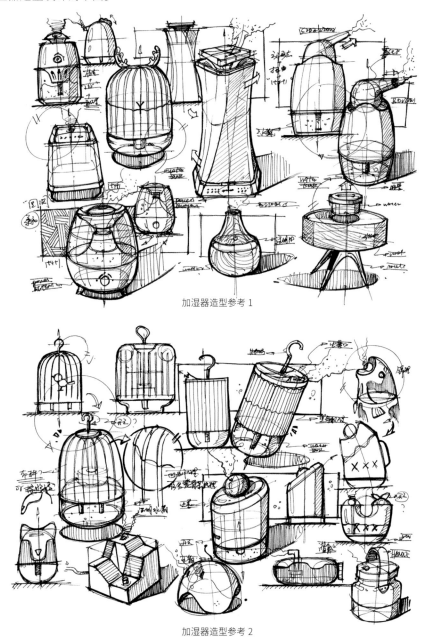

加湿器造型参考 1

加湿器造型参考 2

12.3 纤细形态类产品：电动牙刷

电动牙刷是常见的清洁工具。市面上的电动牙刷品牌和种类众多，根据技术的不同，可大致划分为单纯机械式牙刷、声波牙刷、超声波牙刷和电动喷雾牙刷等；根据供电方式的不同，可分为电池式牙刷、插电式牙刷和充电式牙刷；根据适用人群的不同，可分为儿童牙刷和成人牙刷；根据刷头运动方式的不同，又可分为声波震动式牙刷、直线运动式牙刷和旋转运动式牙刷。

12.3.1 画前分析

我们先来研究电动牙刷的结构，它包括牙刷头（刷毛、塑胶头、保护盖）、塑胶内外壳（手柄套、底套、装饰环）、马达（传动轴、感应头）、连接件（防水圈、摆动锤、传动轴）、电池（充电电池、干电池、电池仓）、电路板（充电电路板、控制电路板）、充电底座（无线充电圈、电线、充电控制器）、电源控制开关、模式状态指示灯和挡位模式按键等。其中核心的部件为干电池和微型电机。

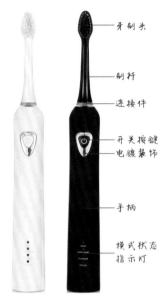

电动牙刷功能部件示意图

接着分析电动牙刷的材料、色彩及尺寸。

材料：主要为塑料和橡胶（硅胶），ABS塑料居多，坚固耐用，防水和易于清洁。主要加工工艺为模具注塑、挤出成型和黏合等，另外还有电镀工艺等作为装饰。

色彩：色彩比较丰富，可根据不同用户、环境需求进行变化，可发挥空间较大，主要表现电动牙刷清洁、健康的气质。表面处理方式也较为多变，可应用各种肌理和纹理。

尺寸：成人电动牙刷的刷头长25.4~31.8mm，宽7.9~9.5mm，刷毛2~4排，手柄大致尺寸为160mm×30mm×25mm。儿童电动牙刷的刷头大致为长23mm、宽8mm，手柄长度为90~120mm，底部半径为30mm左右。

电动牙刷的整体造型偏向于纤细棒状形态，可概括为细长的圆柱体，外观形态较为固定，不适合使用几何造型法改变其大形态，但可应用仿生造型法，从自然元素中汲取灵感，演变为产品造型。同时可结合分面造型法和动作造型法进行进一步的造型设计，形成具有差异度的方案。

12.3.2 前期发散

在对电动牙刷有一个整体了解后，就可以进入电动牙刷的设计环节了。

本案例采用两张版面进行演示，包括前期设计方案发散推演与最终效果展示，版面中包含3个初期方案和最终设计方案的效果图表现。

扫码看视频　扫码看视频　扫码看视频

颜色：YG260　　　YG262　　　YG264
YG265　　　BG68　　　Y225　　　Y5
YR160

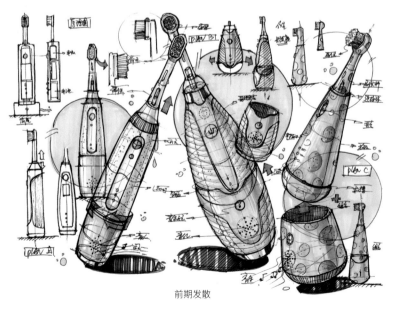

前期发散

- **线稿绘制**

01 绘制方案1草图。 首先在纸张左上角进行原理图绘制，对其进行原理解析和功能布局排布，明确结构与功能布局关系，为下一步的造型发散提供指导和依据。然后绘制第一款牙刷的平面图，从正面和侧面进行造型的尝试，应用分面造型法中1+4+1的分面方式将牙刷主体分为上、中、下3段。最后应用动作造型法对手柄正面进行分割，形成跑道圆形的分割区域，对内部进行开关和功能指示灯的布局，通过跑道圆面的凹陷与按键的凸出形成凹凸变化，方便使用。底部采用旋转卡扣结构进行手柄的延长，并为其加入音乐播放功能。

02 绘制方案2草图。 方案2也是先从平面图入手，采取更加圆润的手柄设计，并结合不倒翁的设计创意，使牙刷在桌面上可以晃动，增强趣味性。应用分面造型法中2+4的分面方式，使用软质硅胶对手柄进行大面积包裹，既提高防滑效果，也增强把握舒适度。

> **提示** 方案2在构图上同样采用倾斜的方式，与方案1的立体图形成一定交叉遮挡关系，既使方案之间产生联系，也使版面更加生动、饱满。

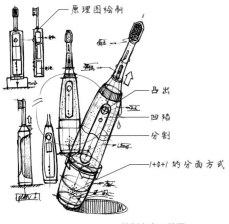

绘制方案1草图

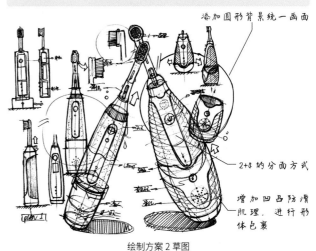

绘制方案2草图

> **提示** 第一款方案基于原始圆柱体形态，运用动作造型法进行了微微外鼓的处理，使其外观更加饱满圆润，符合儿童用户的特征。前方分割出的跑道圆面的凹凸变化，使其造型更加丰富，同时对用户进行视觉和触觉引导，形成一定的操作暗示，方便用户对开关进行操作。

03 绘制方案3草图。 方案3的灵感来自长颈鹿，在保持产品外观为几何形态的基础上应用仿生造型法，主要是对形态、色彩、肌理和纹理进行仿生应用，使整个产品形态类似于长颈鹿长长的脖子，令产品充满童趣。同时应用分面造型法的1+5分面方式。底部同样采用旋转卡扣结构进行手柄的延长，并为其添加音乐播放功能。

- **上色塑造**

01 初步上色。 因为产品面向的主要用户群体为儿童，所以产品的配色确定为明亮的黄色与白色，体现儿童天真活泼的特性。使用YG260绘制白色塑料部分和浅色硅胶包胶，然后使用Y225绘制塑料外壳黄色部分，在亮部高光处进行留白处理，在明暗交界线处可使用多次叠色进行压重，表现初步的立体感。

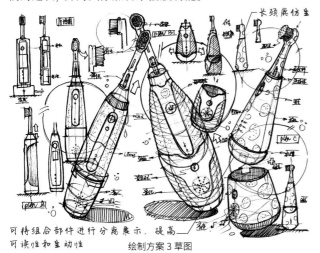

可持组合部件进行分离展示，提高可读性和生动性

绘制方案3草图

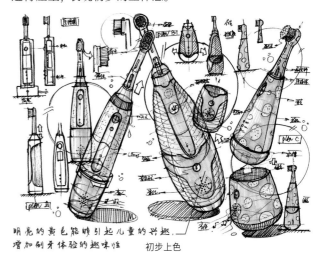

明亮的黄色能够引起儿童的兴趣，增加刷牙体验的趣味性

初步上色

> **提示** 注意按照产品组合的方式来表现草图，使观者清晰地了解产品组合方式，同时增强画面的生动性。另外，在牙刷表面添加的花纹不宜过碎、过多，保持整体性尤为重要。

02 深入塑造。 使用YG262███████对白色塑料外壳和硅胶进行深入塑造，使用Y5████为黄色部分的暗部上色，主要加重明暗交界线，营造立体感。使用YG265███绘制投影，压重画面，提升画面的对比度。使用YG264███压重底部套管内部，突出立体感。使用BG68███绘制圆形背景，并且对画面中水滴和气泡进行表现。使用YR160███对箭头进行表现，引起观者注意。

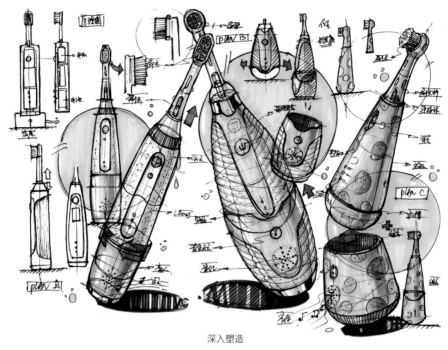

深入塑造

12.3.3 最终呈现

经过初步的评估与筛选，第三款长颈鹿仿生造型风格的方案更具趣味性，更符合儿童用户群体的心理特点。在具体设计时，可通过延长手柄、添加牙齿笑脸灯光变化及增加音乐播放功能来增强儿童刷牙时的趣味性。接下来我们进行最终方案的深入优化和效果图展示。

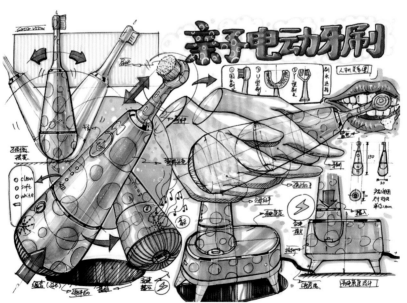

最终呈现

扫码看视频　扫码看视频

扫码看视频　扫码看视频

扫码看视频

颜色：Y225████　YR178████　YR156████　B234███　BG68███　BG70███　YG260███　YG262████　YG264███
YG265████　Y5████　E173████　YR218████　RV211████

- 线稿绘制

01 绘制标题并起稿。首先使用YR178▇▇▇书写标题，使用细头将字体描绘得圆润一些，使用0.5号针管笔进行勾边处理，使用YR156▇▇▇绘制标题右下方的暗部，增强立体感，并使用高光笔进行点高光处理并绘制字体上的气泡纹路，使标题更加精致，使用B234▇▇▇绘制泡泡背景，完成标题的绘制工作。然后使用YG260▇▇▇起稿，在版面上进行图稿的排版布局，为后面线稿的绘制提供参考。

02 绘制主效果图。主效果图采用多角度展示。首先绘制左上角的效果图，然后绘制最大的主体物，选择倾斜的3/4侧展示产品的立体形态，并结合箭头表现刷头和延长手柄的组合状态，接着进行底部仰视视角的倾斜展示，展现底部的充电口和音乐播放功能，实现产品各角度和不同状态的展示。最后绘制细节图对状态指示灯和充电插口进行展示。

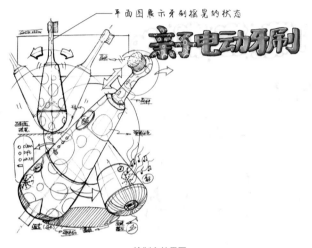

绘制标题并起稿

绘制主效果图

 提示 标题中不要出现错别字，可以在草稿纸上先书写一遍。

提示 在绘制摇晃状态的产品时，中间的产品图较实，两侧为摇晃时产生的虚影，可以采用概括的手法进行表现。

03 绘制人机关系图。在主图的右侧绘制人机关系图。该案例中，人机关系图的绘制是一个重点，应采用较为写实的风格。先绘制倾斜的牙刷展示结构，再绘制手和嘴巴来表现使用牙刷时的人机关系和比例，采用大手包裹小手的刻画来表示父母手把手教小孩刷牙的情景。这样既能展示小孩单独使用牙刷的动作，又能展示亲子共用状态，具有一图多用的优点。

04 绘制底座和三视图，添加细节。在版面的右下角绘制电动牙刷的充电底座，将其造型设计为类似长颈鹿身体的造型，与牙刷共同构建长颈鹿的完整形象，使整个设计方案更加完整、生动。绘制产品三视图并进行尺寸标注，对整个版面的线稿进行调整，添加细节和文字标注。

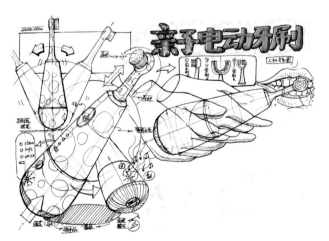

绘制人机关系图

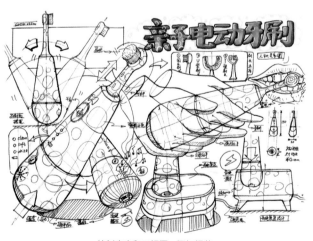

绘制底座和三视图，添加细节

- 上色塑造

01 初步上色。 先使用Y225▨▨▨对塑料外壳进行铺色，然后使用YG260▨▨▨对斑纹部分和浅灰色硅胶部分进行铺色，接着使用YR178▨▨▨绘制箭头，最后使用YG264▨▨▨和YG265▨▨▨绘制投影，压重画面。

02 深入塑造。 先使用YG262▨▨▨对斑纹和硅胶进行深入塑造，然后使用Y5▨▨对黄色塑料部分的暗部进行上色，主要加重明暗交界线，营造立体感，接着使用BG68▨▨对电源开关、音乐开关和状态指示灯进行表现，最后使用E173▨▨▨和YR218▨▨▨表现手和嘴巴，在嘴唇和牙龈处叠加RV211▨▨▨，使其更加生动自然。

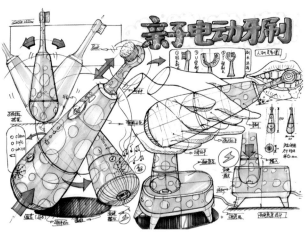

初步上色

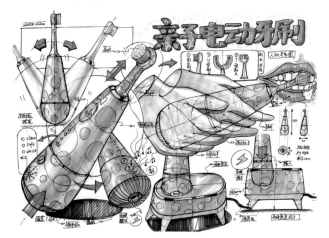

深入塑造

03 精细刻画。 使用BG68▨▨▨对背景进行铺色，与产品的主体色黄色形成冷暖对比，同时表达一种洁净、高效之感。左上角平面图背景采用矩形框排线处理，与主图的圆形背景拉开层次关系，同时主图圆形背景使用BG70▨▨▨进行更为丰富的效果表现，其余统一采用勾边式背景。使用高光笔添加高光，增强画面的精致感。根据情况调整整体画面，完成最终效果图的绘制。

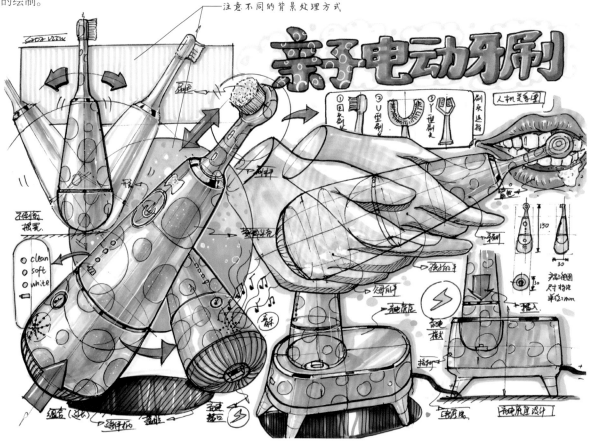

精细刻画

12.3.4 画后总结

下面，从造型方法、色彩应用和排版布局3个方面来总结该案例。

第一点，如何进行以"电动牙刷"为代表的棒状纤细形态产品的造型设计及深化？

本案例在整体产品大形态较为固定的前提下，应用分面造型法、仿生造型法及局部的动作造型法，对基本形体圆柱体进行造型变化，形成了3款不同造型特征和设计方向的方案。经筛选，最终选择方案3的长颈鹿仿生造型进行深化，并诞生了最终的设计方案。分面造型法主要应用了1+4+1、2+4、1+5这3种分面方式，在局部细节处主要应用了凹凸、倒角、分割和包裹等动作造型法，塑造了综合立体的产品外观造型，造型整体饱满圆润且具有十足的趣味性和亲和力，十分适合儿童用户群体使用。

第二点，如何对儿童产品进行色彩设计及版面配色？

在此类产品的色彩应用方面，产品主体采用了鲜亮活跃的黄色，符合儿童天真活泼的性格特征，同时能够吸引儿童的注意，促进儿童养成刷牙的良好习惯。在局部的开关按钮上应用了对比色青色，能引人注目，引导用户正确进行操作。背景色选择青色，采用冷暖对比的手法突出产品主体，并进一步突出电动牙刷的高效、清洁的特质，同时与功能指示箭头的橙色形成冷暖对比，增强画面空间感和层次感。因此在进行针对儿童群体的产品设计配色时，可选择较为鲜艳跳跃、对比度强的颜色进行搭配，以达到符合儿童生理和心理需求的目的。

第三点，如何进行棒状纤细形态产品的排版布局？

对于像电动牙刷、拐杖、手电筒等棒状纤细形态的产品来说，它们具有先天的线状结构，不利于排版布局，如果进行整齐的竖条形排版，容易产生空洞乏味之感。因此，首先需要学会将产品进行一定的倾斜、交叉、重叠，使各部分之间产生关联；其次是将可拆分组合的部件分开展示，有效增强画面的整体感和活跃性，使排版丰富且生动；最后通过圆形背景或矩形背景统一画面，增强画面的整体性，达到良好的表现效果。

以下是更多成人电动牙刷造型设计的草图。

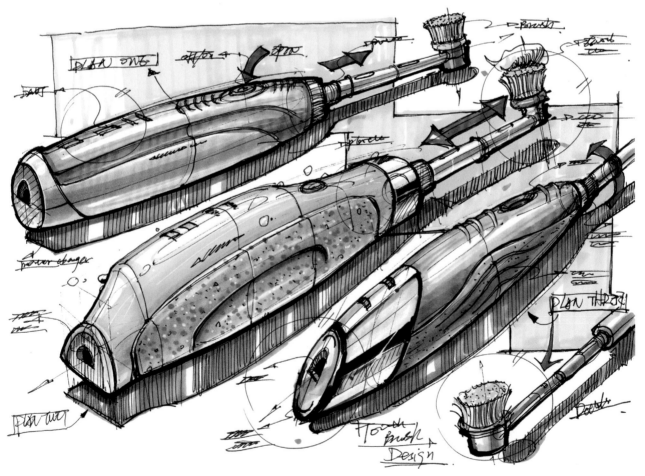

电动牙刷造型参考

12.4 圆润形态类产品：宠物窝

市面上的宠物窝种类多样，按功能丰富程度大致可分为普通款和智能款两种。普通款功能较为单一，而智能款功能较多，具有冷暖控制、远程操控、实时监控和通风祛味等附加功能。除此之外，还可根据宠物种类和大小细分为大、中、小号。一般的普通款小型宠物窝为小型猫犬通用，我们选择此类简单的普通款宠物窝进行外观设计，其造型在智能款应用中同样具有参考性。

12.4.1 画前分析

我们先来研究普通款宠物窝的结构，它包括围挡（顶棚）、内部窝垫、前部开口、防滑底垫等，猫窝前侧一般还有悬挂的逗猫球。整体形态以球型为主，形成半包围或全包围结构，为宠物提供更加温馨、舒适的休憩环境，同时给人带来圆润、可爱、柔和的感受。

接着分析宠物窝的材料、色彩及尺寸。

材料：主要材料为各种织物，如珊瑚绒、北极绒、短毛绒等绒面布料，以及棉麻布料，还有由羊毛毡、塑料、藤编、木材等材料制作的宠物窝。外覆织物内有支撑材料（如木材、铁丝和塑料等）提供形态支撑，窝垫织物内部填充海绵，底部防滑垫采用滴塑工艺或应用橡胶材质进行防滑处理。

色彩：色彩可分为素雅清新风格和多彩可爱风格，体现宠物可爱的特性和温馨的家居氛围。

尺寸：大致的尺寸为360mm×360mm×360mm。当然，需对宠物的体量和尺寸有一定的把握，在大致尺寸的基础上可进行大小的调节。

我们将产品定位为家居环境下的普通小型猫犬宠物窝，在对其进行外观造型设计时当以圆润球体形态为主，而后融入其他造型设计，突出可爱、温馨的产品特质。

宠物窝功能部件示意图

12.4.2 前期发散

本案例采用两张版面进行演示，包括前期设计方案发散推演与最终效果展示，版面中包含3个初期方案和最终设计方案的效果图表现。

扫码看视频　扫码看视频　扫码看视频

颜色：	YG260	YG262
YG264	YG266	E246
E247	E20	YR157
YR177	Y225	YR178
E173	YG24	YG26
BG70		

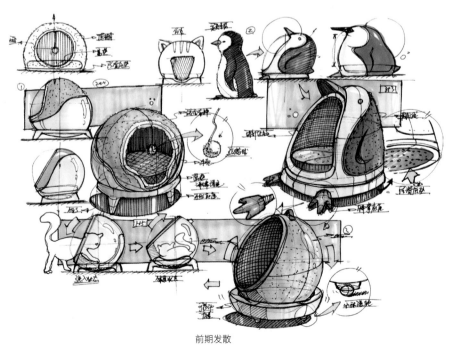

前期发散

• 线稿绘制

01 绘制方案1草图。 首先在左上角绘制原理图，为下一步的造型发散提供指导和依据，然后绘制第一款宠物窝的平面图，从平面入手进行造型的设计。先绘制出圆形和梯形底座，然后对出入口进行L形分割，接着应用分面造型法中的2+4分面方式将顶棚外围进行分割，形成曲线分割区域，产生一定的造型变化，最后根据平面图绘制出立体图，并标注必要的设计信息。

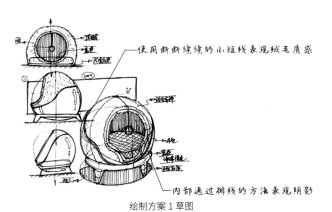

使用断断续续的小短线表现绒毛质感

内部通过排线的方法表现阴影

绘制方案 1 草图

02 绘制方案2草图。 方案2采用仿生造型法，以企鹅为灵感来源，提取其圆润可爱的意象、形态及色彩，综合进行产品外观设计。同样先从平面图入手进行推敲，将企鹅形象进行抽象简化，概括为向后倾斜的半椭球体，保留嘴巴、翅膀和脚掌细节特征，使整体造型圆润亲和、憨态可掬，增强趣味性。在绘制立体图的过程中，应用分面造型法中的3+3分面方式，使用绒面布料将背后包裹住，同时应用渐消面概括表现翅膀造型，前方开口处应用倒内切角进行边缘设计，灵活运用动作造型法。

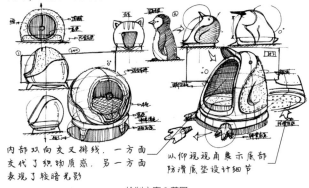

内部双向交叉排线，一方面交代了织物质感，另一方面表现了较暗光影

以仰视角展示底部防滑底垫设计细节

绘制方案 2 草图

> **提示** 注意在构图时，方案2的朝向与方案1相对，两者相互呼应和联系，使画面统一和产生整体感。每款方案的平面图和立体图要统一，图稿相对靠近并添加各自背景框。不同方案之间可适当留白，以区分不同方案并保持画面的透气性。

03 绘制方案3草图。 方案3注重使用方式的创新，设计为整体可移动、窝体部分可滚动的形式。窝体部分可与底座分离，并使用机械结构实现一定角度的滑动，以便在宠物休息和玩耍时进行状态切换。底座添加滚轮设计，方便移动。结合人机关系图进行平面图绘制，然后根据平面造型进行立体图绘制。主要应用了分面造型法中的1+5分面方式，结合动作造型法中的凹陷进行形态设计。

• 上色塑造

上色表现。 根据产品的家居属性，我们将产品的配色确定为比较柔和的暖色同色系，具体使用浅棕色、淡橙色、肉色与暖灰白色进行搭配，以此来呼应温馨的家居环境和软萌可爱的产品特性。先使用YG260　　和YG262　　表现白色部分，然后使用E246　　和E247　　表现绒布顶棚和方案2的窝垫，接着使用YR157　　和YR177表现橙色部分，包括方案1的窝垫、方案2的嘴巴和脚掌、方案3的装饰圈，最后使用E173　　绘制背景，使用YG24　　绘制箭头，使用YG264　　表现投影。

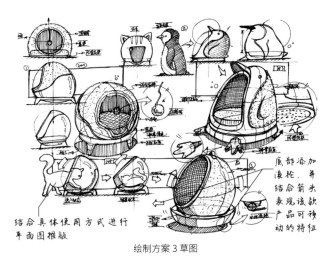

底部添加滚轮，并结合箭头表现该款产品可滑动的特征

结合具体使用方式进行平面图推敲

绘制方案 3 草图

> **提示** 在草图表现中可结合人机关系图表现产品的具体操作方式，并结合指示箭头，使画面更加生动、更易于理解。

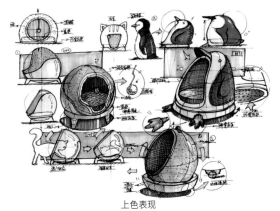

上色表现

> **提示** 由于产品的主要材质为布料和磨砂塑料，因此主要采用湿画法进行铺色。在亮部使用浅色铺一遍色即可，不必留出太多纯白高光，在明暗交界线和窝体内部可使用稍重色号或用多次叠色方式进行压重，以表现体积和光影。

12.4.3 最终呈现

经过初步的评估与筛选，第二款企鹅仿生造型风格的方案更具趣味性，符合宠物可爱的特点，具备可发展性和继续深入优化的价值。

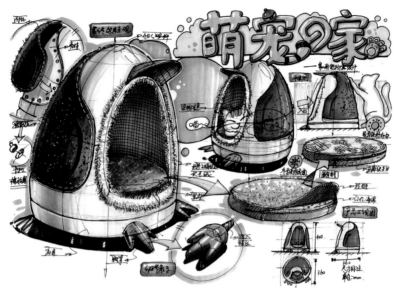

扫码看视频　扫码看视频

扫码看视频　扫码看视频

最终呈现

颜色: YG24　　YG26　　YG260　　YG262　　YG264　　YG265　　YG266　　BG70　　Y225
YR178　　E20　　E173　　E246　　E247　　YR157　　YR177

- **线稿绘制**

01 绘制标题并起稿。 首先使用YG260　　起稿，在版面上进行图稿的排版布局，为后面线稿绘制提供参考。然后使用0.5号针管笔绘制标题线稿并书写副标题"家用宠物窝设计"，在标题中添加尾巴、猫爪和铃铛元素，增强标题的生动性并紧扣主题，使用1.0号勾线笔对字体右下方进行暗部勾边。最后绘制泡泡背景，完成标题的绘制工作。

绘制标题并起稿

02 绘制主效果图。 在起稿的基础上绘制主效果图，对最终方案再次进行优化设计，调整顶棚的倾斜角度，前侧入口添加长毛绒，舍弃眼睛的设计，后侧的包裹织物设计为猫抓板，可进行拆卸，平时供猫咪玩耍。

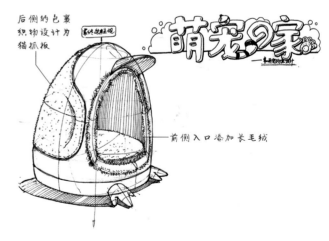

绘制主效果图

提示 在表现绒毛质感时，可使用灵活的短线按照不同方向进行排列，体现绒毛的蓬松和不规则感，同时在内部添加点状和短线散布肌理，进一步增强绒毛的质感。

03 绘制细节图和辅图。 在主图左上方绘制后侧覆盖织物的细节图，表示猫抓板可进行拆卸，并通过橡胶卡扣进行装配。在右下角添加脚掌细节图，展示后端螺丝塞入的装配形式。辅图为多角度、多状态展示，内部添加正在休息的猫咪，更显生动。为主图和辅图增添圆形气泡背景，将两者进行整合。

04 绘制其他说明图。 在版面的右侧分别绘制平面图、窝垫展示和三视图。平面图展示猫咪正在使用猫抓板的状态。窝垫展示侧面拉锁，可进行拆卸以进行外附织物清洗的特征。窝垫的正反面设置为一面供冬季使用的绒面，一面供夏季使用的亚麻织物。绘制三视图要标注尺寸。

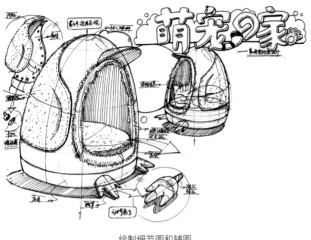

绘制细节图和辅图

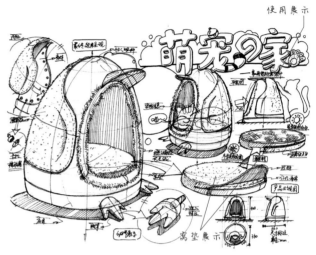

绘制其他说明图

• 上色塑造

01 初步上色。 首先对主标题进行上色表现，选择E246▨▨▨、E247▨▨▨、YG24▨▨和YG26▨▨进行表现，并添加高光，然后使用YG260▨▨对白色塑料部分进行铺色，接着使用YR157▨▨▨绘制嘴巴和脚掌，再使用E246▨▨▨对窝垫进行铺色，最后使用YG264▨▨对深色背部猫抓板进行铺色。

02 深入塑造。 使用YG262▨▨▨对白色外壳的暗部进行深入塑造，使用E247▨▨▨绘制窝垫的暗部，塑造立体感，使用YG265▨▨和YG264▨▨，并以湿画法对后部猫抓板的暗部进行加重。使用YG265▨▨绘制投影，使用YR177▨▨▨加重橙色部分暗部，强调明暗交界线，使用BG70▨▨▨和Y225▨▨对冬季雪花符号和夏季太阳符号进行上色，使用YG24▨▨和YG26▨▨表现箭头，使用E173▨▨▨绘制背景，烘托温馨的氛围。

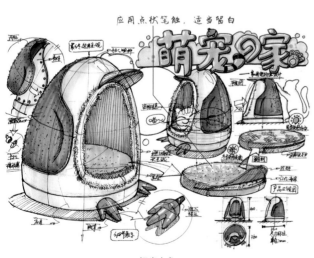

初步上色

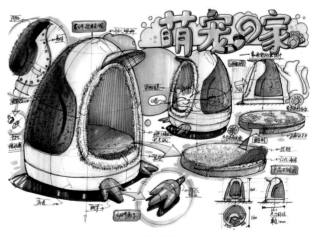

深入塑造

提示 在对主标题进行上色表现时，最好一步到位，避免后期反复进行标题表现。

03 精细刻画。 先使用高光笔添加高光，增强画面的精致感，然后使用白色彩色铅笔对猫抓板进行肌理质感表现，接着使用YR178█████加重橙色塑料件的暗部，再使用E20█████加深窝垫的内部投影，最后使用YG266█████加重主图投影，并保持笔触感，并根据实际情况对整张画面进行细节的调整。

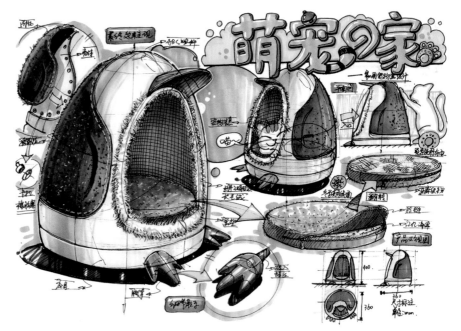

精细刻画

12.4.4 画后总结

下面，从造型方法、色彩应用和排版布局3个方面来总结该案例。

第一点，如何进行以"宠物窝"为代表的圆润形态产品的造型设计及深化？

在宠物窝设计中，基于较为固定的半球大形态，我们主要应用了分面造型法、仿生造型法及局部的动作造型法，形成了3款不同造型特征和设计方向的方案。经筛选，我们最终选择方案2的企鹅造型方案进行深化，诞生了最终的设计方案。分面造型法主要应用了2+4、3+3、1+5这3种分面方式，在局部细节处主要应用了凹凸、倒角、分割和包裹等动作造型法，塑造了综合立体的产品外观，整体圆润可爱且具有十足的趣味性。

第二点，如何对家居宠物产品进行色彩设计及版面配色？

在此类产品的色彩应用方面，可使用较为柔和的暖色系进行搭配，表现家居环境的温馨感和宠物的软萌，使产品给人十足的舒适感和亲近感。最终方案企鹅款较为特殊，出于仿生的需要，整体采用了黑白配色，鲜亮的橙色作为点缀色，高度还原了自然界中企鹅的配色。在其他配色上采用黄绿色、肉色等暖色，共同烘托氛围。

第三点，如何进行圆润形态产品的排版布局？

在排版布局方面，对于具有圆润形态的产品（如摄像头、宠物窝、头盔等）来说，其本身形态就具有膨胀感，张力十足，很容易撑满画面，因此我们在进行排版时需要预留一定空间，使画面透气，具有呼吸感，不至于过于饱满，从而产生压抑、撑出画面之感。此外，图形之间的大小对比和相互遮挡可有效营造前后空间，增强画面的纵深感和呼吸感。

右图是更多宠物窝造型设计草图，供读者参考。

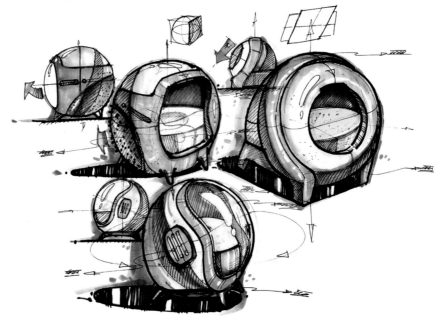

宠物窝造型设计草图

12.5 有机形态类产品：电熨斗

电熨斗是常见的手持类衣物护理小家电，按大小可大致分为大型、中型和迷你型电熨斗；按功率可分为大功率（1300W）、中等功率（800~1000W）和小功率（300~500W）电熨斗；按功能可分为普通型、调温型、蒸汽喷雾型、有线型和无线型电熨斗等。

12.5.1 画前分析

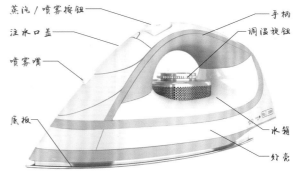

电熨斗功能部件示意图

我们先来研究电熨斗的结构，它包括底板（金属板、蒸汽喷射口）、电热元件（PTC原件和云母板）、外壳、手柄、指示灯、水箱、电源线（充电蓄电模块）、蒸汽旋钮、调温旋钮、注水口（盖子）、喷雾嘴、蒸汽喷射按钮和喷雾按钮等。其中电熨斗核心的部件为底板、手柄和电热元件。

接着分析电熨斗的材料、色彩及尺寸。

材料：电熨斗的底板一般使用铸铁或铝合金制成，坚固耐用、耐高温、防水且便于清洁，外壳材料为塑料，ABS塑料居多，手柄处有时会进行橡胶材质包胶处理。主要应用的加工工艺为金属铸造、模具注塑、黏合和电镀等。

色彩：色彩比较丰富，可根据不同用户、环境需求进行变化。表面处理方式较为多变，可应用各种肌理、纹理、丝印和贴花等。

尺寸：电熨斗大致尺寸为250mm×110mm×130mm。

电熨斗的整体造型偏向于流线型有机形态。一般的家用电熨斗的基本形态可概括为横向放置的三棱锥。在进行造型设计时，可以就此基本形态进行曲面和其他造型变化，也可以使用几何造型法改变大形态。然后结合分面造型法和动作造型法进行进一步造型设计，形成具有差异度的方案。

我们将本案例中的产品定位为现代家庭环境中使用的蒸汽调温电熨斗，外观风格具有现代、简约的调性，同时表现未来感和科技感，使其能够同时满足不同用户的使用心理，整体造型偏向流线型，在设计时应使产品具有清爽、高效、优雅的特点。

12.5.2 前期发散

本案例采用两张版面进行演示，包括前期设计方案发散推演与最终效果展示，版面中包含3个初期方案和最终设计方案的效果图表现。电熨斗作为典型的平面正等测产品，可在前期发散推演阶段多使用平面正等测图进行推敲。

扫码看视频　扫码看视频　扫码看视频

颜色：CG269	CG270
CG271　YG264	CG272
YG265　YG266	BG68
BG70　B243	BV192

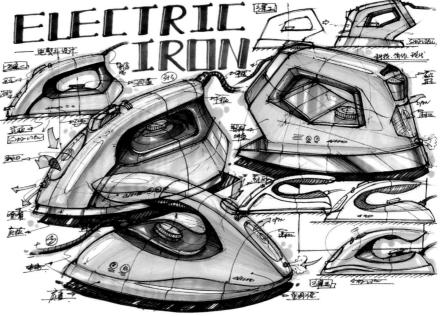

前期发散

- 线稿绘制

01 绘制标题并起稿。 首先在纸面左上部分使用0.5号针管笔进行标题的书写，使用YG266████和B243████上色，然后使用高光笔在字体的竖向笔画左侧添加高光，接着使用0.5号针管笔书写副标题，最后使用CG269████进行版面布局，画出3款方案的大致轮廓和透视。

02 绘制方案1草图。 首先在左上角标题下方绘制平面图，确定第一款方案的外观造型特征，外部轮廓线以折线倒圆角构成，营造方中带圆之感，并添加必要的功能部件细节，为立体图的绘制提供基础。根据平面图绘制出立体图，内部采用分面造型法中的3+3分面方式，将电熨斗手柄内凹部分与外壳进行分割，形成包裹关系，添加各个功能部件细节及箭头、文字标注，完成第一款方案造型的绘制。

绘制标题并起稿

绘制方案 1 草图

提示 在构图时，同一方案的平面与立体图应靠近一些，形成一定的亲近感和团块聚集感，这样有利于最终区分不同的方案。

03 绘制方案2草图。 从平面图入手，采取更加方正的外轮廓设计，以折线为主，倒角采用较小圆角，给人以稳重、科技和硬朗的造型感觉。内部采用分割的手法，对底板和尾部底座部分进行分型，可理解为1+4+1的分面方式。在手柄处进行包胶处理，增强把握舒适度。其他功能部件细节也进行相应的改变，使其呼应整体风格。添加箭头和文字标注，阐述产品功能和部件名称。

04 绘制方案3草图。 第三款采用流畅的曲线组成外轮廓线，整体呈流线型，给人以流畅、圆滑之感。在右下方进行多个平面图的推敲，尝试不同的曲线曲率和分割形式，最终确定出产品的整体形态和细节设计，再根据平面图绘制出立体图。产品内部分面形式可理解为上下包夹的1+4+1分面方式与握把凹陷处3+3包裹分面的结合。添加箭头和文字标注，整体调整画面和添加遗漏的细节。

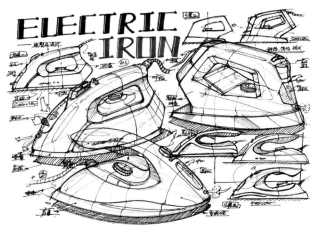

绘制方案 2 草图

绘制方案 3 草图

提示 在设计电熨斗这种曲面形态的产品时，可绘制较多的剖面线，以剖面线的起伏来交代产品形态的变化，使人一目了然。

- **上色塑造**

01 初步上色。 根据产品定位——现代家庭环境中使用的蒸汽调温电熨斗，外观风格具有现代、简约和科技之感，我们将产品的配色确定为蓝青色、白色与深灰色，以体现出电熨斗干净整洁、清新高效的特点。首先使用CG270□对白色塑料外壳和金属底盘进行铺色，然后使用BG68□对蓝青色塑料外壳部分进行铺色，接着使用YG264□进行深色塑料外壳和橡胶包胶处的铺色，在亮部高光处进行留白处理，在明暗交界线处可多次叠色进行压重，表现初步的立体感，最后使用YG265□表现产品的投影。

02 深入塑造。 使用CG271□对白色塑料外壳的暗部进行加重，并结合CG272□对金属部分进行深入塑造，表现质感。然后使用BG70□对蓝青色部分的暗部进行上色，主要加重明暗交界线，营造立体感。接着使用YG265□压重深灰色部分的暗部，突出立体感。最后使用BV192□绘制指示箭头和勾边式背景，并添加水滴效果，传达产品与水和气体相关的特征。淡紫色为产品增添清新、优雅的气质。

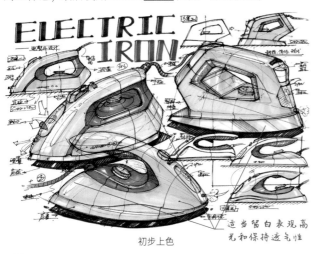

初步上色

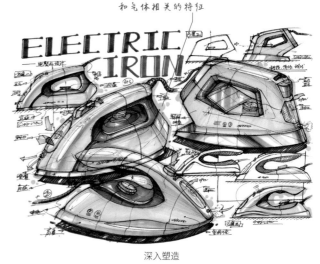

深入塑造

提示 白色部分不宜上色过多，亮部多进行留白处理，蓝青色部分需保持通透、清爽。通过深灰色压重画面，形成明暗对比。

12.5.3 最终呈现

经过对前面3款方案的评估与筛选，在延续第一款整体造型风格和配色的基础上，融合第三款方案的流线型风格，兼具清新、优雅的特质，最终打造一款富有科技感和现代感的电熨斗，以符合最初的产品定义。接下来我们在前期发散的方案基础之上再次优化，进行最终方案的深入表现和效果图展示。

扫码看视频

扫码看视频

扫码看视频　　扫码看视频

颜色：CG269		CG270	
YG264		CG273	
YG265	YG266		BG68
BG70	Y225		Y5
BG71	BV192		BV193

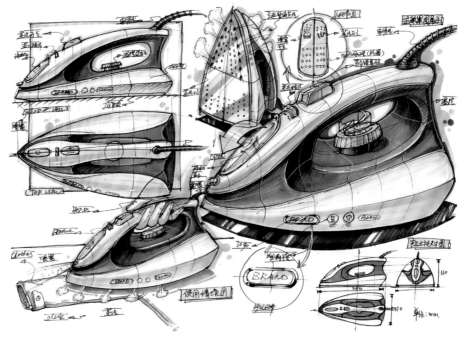

最终呈现

- **线稿绘制**

01 起稿并绘制平面图。首先使用CG269▮▮▮▮起稿，对版面整体布局进行规划，勾画出每部分产品的大致轮廓。然后使用0.5号针管笔绘制出电熨斗的平面图，从平面图切入，绘制侧视图和俯视图，进行最终方案的造型确认和细节设计。最终方案的分面方式为1+4+1。

02 绘制主效果图。根据透视和前期起稿，使用0.5号针管笔绘制电熨斗立体图。在起稿工作的指导下，我们可一边绘制大形态，一边添加细节。通过排线的方法对光影进行概括表达，然后添加必要的文字标注和功能指示箭头。

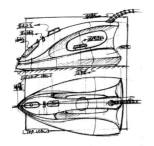

起稿并绘制平面图

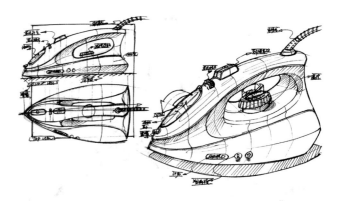

绘制主效果图

提示 在起稿阶段使用浅色马克笔绘制能大大提升工作效率，并保持最终画面的清爽，对后期线稿绘制具有重要作用。但无须过分描绘，可快速概括完成，细节部分后期可由针管笔完成。

03 绘制辅效果图和细节图。辅效果图采用多角度和多状态展示。添加底部蒸汽孔细节并说明电熨斗立起后蒸汽自动停止的功能，表现电熨斗的立起状态。细节图方面，选择对顶部蒸汽、喷雾按钮及底部铭牌进行放大展示。

04 绘制使用情景图和三视图，调整整体版面。首先在版面的左下角绘制产品使用情景图，展示正在熨烫衣服的状态，使观者对产品核心功能一目了然，同时增强画面的生动性。然后绘制产品三视图并进行尺寸标注，尺寸为250mm×130mm×110mm。最后对整个版面的线稿进行调整，添加细节和文字标注。

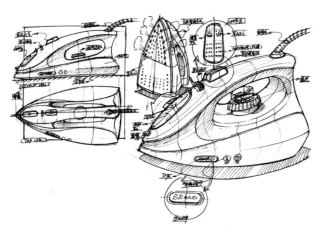

绘制辅效果图和细节图

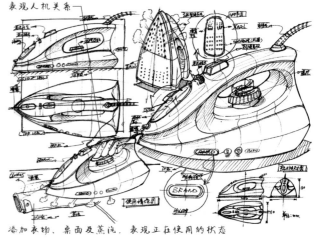

绘制使用情景图和三视图，调整整体版面

提示 使用情景图是人机关系在一定场景下的表现，其对人、机、环境、行为进行多维度展示，是一种高效的表现手段。

- **上色塑造**

01 初步上色。 首先使用CG269▨▨▨对白色光滑塑料部分进行铺色，然后使用YG264▨▨对深灰磨砂塑料部分进行铺色，注意两部分材质的差异化表达，最后使用BG68▨▨▨对局部细节进行铺色。

02 深入塑造。 使用更深的颜色对暗部进行加重，进一步塑造产品的立体感。首先使用CG270▨▨▨对白色塑料部分的暗部进行加重，强调明暗交界线，注意控制好色彩层次，保持笔触干脆。然后使用YG265▨▨对深灰色塑料部分暗部进行加重，使用YG264▨▨进行湿画法的润色，要做到过渡自然，突出磨砂质感。接着使用BG70▨▨▨对注水口盖、开关和旋钮等细节处进行暗部加重，使用YG265▨▨和YG266▨▨对主图投影进行上色。最后使用YG264▨▨对使用情景图投影进行上色，压重画面并衬托白色部分。

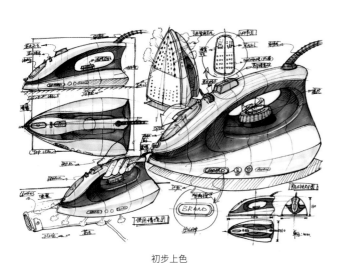

初步上色

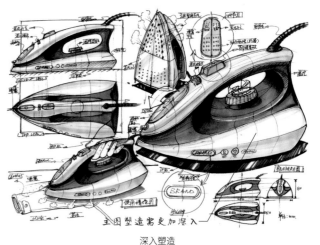

深入塑造

提示 在上色阶段要始终保持同步上色，这样无论何时停笔，都能保持画面的完整性。

03 精细刻画。 首先使用Y225▨▨▨▨对箭头和小标题进行铺色，使用Y5▨▨▨压重旋转箭头的暗部，表现前后关系和立体感，并与产品的点缀色青色形成冷暖对比，引起观者注意。然后使用BG71▨▨对细节处的暗部明暗交界线进行进一步加重，增强立体感。接着使用CG270▨▨和CG273▨▨表现标志铭牌处的电镀，使用BV192▨▨▨进行勾边式水滴背景表现，烘托清爽、优雅的产品氛围。再使用BV193▨▨进一步压重背景，突出其重要性，增强画面层次感。最后使用高光笔添加高光，使用白色彩色铅笔绘制主图的剖面线，增强画面的精致感。

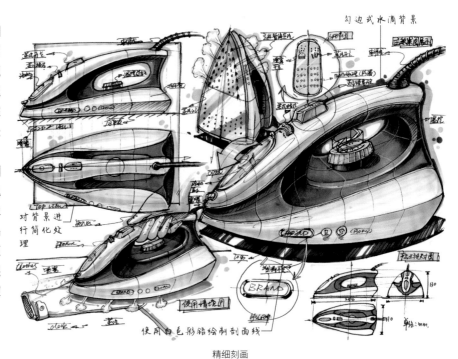

精细刻画

提示 无论何时，主图都是最突出的，我们可以通过色彩色阶层次、深入和细致程度来对其进行强调，其他部分的图稿均为陪衬，需做简化、淡化处理，使其退居其后。

12.5.4 画后总结

下面，从造型方法和色彩应用两个方面来总结该案例。

第一点，如何进行以电熨斗为代表的流线型曲面形态产品的造型设计及深化？

在电熨斗设计实战应用中，整体产品大形态较为固定，本案例在曲面化三棱锥形态上主要应用了分面造型法和动作造型法，对基本形态进行了一定的造型风格变化，形成了3款不同造型特征和设计方向的方案，选择方案1进行深化并融合方案3，诞生了最终的设计方案。前期方案发散中的分面造型法主要应用了3+3和1+4+1的分面方式，最终方案中应用了1+4+1的分面方式，在局部细节处主要应用了附加、镂空、凹凸、倒角、分割和包裹等动作造型法，综合立体地将产品的外观造型进行塑造。

第二点，如何对清洁类小家电产品进行色彩设计及版面配色？

此类产品的色彩通常比较素雅，常以黑白灰为主体色，添加鲜亮清新的点缀色。根据设计目的和应用场景的不同，也可将彩色确定为主体色，通常应用蓝色、青色、绿色等冷色调突出干净、清爽之感，应用淡紫色突出优雅的气质。整体产品配色需彰显清洁类小家电的干净、高效、轻盈的特质。

以下是更多电熨斗造型设计的草图。

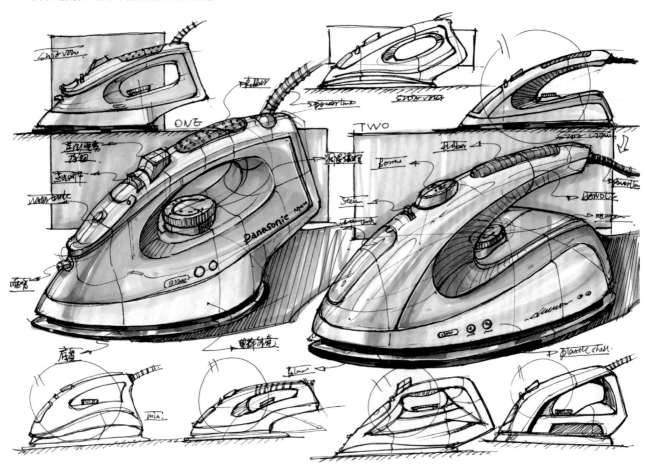

电熨斗造型参考